中国地质调查成果 CGS 2024—005
“全球中—重稀土资源远景调查评价”(DD20221809)项目资助
“四川省稀土资源绿色低碳发展战略研究”(2022JDR0355)项目资助
“四川省稀土技术创新中心基地建设”(2022ZYD0126)项目资助
“四川省科技计划 攀西碳酸岩-碱性杂岩型稀土-萤石矿复合成矿机制”(2023NSFSC0272)项目资助

全球稀土资源与综合利用

QUANQIU XITU ZIYUAN YU ZONGHE LIYONG

周家云 熊文良 张军军 程 龙 谭洪旗 刘能云
蒋 鹏 蔺惠杰 罗丽萍 龚大兴 朱志敏 岳相元
周 雄 周 政 刘应冬 邓善芝 张丽军 客 昆
徐 璐 蒋晓丽 胡军亮 田恩源 李潇雨 陈 伟
邓 杰 叶亚康 赵朝辉 徐 力 ◎著

图书在版编目(CIP)数据

全球稀土资源与综合利用/周家云等著. 一武汉:中国地质大学出版社,2024.1
ISBN 978-7-5625-5762-3

Ⅰ.①全… Ⅱ.①周… Ⅲ.①稀土金属-矿产资源-资源开发-研究-世界 ②稀土金属-矿产资源-综合利用-研究-世界 Ⅳ.①TG146.4

中国国家版本馆 CIP 数据核字(2024)第 020986 号

全球稀土资源与综合利用 周家云 熊文良 张军军 程 龙 **等著**

责任编辑:胡 萌 选题策划:胡 萌 责任校对:徐蕾蕾

出版发行:中国地质大学出版社(武汉市洪山区鲁磨路 388 号) 邮编:430074
电 话:(027)67883511 传 真:(027)67883580 E-mail:cbb@cug.edu.cn
经 销:全国新华书店 http://cugp.cug.edu.cn

开本:787 毫米×1092 毫米 1/16 字数:375 千字 印张:14.75
版次:2024 年 1 月第 1 版 印次:2024 年 1 月第 1 次印刷
印刷:武汉中远印务有限公司

ISBN 978-7-5625-5762-3 定价:168.00 元

如有印装质量问题请与印刷厂联系调换

前　言

为落实“人类命运共同体”理念和“一带一路”倡议，搭建境外资源技术经济评估体系，精准服务中资企业“走出去”境外矿业投资的需要，2021 年 8 月，中国地质调查局向中国地质科学院矿产综合利用研究所下达开展全球中—重稀土资源远景调查评价项目的任务，项目编码：DD20221809。项目分 3 年实施，2022—2023 年分别下达了项目年度实施方案审批意见书（中地调审〔2022〕0120、中地调审〔2023〕09-01-07）。

按照 2022—2023 年任务书及技术要求，中国地质科学院矿产综合利用研究所采取点面结合的形式开展全球稀土现状调查和重要国家未来资源潜力评价。首先，以全球各洲为单元，利用商业数据库、地质机构、期刊文献、企业公报和学术会议等途径全面收集全球稀土矿床（点）基本信息和数据，统计全球现有稀土矿山成因类型、储量、资源量、元素占比等基本情况，摸清全球稀土分布格局及资源储量。其次，按矿床成因模式、资源潜力评价、绿色工艺研发、投资环境分析 4 个层次，辅以文献资料收集、成矿要素调查、遥感定量预测和浸出试验等工作方法，分别在格陵兰岛南部加达尔地区、缅甸北东部迈扎央地区、乌干达东部苏库卢矿区、马达加斯加北部坦塔罗斯矿区和老挝中部川圹省开展远景调查，总结全球稀土成因模式、资源远景、绿色利用技术体系及分析测试方法。

截至本书出版，全球中—重稀土资源远景调查项目共收集到 1 套商业数据库，100 份企业公报，208 份地质机构报告，526 篇期刊学术文献。统计这些信息和数据后发现，全球稀土矿床（点）有 3185 处，其中矿床名称、地理位置、成因类型、矿石类型、开发阶段等基本信息齐全的有 799 处，公布储量及稀土配分数据的矿山有 185 处，公布资源量及稀土配分数据的矿山有 295 处。对全球已经公布储量和资源量的矿山单独进行了矿点名称、地理位置、品位、储量、资源量等数据信息建档，创新性地按单元素精细统计了每种稀土元素储量、资源量和供需关系，归纳总结了全球稀土项目综合利用技术现状（包括代表性稀土项目的选冶技术、选冶技术的前沿动向、采用前后端分离的开发模式），建立了全球稀土信息平台和可视化数据查询系统，为搭建境外资源技术经济评估体系、精准服务中资企业“走出去”和我国“一带一路”倡议提供支撑。

作　者

2023 年 10 月

目　录

第一章 概 述

第一节 稀土元素及分类

稀土的英文是 rare earth(简称为 RE),意为"稀少的土",但这是 18 世纪人们的误解。稀土因当时人们只能制得一些不纯净的、像土一样的氧化物而得名,其实稀土元素并不稀少,只不过很分散而已,如 Ce、Y、Nd、La 等元素丰度与常见元素 Zn、Sn、Co 差不多,就算是含量较少的 Eu、Tb、Ho、Tm、Yb 等元素丰度也比 Bi、Ag、Hg 等元素丰度要高。稀土元素的发现历时 150 多年,从 1794 年芬兰人加多林(Gadolin)分离出 Y 元素到 1947 年美国人马林斯基(Marinsky)等制得 Pm 元素。大部分稀土元素是欧洲的一些矿物学家、化学家和冶金学家发现并提取的(徐光宪,2005)。

稀土元素(REE)指的是包括镧(La)、铈(Ce)、镨(Pr)、钕(Nd)、钷(Pm)、钐(Sm)、铕(Eu)、钆(Gd)、铽(Tb)、镝(Dy)、钬(Ho)、铒(Er)、铥(Tm)、镱(Yb)、镥(Lu)、钪(Sc)和钇(Y)等在内的金属元素(邵厥年等,2010)。稀土元素的分类目前主要有两种方法:①两分法,铈族稀土(La、Ce、Pr、Nd、Pm、Sm、Eu)亦称轻稀土元素(LREE),钇族稀土(Gd、Tb、Dy、Ho、Er、Tm、Yb、Lu、Sc、Y)亦称重稀土元素(HREE);②三分法,轻稀土组包括 La、Ce、Pr、Nd、Pm 共 5 种元素,中稀土组包括 Sm、Eu、Gd、Tb、Dy 共 5 种元素,重稀土组包括 Ho、Er、Tm、Yb、Lu 和 Y 共 6 种元素(徐光宪,2005)。

第二节 主要稀土矿物

稀土元素在自然界的存在形式主要有 3 种:独立矿物、类质同象和离子状态。目前,在自然界中已经发现的稀土矿物有 250 种以上,稀土元素含量较高的矿物有 60 多种,最主要的稀土矿物有 20 余种,常见具有工业价值的稀土矿物成分简表见表 1-1。

表 1-1 常见具有工业价值的稀土矿物成分简表

矿物名称	化学式	稀土氧化物含量/%
独居石*	$(Ce, La, Nd)PO_4$	65.13
氟碳铈矿*	$CeCO_3F$	74.77
氟碳钙铈矿*	$Ce_2(CO_3)_3F_2$	60.30

续表 1-1

矿物名称	化学式	稀土氧化物含量/%
氟碳铈镧矿	$(Ce, La)CO_3F$	>70
褐帘石	$(Ca, Ce)_2(Al, Fe)_3(SiO_4)(Si_2O_7)O(OH)$	23.12
烧绿石	$NaCaNb_2O_6F$	~10
磷钇矿*	YPO_4	62.02
硅铍钇矿*	$Y_2FeBe_2(SiO_4)_2O_2$	51.51
褐钇铌矿*	$Y(Nb, Ta)O_4$	39.94
钇易解石	$(Y, Ca, Fe, Th)(Ti, Nb)_2(O, OH)_6$	32.41
铈铌钙钛矿	$(Ce, Na, Ca)(Ti, Nb)O_3$	28.71(Ce_2O_3)
硅钛铈铁矿	$Ce_4(Fe^{2+}, Mg)_2(Fe^{3+}, Ti)_3(Si_2O_7)_2O_8$	45.82(Ce_2O_3)
绿层硅铈钛矿	$Ce, Na, Ca_4Ti(Si_2O_7)_2OF_3$	16.68(Ce_2O_3)
黑铈金矿-复稀金矿	$Y(Nb, Ta, Ti)_2O_6$-$Y(Ti, Nb, Ta)_2O_6$	18.38~28.76(Y_2O_3)

注：表中*为重要的稀土矿物，在我国具有重要的或比较重要的工业意义(据《矿产资源工业要求手册》，2010)。

第三节 稀土主要用途

稀土元素以“工业味精”著称，在工业上用途广泛，最早的应用局限于汽灯纱罩、打火石、电弧碳棒、玻璃着色等少数传统行业。随着科学技术的进步和新兴产业的发展，稀土元素运用更加广泛(如石油化工、冶金、机械、能源、轻工、环境保护、农业等领域)，并在高端装备、信息网络、新能源材料、生物医学、航空发动机、燃气轮机等重点发展领域中成为关键原材料(表 1-2)，战略地位日益凸显。

表 1-2 稀土应用领域表

大类	稀土元素	主要用途
轻稀土元素	镧(La)	炼油厂用于高折射率耐碱玻璃、火石、储氢材料、电极、照相机镜头、催化裂化催化剂
	铈(Ce)	化学氧化剂、抛光粉、玻璃搪瓷着色、自洁炉催化剂、炼油厂用催化裂化催化剂、打火机用铁铈火石
	镨(Pr)	稀土磁体、激光、碳弧照明芯材、玻璃搪瓷着色、焊接护目镜的钕玻璃添加剂
	钕(Nd)	稀土磁体、激光、玻璃和搪瓷的紫罗兰色着色剂、钕玻璃、陶瓷电容器
	钷(Pm)	核电池、发光涂料
	钐(Sm)	稀土磁体、激光、中子捕获器、脉泽器、核反应堆控制棒
	铕(Eu)	红色和蓝色荧光粉、激光、汞蒸气灯、荧光灯、核磁共振弛豫剂

续表 1-2

大类	稀土元素	主要用途
重稀土元素	钆(Gd)	高折射率玻璃或石榴子石、激光、X射线管、计算机存储器、中子捕获器、磁共振成像对比剂、核磁共振弛豫剂、磁致伸缩合金
	铽(Tb)	钕基磁体、绿色荧光粉、激光、荧光灯(作为白光三带荧光粉涂层的一部分)、特芬诺-D等磁致伸缩合金、海军声呐系统、燃料电池稳定器中的添加剂
	镝(Dy)	钕基磁体、激光、特芬诺-D等磁致伸缩合金、硬盘驱动器中的添加剂
	钬(Ho)	激光光学分光度计的波长校准、磁铁
	铒(Er)	红外激光、钒钢、光纤
	铥(Tm)	便携式X光机、金属卤化物灯、激光
	镱(Yb)	红外激光、化学还原剂、诱饵照明弹、不锈钢、应力计、核医学、地震监测
	镥(Lu)	PET扫描探测器、高折射率玻璃、荧光粉用钽酸镧基质、炼油厂用催化剂、发光二极管灯泡
	钪(Sc)	航空航天用轻质铝钪合金、金属卤化物灯和汞蒸气灯中的添加剂、炼油厂的放射性示踪剂
	钇(Y)	激光、荧光粉、高温超导体、钇稳定氧化锆、微波滤波器、钢铁添加剂、癌症治疗

注:资料来源于亚洲金属网,中信证券研究部。

稀土元素由于特殊的4f电子层结构,在磁性和光学上具有一系列特殊的性质,因此成为了重要的新材料和功能材料,在科技提升传统制造业的过程中,有着不可替代的特殊作用。目前,全球稀土在稀土永磁、催化剂、抛光材料和冶金等产业运用最广。这几种产业都是朝阳产业,它们的快速发展使稀土需求增长,未来稀土需求量将越来越大。

第二章　稀土矿主要成因类型及特征

矿床分类方法复杂多样，目前使用较多的方法是以成矿作用作为主要依据来划分矿床成因类型。根据稀土矿床的主要成矿作用，适当考虑成矿地质环境和成矿物质来源等因素，结合《矿产地质勘查规范　稀土》(DZ/T 0204—2022)中稀土矿床划分类型，按三级划分原则将稀土矿床成因类型归纳为三大类八大亚类共27种类型(表2-1)。一级划分与三大地质作用相对应，二级划分按照一定地质环境下主要地质作用系列来划分，三级划分则按照主要含矿建造或矿石建造来加以区别。稀土矿床最主要的成因类型只有5～6种。

表2-1　稀土矿床成因类型表

成因大类	成因亚类	成因类型
内生矿床	超基性—基性岩系列	超基性岩型
		碳酸岩型
		基性岩型
	碱性岩系列	霓霞正长岩型
		正长岩-碳酸岩型
		伟晶岩型
		热液脉型
	花岗岩系列	伟晶岩型
		花岗岩型
		石英脉型
外生矿床	风化壳系列	花岗岩风化壳型
		混合岩风化壳型
		火山岩风化壳型
	机械沉积系列	碎屑岩型
		残坡积型
		冲积型
		滨海砂矿型

续表 2-1

成因大类	成因亚类	成因类型
外生矿床	化学-生物化学沉积系列	磷块岩型
		铁质岩型
		有机岩型
		黏土岩型
		海洋稀土
	其他伴生稀土	IOCG 矿型
		铝土矿型
		煤矿型
变质矿床	变质岩系列	混合岩型
		碳酸岩型

第一节　碱性岩系列

深源碱性岩是研究下地壳和上地幔物质组成、演化过程以及壳幔相互作用的窗口(Kogarko,2000)。碱性岩常与 Nb、Ta、Zr、Y、REE、Cu、磷灰石、钻石等矿床有着密切的成因联系,且这些矿床规模通常较大(Müller,2002;O'Brien et al.,2005),因此,研究碱性岩有着极为重要的理论意义和应用价值。与稀土成矿有关的碱性岩分为钠质碱性岩和钾质碱性岩,其中钠质碱性岩主要为霓霞正长岩系,钾质碱性岩主要为正长岩-碳酸岩系。碱性岩系列稀土矿床往往是多种成矿作用耦合或是逐渐过渡(包括成矿作用逐渐过渡和含矿岩性逐渐过渡)的结果。如碱性岩在岩浆演化的不同阶段形成岩浆型、伟晶岩型和热液型等矿床。而在正长岩-碳酸岩系中,不管是岩浆型稀土矿床,还是热液脉型稀土矿床,都有一些矿床只与碱性岩有关或只出露碳酸岩,分别形成碳酸岩型、碱性岩型、正长岩-碳酸岩过渡型矿床。

一、霓霞正长岩型

(一)概述

霓霞正长岩是钠质碱性岩浆高度结晶分异演化晚期阶段的产物,是深成岩到次火山碱性杂岩的组成部分,以岩床、熔岩、穹顶、岩墙或熔岩的形式出现。异霞正长岩常形成 REE、Zr、Nb、U 等重要的关键金属矿床(Marks and Markl,2017)。

霓霞正长岩常作为次要组成部分出现在碱性岩浆区。钠质岩浆分异过程中碱、卤素、高场强元素(high field strength element,简称为 HFSE)和稀土元素的富集可能导致大量稀有矿物的沉淀,包括氟矿物(氟盐)、氯矿物(方解石)和各种典型的含卤素 Na-Ca-HFSE 矿物。其中,最常见的是异性石族矿物(Rastsvetaeva,2007;Pfaff et al.,2010)、硅铈矿和硅铌锆钙钠石族矿物(Sokolova and Cámara,2017)。霓霞正长岩的形成需要特殊的条件,而在碱性岩石的演化过程中通常不满足这些条件。因此,全球的钠质碱性岩分布十分稀少,迄今为止已知的钠质碱性杂岩体有 100 多处(图 2-1)。霓霞正长岩中的矿石矿物(如异性石)含有较高的重稀土和 Be、Sn、Zn、Ga、Zr 等稀有金属(Marks and Markl,2017),具有较高的经济价值(Paulick and Machacek,2017)。霓霞正长岩型稀土矿床又分为霓霞正长岩浆型和霓霞正长岩伟晶岩型。

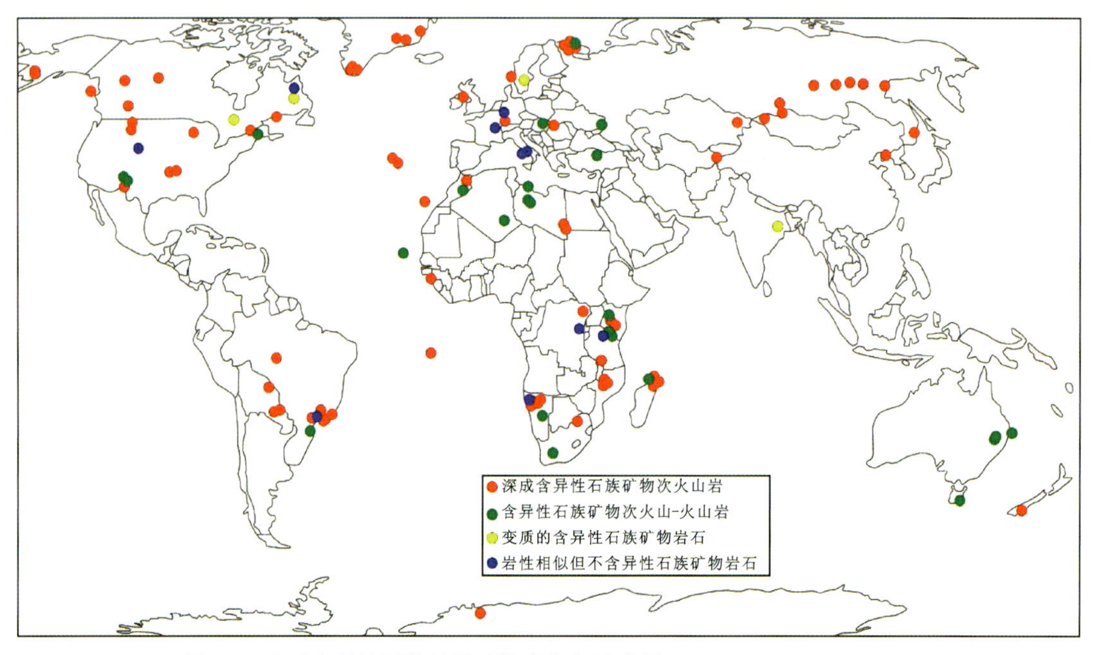

图 2-1 全球含异性石的钠质碱性岩分布示意图(据 Marks and Markl,2017)

(二)典型矿床

格陵兰可凡湾稀土矿是最典型的霓霞正长岩型稀土矿床,并共生发育霓霞正长岩浆型稀土和霓霞正长岩伟晶岩型稀土。矿床赋存于格陵兰西南部纳萨克镇(Narsaq)的伊犁马萨克(Ilímaussaq)碱性杂岩体,该岩体是钠质碱性岩的典型代表岩体(地理坐标 N60°58′30.53″,W45°56′51.45″)(赵元艺等,2013)(图 2-2)。伊犁马萨克碱性杂岩体以其独特的过碱性岩石组合和富含 220 种以上的稀有矿物而闻名于世,其中有 15 种矿物为该岩体所独有(Petersen,2001;Friis,2015)。该岩体是目前世界上第二大稀土资源富集地,发现有可凡湾稀土矿(Kvanefjeld)和克林格勒稀土矿(Kringlerne)两个世界级稀土矿床(Steenfelt et al.,2016)。其中,可凡湾稀土矿床的资源储量巨大,重稀土占比较高,属富镝的矿物型重稀土矿床,稀土元素主要赋存在少见的斯坦硅石和异性石中。

1.矿床地质特征

伊犁马萨克碱性杂岩体是格陵兰 Gardar 碱性火山岩省晚期岩浆的代表，年龄约1160Ma，侵入花岗质基底，上覆元古宇 Eriksfjord 组砂岩和熔岩(Sørensen et al.,2011)，反映了格陵兰西南部中元古代大陆裂谷的隆起和侵蚀事件(Upton et al.,2013)。该岩体地表出露部分呈椭圆形，长约18km，宽约8km，受断裂构造控制，呈北西-南东向展布(图2-2)。

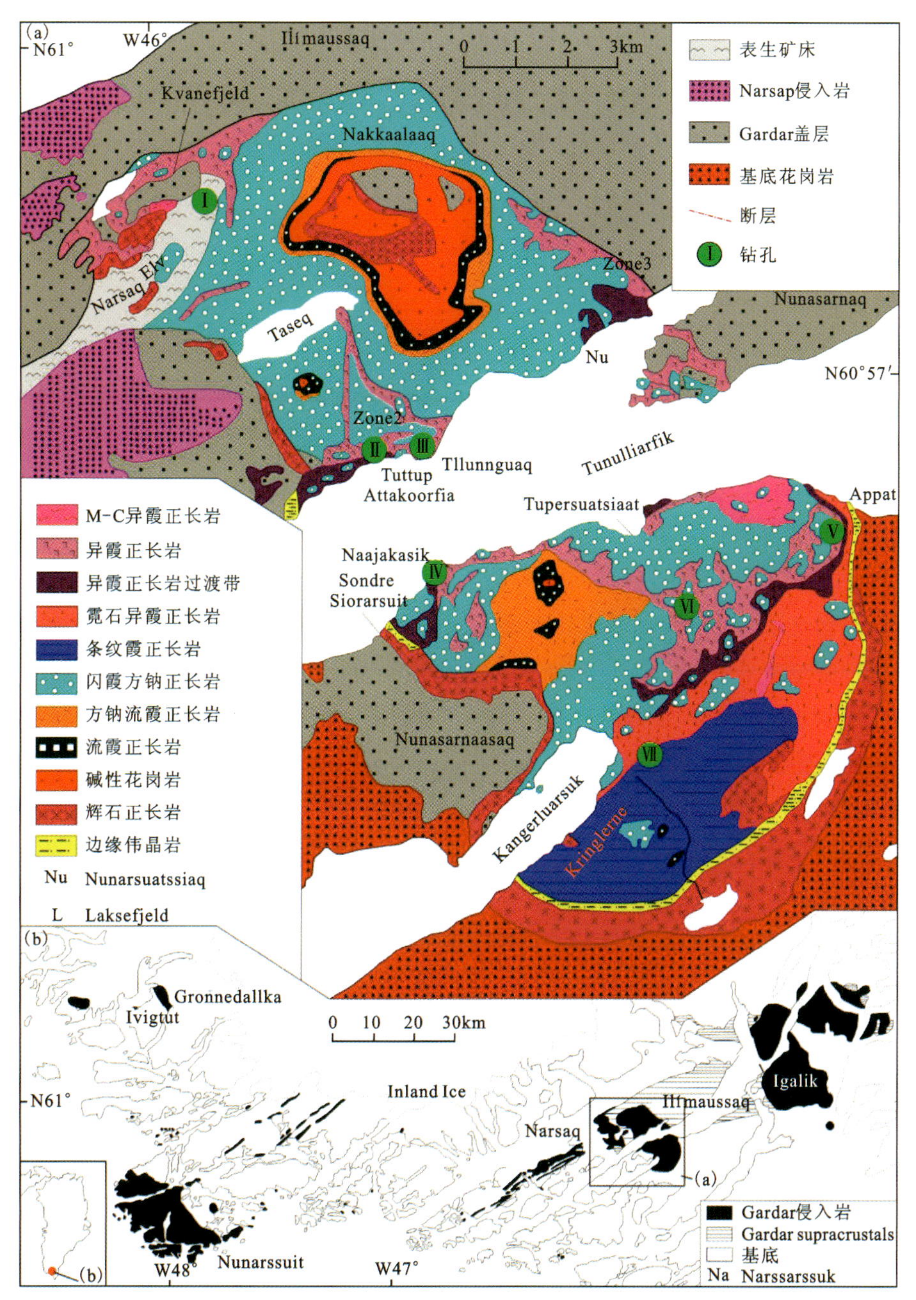

图2-2 格陵兰伊犁马萨克碱性杂岩体地质图

岩体层状构造明显，被认为由3个侵入岩相带组成：①顶部岩相带由碱性普通辉石正长岩组成(图2-3)；②中部过渡岩相带由过碱性石英正长岩和斑霞正长岩组成；③下部岩相带为碱性霞石正长岩，可细分为霞石正长岩、异霞正长岩、条纹霞石正长岩(Markl et al.，2001)。岩体平均年龄约1160Ma，岩体分为南、北两个部分，北部形成可凡湾稀土矿，南部形成克林格勒稀土矿。伊犁马萨克碱性杂岩围岩主要为Eriksfjord组一套韵律交替的陆源沉积和火山岩组合。沉积岩岩性主要为砂岩、砾岩；火山岩岩性主要为玄武岩、碳酸岩和火山碎屑岩等。矿区主要发育北东向和近东西向两组断裂构造，断裂的交会位置往往为岩浆侵入的中心。

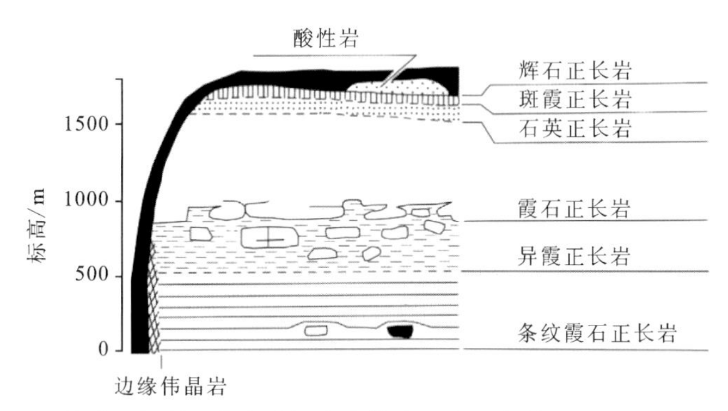

图2-3　格陵兰伊犁马萨克碱性杂岩体南段东西向剖面图(据Rønsbo，2008)

伊犁马萨克碱性杂岩体的西北边缘分布有该区规模最大的可凡湾稀土-铀多金属矿床。该矿床是已探明的世界第二大稀土矿床和第六大铀矿床，也是该地区最先探明且资源量最大的矿床，已施工钻孔约200个，钻孔间距为40～70m，已达到勘探程度。可凡湾稀土矿床包括Zone1、Zone2和Zone3这3个矿段，共探明稀土氧化物(REO)资源量172万t，控制资源量342万t，推断资源量600万t，估计总资源量1114万t(GMEL，2015)。矿床主要由方钠异霞正长伟晶岩脉和层状钠铁闪石异霞正长岩体组成。方钠异霞正长伟晶岩脉受断层、岩石劈理、节理等构造控制，赋存于辉石正长岩、霞石正长岩和霓石异霞正长岩中。矿脉与围岩之间接触界线清晰，蚀变较弱，矿脉内矿物和围岩矿物迥然不同，显示了成矿流体的充填成矿作用。钠铁闪石异霞正长岩全岩矿化，呈层状、似层状、透镜状产出，与辉石正长岩、霓石异霞正长岩、霞石正长岩等岩性之间有明显接触界面和穿插关系，且常见霓石异霞正长岩、霓霞正长岩和辉石正长岩的捕虏体，指示其侵位于岩浆演化晚期阶段。

2.矿体特征

可凡湾矿床3个矿段共发现9条伟晶岩脉，其中W01矿(化)体规模最大，位于Zone3矿区东侧，其余8条脉体规模较小。W01矿(化)体形态为脉状，整体走向呈北西-南东向，地表出露长度约为968.7m，平均厚度约为100m。矿体REO品位一般在0.8%～1.1%之间，最高可达3%，重稀土相对富集，重稀土占比约为33.02%，富含Pr、Nd、Dy、Y等稀土元素，并伴生有Nd、Hf、Rb、Ta、W、Th等稀有元素。层状铁钠闪石异霞正长岩矿体边界与岩体边界基本一致，矿体形态为层状、似层状、透镜状。该类矿石稀土含量平均值为1.41%，以轻稀土为主，含少量重稀土，重稀土占比16.02%，富含U、Th等元素。钻孔资料显示，可凡湾矿床3个矿区(Zone1、Zone2、Zone3)层状铁钠闪石异霞正长岩矿体在深部可能相连(图 2-4)。可凡湾稀土矿床中矿石矿物为独居石、铈硅磷灰石、斯坦硅石、磷硅铈钠石和异性石等,主要工业矿物为斯坦硅石和异性石,其他矿物含量较少;脉石矿物主要有方钠石、钠铁闪石、钠长石、霞石、正长石、霓石等。根据矿石矿物与脉石矿物组合以及赋存形式可把可凡湾稀土矿床的矿石分为钠长石-斯坦硅石型和方钠石-异性石型两种类型。

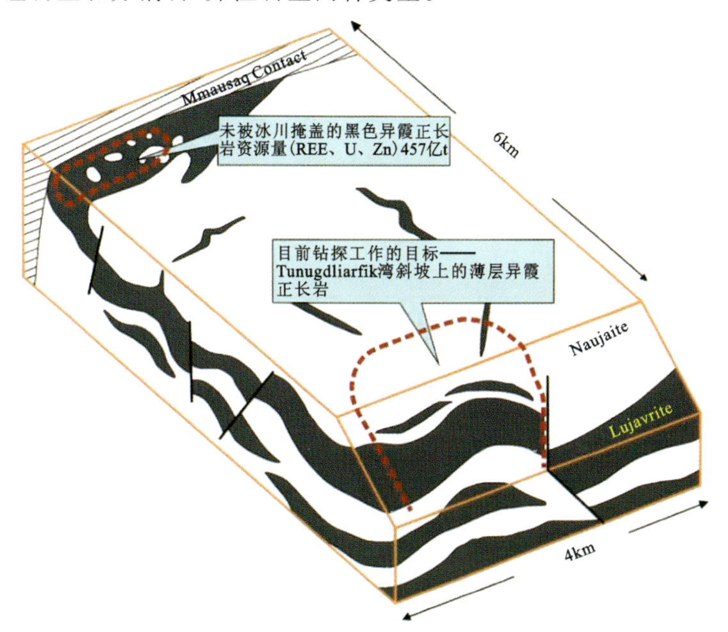

图 2-4　格陵兰伊犁马萨克碱性杂岩体中矿体形态图(据 Williams et al.,2010)

3. 矿床地球化学特征

伊犁马萨克碱性杂岩体具有独特的地球化学特征,最突出的特点是高碱(K_2O 含量 3.47%～5.64%)和高钠(Na_2O 含量 3.84%～14.87%)(表 2-2)。在伊犁马萨克碱性杂岩体中,有一系列含钠矿物出现,如 Na-Fe 矿物(钠铁闪石、霓辉石)、Na-Zr 矿物(异性石、钠锆石)和 Na-Nb 矿物(辉绿石、黝铜矿)(Sørensen et al.,2011)。该岩体顶部岩相带和底部岩相带的 SiO_2 含量(43.24%～62.54%)都较低,中部岩相带的 SiO_2 含量(70.17%～71.01%)明显较高;顶部和中部岩相带中 Na_2O 含量(3.84%～5.65%)较低,底部 Na_2O 含量(7.56%～14.87%)明显较高。

伊犁马萨克碱性杂岩体中微量元素特点是不相容元素 Zr、Hf、Nb、Ta、REE、Th、U、Sn、Li、Be、Rb、Zn、Pb、Sb、W、Ga 含量特别高,此外挥发性元素 F、Cl、Br 含量也很高。Sc、Co($<0.1\times10^{-6}$),V、Ni($<0.5\times10^{-6}$),Cr、Cu($<1\times10^{-6}$),Ba($<5\times10^{-6}$),Sr($<10\times10^{-6}$)等元素含量较低(表 2-3)。Th 含量和 Th/U 值可能与异霞正长岩中的 U 含量保持一致。在异霞正长岩序列中 U 含量随深度增加而降低,也有 U 含量随深度的增加而增加或先增加后降低的情况。由此可见,Th 含量和 Th/U 值可能遵循随深度的增加而降低的变化规律。在异霞正长岩中,U 值和 Th 含量随深度的增加而降低,这与位置较低的异霞正长岩序列中的 Zr 含量随深度增加而降低一致。

表 2-2 格陵兰伊犁马萨克碱性杂岩体主量元素表

单位：%

杂岩体	辉石正长岩	辉石正长岩	石英正长岩	碱性花岗岩	碱性霞石正长岩	碱性霞石正长岩	碱性霞石正长岩
编号	GY-1	GY-2	GY-3	GY-4	GY-5	GY-6	GY-7
SiO_2	50.78	56.97	70.17	71.01	62.54	58.50	43.24
TiO_2	2.76	1.27	0.26	0.23	0.10	0.32	0.33
ZrO_3	0.02	0.06	0.19	0.46	0.21	0.27	0.51
Al_2O_3	13.69	16.82	10.03	8.65	16.97	16.21	18 99
Fe_2O_3	2.78	1.47	3.03	4.33	2.02	3.03	4.16
FeO	11.69	6.68	4.67	3.79	1.48	3.80	3.08
MnO	0.35	0.22	0.18	0.21	0.12	0.19	0.20
MgO	2.32	0.76	0.11	0.18	0.15	0.11	0.12
CaO	5.12	3.47	0.38	0.24	1.53	1.76	1.67
Na_2O	3.84	5.65	5 28	4.67	8.19	7.56	14.87
K_2O	4.16	5.16	4 25	3.91	4.69	5.64	3.47
P_2O_5	1.22	0.34	0.02	0.07	0.05	0.04	0.06
S	0.16	0.07	0.00	0.00	0.01	0.02	0.07
Cl	0.02	0.04	0.02	0.01	0.02	0.12	2.34
F	0.16	0.14	0.35	0.27	0.20	0.20	0.17
总量	99.07	99.12	89.41	98.03	98.28	97.77	74.29

注：数据来源于 Sørensen et al.，2011。

表 2-3 格陵兰伊犁马萨克碱性杂岩体微量和稀土元素表

单位：10^{-6}

杂岩体	辉石正长岩	辉石正长岩	石英正长岩	碱性花岗岩	异霞正长岩	异霞正长岩	异霞正长岩
编号	GY-1	GY-2	GY-3	GY-4	GY-5	GY-6	GY-7
Cs	<0.1	1.2	0.35	1.2	2.3	5.3	6.3
Rb	66	68	438	557	234	315	348
Ba	2580	2320	16	48	30	42	10
Pb	12	15	69	163	36	45	89
Sr	281	395	15	54	16	27	11
La	73	77	252	537	223	244	619
Ce	163	163	510	1110	445	512	1420
Nd	83	76	205	423	185	219	572
Sm	15.0	13.9	31.2	65.6	36.3	38.2	95.9
Eu	5.08	4.53	2.13	4.16	3.08	3.60	10.10

续表 2-3

杂岩体	辉石正长岩	辉石正长岩	石英正长岩	碱性花岗岩	异霞正长岩	异霞正长岩	异霞正长岩
Tb	2.06	1.88	5.73	12.10	5.89	5.82	16.60
Yb	5.2	5.3	18.5	36.8	24.7	17.9	50.9
Lu	0.68	0.80	2.80	5.38	3.69	2.43	6.42
Y	50	45	187	256	240	184	488
Th	3.4	7.9	48.5	123.0	23.5	27.8	54.0
U	0.5	1.9	15.6	44.1	8.9	9.8	15.5
Zr	208	272	1790	4560	2790	2070	4110
Hf	5.8	11.4	38.0	108.0	52.6	42.5	98.9
Sn	7.3	12.0	38.0	88.0	25.0	27.0	62.0
Nb	55	93	312	912	386	325	777
Ta	3.9	6.0	18.7	56.6	21.3	19.2	48.4
Li	16	80	182	156	91	132	161
Zn	148	117	402	1260	182	276	534
Cu	26	16	5	6	5	10	8
Co	10	3.8	1.1	—	1.1	3.6	0.32
Ni	<0.5	<0.5	<0.5	<0.5	3.1	0.5	<0.5
Sc	40	18	1.9	1.2	0.21	0.52	0.09
Cr	8.2	1.8	3.5	3.9	1.1	1.8	1.9
Ga	23	29	41	37	56	58	66
V	<0.5	<0.5	2.1	1.6	1.5	<0.5	<0.5

随着伊犁马萨克碱性杂岩体的演化，稀土总量普遍增加。在早期碱性岩-方钠流霞正长岩-方钠霞石正长岩-条带霞石正长岩中稀土元素含量与 Zr 相关，稀土元素主要赋存于异性石中。顶部异性石中 REO(包括 Y_2O_3)的总含量由早期的约1.7%，有规律地增加到后期的8.7%。在该序列中$(La/Yb)_N$值也从1.5增加到9.4。异性石的 REE 配分模式在早期岩石中呈现出重稀土增加的趋势，而在晚期岩石中呈现出减少的趋势。与目前已开发的氟碳铈矿和独居石等稀土资源相比，伊犁马萨克碱性杂岩体中异性石重稀土元素含量较高，表明异性石有潜力成为未来稀土的重要来源(Sørensen et al.,2011)。

4. 伊犁马萨克碱性杂岩体形成时代

伊犁马萨克碱性杂岩体是一个复合侵入体，由辉长岩、正长岩、过碱性花岗岩、霞石正长岩和异霞正长岩等组成。前人对伊犁马萨克碱性杂岩体进行了较多的定年研究，Krumrei 等(2006)获得辉石正长岩中的斜锆石 U-Pb 年龄为(1160±5)Ma；Upton 等(2013)对碱性花岗岩中的锆石进行 U-Pb 定年，结果为(1166±9)Ma；Wu 等(2010)对钠质霞石正长岩中的异性石中的锆石进行了 U-Pb 定年，结果为(1018±29)～(1134±34)Ma；Waight 等(2002)利用 Rb-Sr 法测得条纹霞石正长岩的年龄为 1175Ma；Borst 等(2018)选取条纹霞石正长岩中 3 代共生的角闪石单矿物进行^{40}Ar-^{39}Ar加热实验，得到同位素年龄为(1 156.6±1.4)Ma，条纹霞石正长岩全岩和单矿物(角闪石、异性石、碱性长石)^{206}Pb-^{207}Pb同位素年龄为(1159±17)Ma，^{235}U-^{207}Pb等时线年龄为(1 168.5±8.8)Ma，全岩和单矿物 Sm-Nd 同位素等时线年龄为(1156±53)Ma。对于主要的成矿岩石霓石异霞正长岩和钠铁闪石异霞正长岩年龄研究相对较少，Moorbath 等(1960)测得多硅锂云母的 Rb-Sr 年龄分别为(1095±24)Ma 和(1086±20)Ma。笔者针对不同岩性分别采用多方法协同开展岩石定年，分别获得辉石正长岩锆石 U-Pb 年龄为 1187Ma，霞石正长岩锆石 U-Pb 年龄为 1159Ma，霓石异霞正长岩异性石 U-Pb 年龄为 998Ma，总体上伊犁马萨克碱性杂岩体具有多期活动特征。

5. 矿床成因

由于伊犁马萨克碱性杂岩体的复杂性以及构造上的特殊性，其岩石成因以及岩浆演化过程一直备受争议。岩体不同岩性之间的接触关系及精确的年代学研究结果支持了“多幕侵入”成岩模式(Sørensen，et al.，2006)。详细的岩石地球化学和同位素研究表明，杂岩体在同一构造-岩浆活动背景下，不同深度源区形成的岩浆上侵到浅部于同一构造部位沿早期岩石顺层侵入，整体上形成层状-透镜状构造。而杂岩体的成矿作用主要是伴随碱性杂岩体的“多幕式侵入”成岩过程，在霓石异霞正长岩阶段发生岩浆结晶分异作用和热液成矿作用，形成方钠石-霓石-异性石型矿石的早期岩浆-热液矿床，在钠铁闪石异霞正长岩阶段发生岩浆结晶成矿作用，形成钠铁闪石-钠长石-斯坦硅石型矿石的晚期岩浆分结矿床，从而提出伊犁马萨克碱性杂岩体两期钠质碱性岩浆结晶分异成矿模型(图 2-5)。

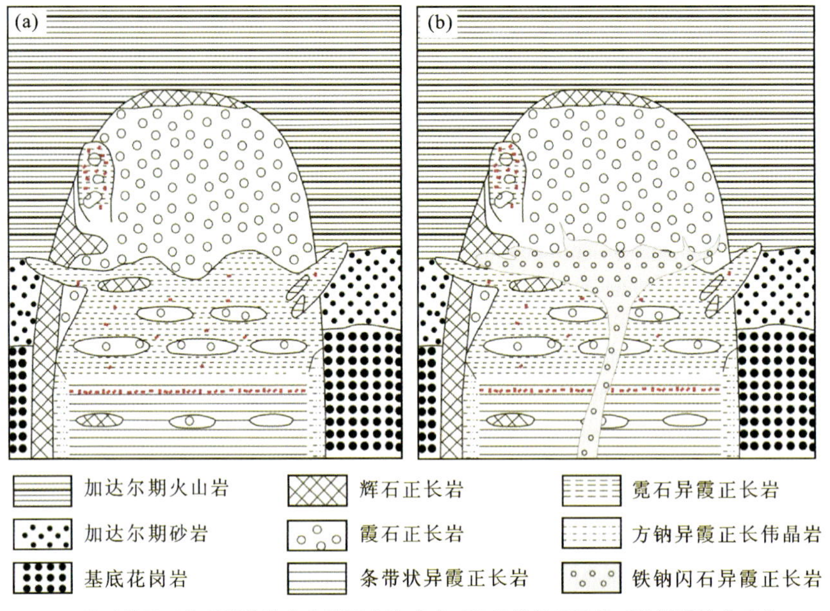

(a)霓石异霞正长岩岩浆结晶分异及热液成矿；(b)钠铁闪石异霞正长岩浆结晶成矿

图 2-5 伊犁马萨克碱性杂岩体两期成矿模式示意图(据 Sørensen et al.，2006)

二、正长岩-碳酸岩型

（一）概述

碳酸岩一般与碱性岩（如正长岩、霞石正长岩和霞石岩等）共同构成碳酸岩-碱性（环状）杂岩体，其中碳酸岩经常出现在杂岩体中心，并且结晶于晚期的岩浆。正长岩-碳酸岩型稀土矿床是世界上最重要的稀土矿床类型和最主要的稀土来源，其储量占世界所有稀土矿床储量的一半以上（51.4%），远远高于其他种类的稀土矿床。正长岩-碳酸岩型稀土矿床又分为碳酸岩-碱性岩浆型和碳酸岩-碱性岩浆热液型。中国白云鄂博稀土矿和美国 Mt Pass 稀土矿为碳酸盐-碱性岩浆型的代表，中国四川冕宁牦牛坪稀土矿和美国加里诺斯稀土矿则为碳酸岩-碱性岩浆热液型的代表。

与碳酸岩-碱性杂岩体相关的岩浆型稀土矿床中的稀土元素，通常以矿物形式产于碳酸岩或碱性杂岩体中。碳酸岩-碱性杂岩体本身就是稀土矿床，如美国 Mt Pass 的 Sulphide Queen 碳酸岩体（Castor，2008）、中国湖北庙垭的碳酸岩-碱性正长岩杂岩体（李石，1980）、中国内蒙古白云鄂博的碳酸岩体。

在与碳酸岩-碱性杂岩体相关的热液型稀土矿床中，矿石矿物通常与方解石、萤石、重晶石和石英等矿物共生形成脉体，或形成细网脉穿插于碳酸岩杂岩体内外接触带及围岩中，或作为裂隙或孔洞的充填物叠加在碳酸岩早期形成的矿物上。这类矿床规模较大，稀土矿物类型较为简单，主要为氟碳（钙）铈矿。相对于碳酸岩-碱性岩浆型稀土矿床，热液型稀土矿床较多，如布隆迪共和国 Gakara（Lehmann et al.，1994），巴西 Barra do Itapirapua（Andrade et al.，1999），蒙古国 Mushugay-Khuduk（Andreeva et al.，2007），中国四川牦牛坪、山东微山（Hou et al.，2009），印度 Amba Dongar（Doroshkevich et al.，2009）等稀土矿床。

（二）中国内蒙古白云鄂博稀土矿床

白云鄂博 REE-Nb-Fe 矿床位于内蒙古包头市以北约 150km 处。矿山东西延伸范围约为 20km，海拔差异约 200m。白云鄂博矿床是一座世界著名的多金属共生矿床，分布在东西约 20km、南北约 3km、总面积约 47km^2 的范围内。白云鄂博是世界罕见的特大型 REE-Nb-Fe 多金属共生矿床，已发现 170 多种矿物，其中稀土矿物 30 种，铌和钽矿物 20 种，是世界上最大的稀土矿床，世界第二大铌矿床（Nb_2O_5 约 2.2Mt，平均品位 0.13%），也是我国主要的铁矿床（Fe 约 1500Mt，平均品位 35%），富含资源量可观的钍和钪等战略资源（陈彪等，2022）。

1. 矿床地质特征

白云鄂博 REE-Nb-Fe 矿床地处华北克拉通北缘，紧邻中亚造山带（图 2-6）。白云鄂博至包头为华北陆块内蒙古地轴的北侧部分，北为内蒙古海西古大洋区。故白云鄂博 REE-Nb-Fe 矿床地跨华北古陆和内蒙古海西古大洋两大构造单元，大陆与大洋之间被乌兰宝力格大断裂隔开。近东西向延伸的白银角拉克-宽沟断裂与乌兰宝力格大断裂相交。两条断裂的交会点是白云鄂博赋矿白云石碳酸岩体。白银角拉克-宽沟断裂南、北两侧均有与之垂直或斜交的断裂会聚在一起，构成巨型断裂会聚构造体系，对白云鄂博的构造格局、岩浆活动和成矿作用起主导作用（田朋飞，2021）。

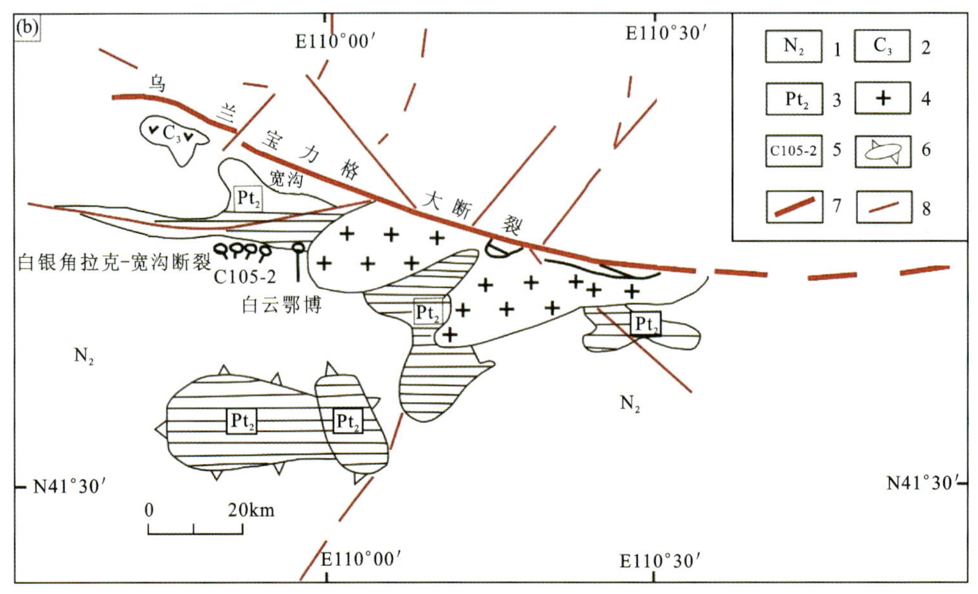

1. 上新统粉砂岩；2. 晚石炭世基性岩；3. 中元古界白云鄂博群；4. 花岗岩；

5. 苏木图隐伏白云石碳酸岩岩筒；6. 隐伏弯隆；7. 大断裂；8. 区域断裂

图 2-6　白云鄂博地区巨型断裂会聚构造（据田朋飞，2021）

白云鄂博矿床主要出露地层为中元古界白云鄂博群，古元古界少量出露在背斜轴部，古生代以后仅有少量地层出露（图 2-7）。白云鄂博群为主要的含矿地层，总体上为一套陆相、海陆交互相、滨海相沉积建造，东西长约 600km，总厚度约 7200m。白云鄂博群自下而上包括 6 个岩性组共 18 个岩性段（自下而上依次命名为 H1 至 H18），其中 H8 为碳酸盐岩段，是白云鄂博矿床的赋矿层，由白云质大理岩组成。根据碳酸盐岩的结构、矿物组合、产状可分为 3 类：①沉积型碳酸盐岩，主要分布在宽沟断裂带北部，与石英砂岩、砂岩和页岩共生，变形微弱，无矿化；②变形矿化的粗粒和细粒白云岩，粗粒白云岩沿宽沟南部间歇性分布，显示出弱变形和矿化特征；③碳酸岩岩墙（脉）以分散的矿脉或透镜体的形式出现，通常侵入基岩或白云鄂博群。

矿床内碳酸岩岩墙（脉）分布广泛，有数十条分布在宽沟背斜轴部及其两翼的 H1～H4 碎屑岩中，在白云鄂博矿区向斜轴部及南翼也有产出（图 2-7）。碳酸岩岩墙的走向与地层走向垂直或斜交，一般长 30～50m，宽 1～2m。碳酸岩岩墙按侵入序列可划分为 3 种类型：白云石型、白云石-方解石型、方解石型。此外，矿区内大面积分布海西期花岗岩类，由花岗闪长岩和黑云母钾长花岗岩组成，主要分布在矿区东南部。

矿区内断裂可分为近东西向的宽沟断裂带以及与宽沟断裂和矿区褶皱配套的从属性断层。宽沟断裂是白云鄂博-白银角拉克断裂的东边部分，主断层位于宽沟南缘，是一个向南倾斜的冲断层。矿区的褶皱构造主要由宽沟背斜和白云鄂博向斜组成，两者共同构成白云复背斜。白云向斜的核部为 H8、H9、H10 岩性段，该向斜轴向呈近东西向，其中 H8 是赋矿层位，

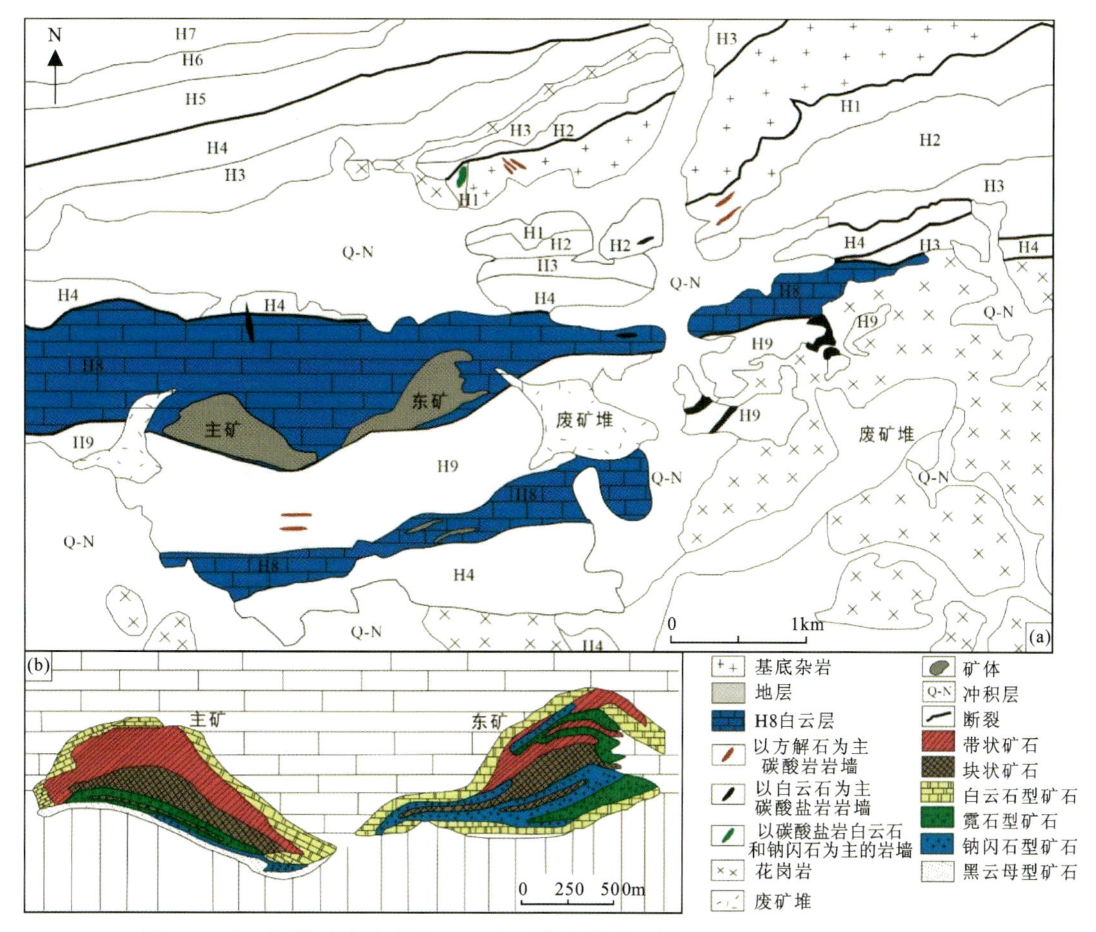

图 2-7 白云鄂博矿床地质图(a)及主矿体和东矿矿体的分布图(b)(据田朋飞,2021)

矿体形态呈向形形态(赖小东,2013)。

白云鄂博矿床从东到西,分为5个矿段:东部接触带、东矿、主矿、西矿和北矿矿段。矿山的主采区是西矿、东矿和主矿矿段。主矿和东矿为单一大矿体,铌、稀土、铁常共同产出,构成铌-稀土-铁矿体。

东部接触带矿段指东矿东南一带的广阔地区,由于花岗岩的侵入活动,白云岩发生不同程度的蚀变,广泛发育矽卡岩化,形成透辉石、透闪石、硅镁石、金云母、铁橄榄石、萤石和磁铁矿的组合,其中稀土和铌矿物有褐帘石、硅钛铈矿、铈磷灰石、独居石、烧绿石和褐铈铌矿等,形成透辉石型铌矿石。

东矿矿体走向呈北东东向,倾向南南西,长1300m,最宽处有309m,平均宽为179m,最大延深为870m,呈不规则透镜体状,西窄东宽,两端渐变成白云岩及板岩(图2-8)。东矿矿段两翼为H8白云岩,轴部为H9和H10板岩,北翼构成东矿矿体,南翼是东介格勒矿体。东矿钠和氟交代蚀变作用强烈,铌和稀土的矿化也较明显。由北至南,以铁圈定的矿体大致可以分出以下几个矿石带:下部为条带状铌、稀土和铁矿石带,中部为块状铌、稀土和铁矿石带,上部为钠闪石型铌、稀土、铁矿石带。

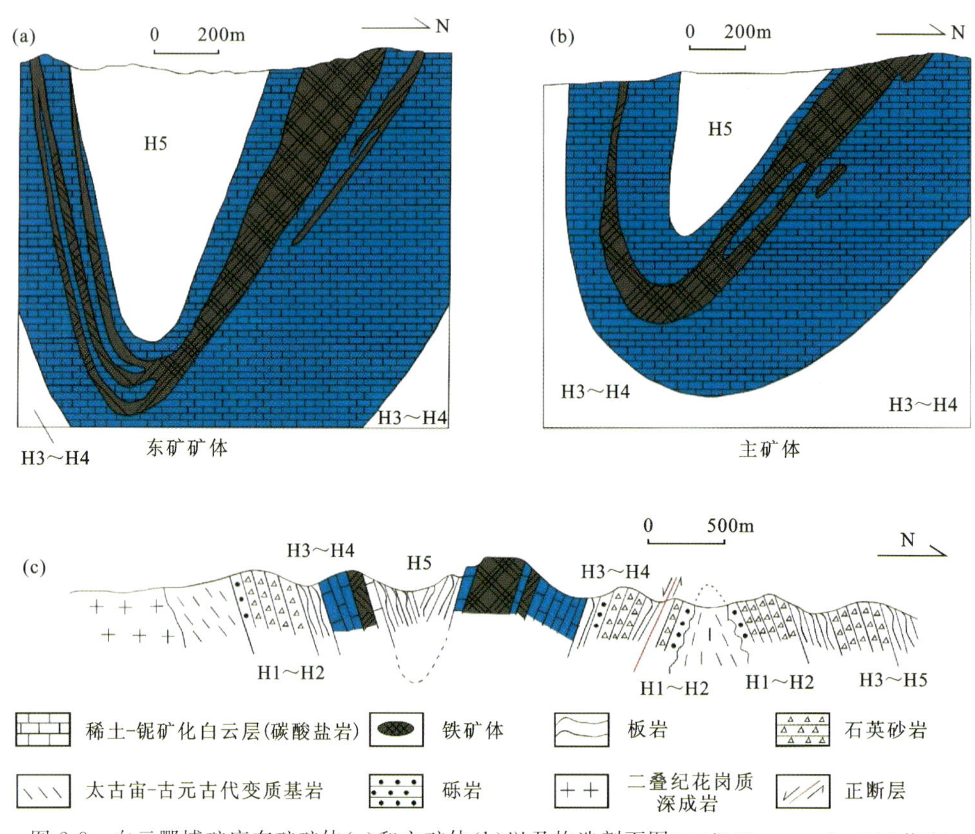

图 2-8 白云鄂博矿床东矿矿体(a)和主矿体(b)以及构造剖面图(c)(据 Zhang et al.,2017 修改)

主矿矿段格局与东矿矿段相似,因花岗岩侵入而被破坏。主矿矿体中氟和钠交代作用的强烈程度与东矿相当,并且其矿石类型明显受原岩岩性控制。主矿矿体的走向呈近东西向,倾向南,长 1250m,最宽处有 514m,平均宽为 245m,最大延深为 1030m,呈透镜体状,两端尖灭于白云岩中。

西矿矿段是指从主矿以西,东西向排列的十几个小矿体的总称,东西长 10km,南北宽约 1km,由 12 个铁矿体组成。铁矿体呈层状、透镜状,具条带状构造,铁矿体与围岩界线不清,由品位圈定。西矿的矿化类型与主矿和东矿基本相似,只是矿化作用相对较弱,矿石类型也比主矿和东矿简单(田朋飞,2021)。

2. 矿石特征

白云鄂博矿床矿石类型主要分为两类:①铌-稀土矿石,可进一步分为白云大理岩型铌-稀土矿石、长石型铌-稀土矿石、黑云母型铌-稀土矿石、霓石型铌-稀土矿石、矽卡岩型铌-稀土矿石;②铌-稀土-铁矿石,可分为白云岩型铌-稀土铁矿石、霓石萤石型铌-稀土-铁矿石、铌-稀土铁矿石、萤石型铌-稀土-铁矿石、钠闪石型铌-稀土铁矿石。这些矿石类型主要见于主矿、东矿及西矿,主要分布在白云大理岩和上覆板岩的接触带上。

3. 矿床地球化学特征

白云岩按岩石含矿类型可分为白云石碳酸盐岩、萤石矿化白云岩、稀土矿化白云岩。白云岩化学成分主要为 SiO_2、Fe_2O_3、MgO、CaO，其中 SiO_2 含量变化较大，白云石碳酸盐岩中 SiO_2 含量较高，萤石矿化白云岩和稀土矿化白云岩中 SiO_2 含量相对较低。白云鄂博白云岩中 MgO/(MnO+FeO_{tot})值变化较小(0～2)，CaO/MgO 值变化较大(0～14)。沉积白云岩的 MgO/(MnO+FeO_{tot})值变化较大，CaO/MgO 值变化较小，这表明白云鄂博矿床内的白云岩成因不是典型沉积白云岩(表 2-4)。

白云鄂博矿床白云石碳酸盐岩、萤石矿化白云岩和稀土矿化白云岩中 Ba、Th、Nb、Nd、Tb 富集强烈，而 U、K、Zr、Ti 含量呈负异常。ΣREE 含量范围为 $13\ 568\times10^{-6}\sim77\ 691\times10^{-6}$(表 2-5)。稀土配分模式为右倾型，轻稀土元素明显富集，重稀土元素相对亏损(图 2-9)。ΣLREE值和 ΣHREE 值分别为 $13\ 124\times10^{-6}\sim76\ 978\times10^{-6}$ 和 $214\times10^{-6}\sim652\times10^{-6}$，较高的 ΣLREE/ΣHREE 值(28.83～107.99)表明轻稀土和重稀土之间存在较强的分馏作用，并且有轻微的 Eu 负异常，δEu=0.14～0.23，δCe 值介于 0.96～2.67 之间，大部分显示负异常。与海洋化学矿床、生物矿床和海底热液混合海水矿床相比，稀土矿化白云岩的 ΣREE 含量和 ΣLREE/ΣHREE 值较高，与标准的海洋化学矿床、海水混合的生物矿床及海底热液矿床稀土特征明显不同。与现代热卤水沉积相比，该矿石赋存的白云岩大多有 δEu 和 δCe 负异常，因此不是热卤水沉积的正常成因(田朋飞，2021)。

4. 同位素特征及成矿时代

H8 白云岩全岩 $^{87}Sr/^{86}Sr$ 值在 0.702～0.706 之间，与沉积岩中 Sr 同位素组成特征不同(>0.709)。全岩 $\varepsilon_{Nd}(t)$值为−3.23～1.87，与白云鄂博地区出露的碳酸岩岩墙 Nd 同位素特征相似(−2.45～0.65)(Bas et al.，2007；Yang et al.，2011)。H8 白云岩经历了多期次地质作用，矿床的同位素系统受到了后期变质变形作用的干扰。因此，全岩同位素地球化学不能很好地指示矿床的成因和变质/成矿流体的来源(Smith et al.，2015)。H8 白云岩中白云石单矿物的原位 Sr 同位素组成呈现出更大的变化范围(0.702 4～0.709 7)。与重结晶白云石(0.703 8～0.709 7)和磷灰石(0.703 2～0.703 7)的原位 Sr 同位素特征相比，白云石和磷灰石显示出低的初始 $^{87}Sr/^{86}Sr$ 值(0.702 4～0.703 0)，与典型火成碳酸岩的特征一致($^{87}Sr/^{86}Sr$ 为 0.703 0)，指示 H8 白云岩的地幔起源成因。H8 白云岩中年龄为 1.3Ga 的初始磷灰石，其 $\varepsilon_{Nd}(t=1.3Ga)$值在−2.5～+1.0 之间，原位 $^{87}Sr/^{86}Sr$(0.702 66～0.702 93)和 $\delta^{18}O$(5.0‰～6.2‰)集中在非常小的范围内，与地幔来源的碳酸岩特征一致，表明了赋矿白云岩的岩浆成因，成岩时代为中元古代(Yang et al.，2019)。不同产状的白云石 $^{206}Pb/^{204}Pb$ 值和 $^{207}Pb/^{204}Pb$ 值变化范围分别为 15.82～16.38、15.10～15.42。白云石的 $^{207}Pb/^{206}Pb$ 同位素值与地幔来源的岩石样品相似，明显区别于地壳样品(Chen et al.，2020)。

白云鄂博矿床的成矿年龄变化范围为 1.4～0.3Ga，但数据呈现双峰性，成矿年龄集中在 1.3Ga 和 400Ma 左右(Zhang et al.，2017)。矿石、全岩、矿物的 Sm-Nd 等时线年龄均反映了

表 2-4　白云鄂博稀土矿床主量元素含量表

单位：%

岩石	白云石碳酸盐岩				稀土矿化白云岩					萤石矿化白云岩					
编号	BY-1	BY-2	BY-3	BY-4	BY-5	BY-6	BY-7	BY-8	BY-9	BY-10	BY-11	BY-12	BY-13	BY-14	BY-15
SiO_2	13.98	34.23	0.64	0.688	9.82	4.33	2.27	3.68	0.501	16.60	9.68	2.25	0.134	0.578	12.44
Al_2O_3	0.62	0.142	0.149	0.164	0.554	0.078	0.067	0.913	0	0.097	0.714	0.888	0	0.053	1.49
Fe_2O_3	6.52	4.28	5.69	6.50	15.44	17.40	9.15	14.50	9.80	25.24	3.42	7.15	4.87	4.69	29.00
MgO	14.81	13.00	17.18	17.12	12.00	12.54	14.14	13.69	13.86	4.22	3.42	7.03	9.82	7.02	4.96
CaO	31.16	20.45	28.22	28.95	18.33	25.04	27.99	24.71	27.37	22.7	43.95	47.22	41.19	50.00	29.98
Na_2O	0.468	3.32	0.016	0	0.796	0.04	0	0	0	0	0.119	0.019	0	0	0.168
K_2O	0.583	1.00	0.108	0.04	0.676	0.097	0.084	0.884	0.01	0.016	0.691	0.485	0.012	0.057	1.45
MnO	0.577	0.44	0.597	0.575	1.96	1.26	1.26	1.99	1.41	1.32	0.857	1.4	0.944	0.932	0.584
TiO_2	0.071	0.015	0.017	0.034	0.01	0.01	0.01	0.335	0.01	0.114	0.051	0.01	0.01	0.01	0.01
P_2O_5	0.184	1.94	0.004	0.232	3.94	0.083	0.826	0.255	1.79	1.19	11.94	0.487	4.95	0.535	0.71
FeO	3.60	2.50	3.95	3.45	8.40	8.85	5.15	8.50	5.20	0.10	2.40	5.55	3.45	3.05	9.50
LOI	26.43	13.80	42.77	42.26	23.85	31.99	34.32	33.31	37.54	22.22	10.22	19.13	26.56	19.58	5.25
总量	99.00	95.12	99.34	100.01	95.78	101.72	95.27	102.77	97.49	93.82	87.46	91.62	91.94	86.50	95.54

注：LOI 为烧失量，主量元素总量超过 100%是烧失量在测试中存在误差导致的。

表 2-5　白云鄂博稀土矿床微量元素含量表

单位：10^{-6}

岩石	白云石碳酸盐岩				稀土矿化白云岩					萤石矿化白云岩					
编号	BY-1	BY-2	BY-3	BY-4	BY-5	BY-6	BY-7	BY-8	BY-9	BY-10	BY-11	BY-12	BY-13	BY-14	BY-15
Rb	26	2.77	4.54	2.43	16.8	3.78	3.84	23	1.74	1.6	12.9	11.8	1.79	3.86	24.7
Ba	1685	1785	805	757	1973	6836	10 962	573	7799	1836	772	1012	5391	7966	17 151
U	0.863	0.114	0.083	0.334	0.235	0.174	0.254	0.176	0.156	1.05	16.5	0.135	0.142	0.11	0.136
Th	45.8	82.7	23.2	35.2	81.7	50.2	85.9	184	93.8	140	335	44.6	36.3	83.4	467
Nb	261	68	95.9	158	138	147	56.3	152	207	191	88.5	16	55.9	26.5	384
Ta	0.26	0.075	0.018	0.041	0.058	0.038	0.078	0.07	0.064	0.105	0.206	0.08	0.092	0.077	0.13
Sr	3010	2066	2620	2927	1360	1806	2434	1239	1363	344	4480	1237	1579	1220	1241
Zr	35.6	27.3	13.6	11.6	6.63	1.09	1.55	8.49	1.02	3.03	172	5.66	1.84	1.94	11.1
Hf	1.88	2.39	0.63	0.681	1.22	0.463	0.87	0.973	0.648	1.25	8.5	1.2	1.19	1.15	2
Tb	12.3	20.3	8.72	11.1	24.9	13.8	26.6	24.4	24.3	27.6	28.7	25.6	36.5	33	16.9
Y	98.1	171	35.8	56.6	86.5	85.9	147	98.9	162	166	231	194	222	250	92.9
La	7131	19 319	11 554	6182	31 636	7110	11 647	3176	13 082	10 481	10 946	7100	10 352	4147	961
Ce	10 173	21 400	13 047	8920	37 305	11 744	19 631	11 335	20 579	18 661	23 277	12 448	18 210	12 161	6176
Pr	567	1239	692	680	2789	690	1285	1290	1183	1306	2155	925	1385	1013	892

续表 2-5

岩石	白云石碳酸盐岩				稀土矿化白云岩					萤石矿化白云岩					
编号	BY-1	BY-2	BY-3	BY-4	BY-5	BY-6	BY-7	BY-8	BY-9	BY-10	BY-11	BY-12	BY-13	BY-14	BY-15
Nd	2066	3580	2060	2013	4750	2989	4246	5319	4370	4796	5632	4120	5460	5237	4340
Sm	203	283	142	175	435	262	470	639	349	452	625	455	703	606	653
Eu	37.4	49.9	28.5	37.1	63.2	43.7	83.2	96.9	67.4	71.3	93.1	76.8	110	111	102
Gd	173	309	174	154	491	191	357	319	329	353	389	295	435	358	255
Tb	12.3	20.3	8.72	11.1	24.9	13.8	26.6	24.4	24.3	27.6	28.7	25.6	36.5	33	16.9
Dy	43.2	71.1	27	37.3	81.8	48	86.6	77.8	93.3	100	100	89.3	140	121	58.9
Ho	4.48	6.99	1.85	3.33	4.91	3.87	7.54	4.91	7.84	8.82	9.3	8.56	11.3	10.2	3.28
Er	12	20.3	6.6	8.33	19.5	11	19.1	18	19.9	22.1	29	20.6	27.1	26.1	13.4
Tm	0.83	1.27	0.255	0.512	0.706	0.56	0.821	0.683	1.18	1.04	1.78	1.24	1.36	1.8	0.59
Lu	0.519	0.703	0.156	0.274	0.36	0.25	0.439	0.369	0.546	0.462	0.99	0.678	0.657	0.703	0.313
ΣREE	20 526	46 477	27 779	18 280	77 691	23 195	38 011	22 403	40 273	36 450	43 526	25 765	37 099	24 082	13 568

注：数据来源于田朋飞，2021。

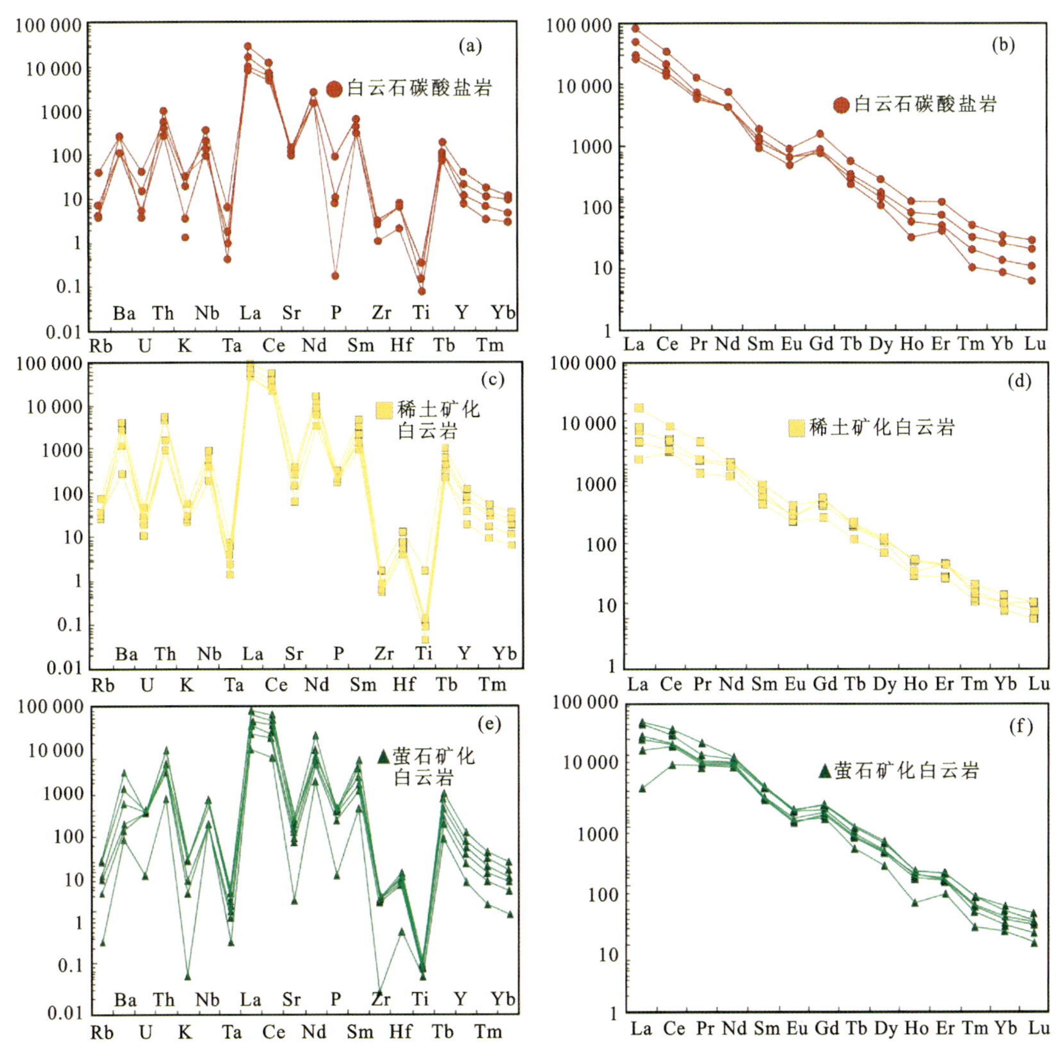

图 2-9　白云鄂博矿床 3 类白云岩粒陨石标准化稀土模式(a、c、e)和原始地幔标准化蛛网图(b、d、f)(据田朋飞，2021)

中元古代年龄的特征，而稀土矿物的 Th-Pb 年龄多数集中于 435～420Ma，黄铁矿的 Re-Os 年龄为 422Ma(Liu et al.，2004)，黑云母的 Rb-Sr 年龄和 Ar-Ar 年龄都在 390～200Ma 之间(Lai et al.，2015)。这些矿物大多出现在成矿后期脉体或变质后的稀土矿床中，并不能给出早期成矿作用的信息(Smith et al.，2015)。Campbell 等(2014)利用 Th-Pb 法精确测定了 H8 赋矿白云岩中锆石原位核部年龄为(1325±60)Ma，边缘年龄为(455.6±28.27)Ma，认为该锆石结晶于火成碳酸岩岩浆，其核部记录了初始岩浆作用时间。Chen 等(2020)最新报道了粗粒白云石的 Pb-Pb 二阶段等时线年龄(1.3～1.2Ga)，并对与粗粒白云石共生的各类独居石进行原位 Th-Pb 定年(年龄范围为 1078～406Ma)。H8 粗粒白云岩中新发现 1.3Ga 年龄的磷灰石[Sm-Nd 等时线年龄为(1317±140)Ma]与周围碳酸岩岩墙中的锆石和独居石的 Th-Pb 年龄非常一致，进一步证实了粗粒白云岩与白云鄂博矿床周围的中元古代碳酸岩岩墙同源，为火成碳酸岩成因(邓淼等,2022)。

5. 矿床成因

学者们对白云鄂博铁铌稀土矿床成因有多种认识,主要有高温热液型、沉积变质型、热液交代型、沉积变质-热液交代型、喷流沉积型、碳酸岩岩浆型等。许立权等(2016)基于以下认识,认为该矿为海底喷流沉积-热液改造型,主要证据有:①铁矿产于白云岩与板岩接触带,与围岩产状一致,总体受白云岩向斜控制;②矿床主要成矿时代与向斜一致,为中元古代;③同位素研究表明,成矿物质主要来源于地幔;④铁矿石的条带状纹层构造显示其具有沉积成因;⑤铌和稀土矿除与铁矿伴生外,在铁矿顶底板一定范围内均富集成矿,可能主要由后期热液交代形成。

白云鄂博矿床稀土的超巨量富集,受控于深部岩浆房中不断演化的碳酸岩岩浆,加里东期热流体事件通过"溶解-再沉淀"作用形式,使矿床发生了活化富集(胡乐,2019)。具体过程如下。

1.3~1.2Ga,白云鄂博裂谷的不断发育使白云鄂博矿区发生了碳酸岩岩浆侵位事件,其中部分白云质碳酸岩岩浆迅速侵位至近地表冷却结晶,部分囤积在深部岩浆房中[图 2-10(a)]。快速侵位、冷却结晶的岩浆演化程度较低,导致白云岩整体稀土矿化作用较弱,部分铁矿可能就是这一阶段形成的,其形成过程可能与覆盖区火成碳酸岩地质体类似。

囤积在深部岩浆房中的碳酸岩岩浆不断演化,并形成了富稀土的碱质热液。由于构造作用的不断进行,早先侵位的白云岩在构造作用下,局部发生破碎细粒化甚至糜棱岩化。与此同时,深部岩浆房中的富稀土热液得以沿断裂或薄弱带上升图[2-10(b)],并在白云岩中寻找"有利"位置,对白云岩进行强弱不同程度的交代,造成了白云岩中稀土的巨量富集和霓长岩化。加里东期的构造-流体热作用事件给矿床带来了很大程度的影响,导致了白云鄂博矿床后期穿插脉体的形成,并使得矿床成矿物质发生了活化与再富集。

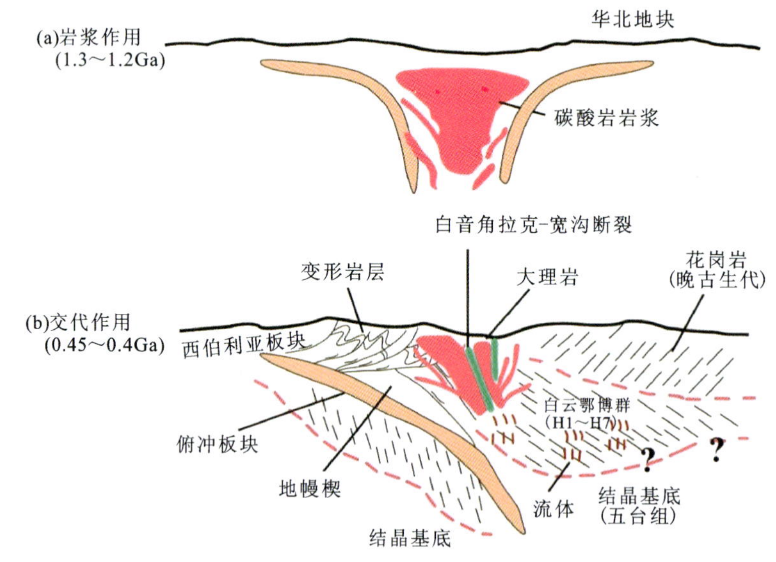

图 2-10　白云鄂博稀土矿床成矿模式示意图(据 Chen et al.,2020)

白云鄂博矿床的成矿模式为火成碳酸岩成因,稀土来源于中元古代地幔碳酸岩,该稀土矿床后期受到流体作用。初始稀土矿物的活化、迁移和再沉淀作用,可能是矿床富集大量稀土矿物并成矿的主要原因(Chen et al.,2020)。

(三)中国四川冕宁牦牛坪稀土矿床

牦牛坪稀土矿床位于四川省冕宁县城西南,距离县城约22km。牦牛坪矿床自北向南包括三岔河、牦牛坪和包子村3个矿段,全长13km,面积30km^2。其中牦牛坪矿段,南北长约3.5km,东西宽约1.5km,面积约5km^2,为矿床的主要矿段。

1. 矿床地质特征

牦牛坪稀土矿床位于扬子地台西缘攀西裂谷北段。攀西裂谷经历了复杂的构造演化过程,喜马拉雅期岩浆活动频繁,以雅砻江断裂和安宁河断裂为界,发育了一条长达150km的碳酸岩-碱性岩杂岩带。这些碳酸岩-碱性岩杂岩带与稀土成矿作用有关,形成了川西冕宁-德昌REE成矿带(Hou et al.,2003)。牦牛坪稀土矿床所在的冕宁地区构造线方向为北北东,由南东至北西依次有南河断裂、哈哈断裂、牦牛坪背斜、马头山断裂、马路塘向斜和司伊诺背斜。这些构造明显向北北东散开,在牦牛坪矿区以南逐渐收敛,构成一个帚状构造。

牦牛坪矿区主要发育4套岩性单元:①长达90km、宽6~14km的花岗岩体,锆石U-Pb年龄为146Ma;②厚度达1100m且由泥盆纪—二叠纪碎屑岩、灰岩和玄武岩组成的变质地层;③厚度达700m的含煤三叠纪沉积地层;④年龄不详的流纹岩(侯增谦等,2008)。

牦牛坪杂岩体受哈哈断裂的控制,碳酸岩-碱性岩杂岩体均侵入于上述4套岩性单元中。该岩体长约1400m,宽260~350m,主要由英碱正长岩、碳酸岩、花岗斑岩以及成分复杂的碱性伟晶岩脉组成,陡倾的碳酸岩岩墙、岩床向下延伸形成90m宽的中粗粒方解石碳酸岩体(阳正熙等,2000)。

2. 矿体地质特征

牦牛坪矿床由一系列不同的矿化细脉、网脉和大脉状矿体组成,沿北北东向展布,长2.65km,平面呈“S”形(图2-11),受走滑断层控制。矿化细脉厚度一般大于30cm,成群分布于碳酸岩和英碱正长岩体中。矿化网脉厚度一般为1~30cm,在中心矿体的周围形成平行脉体,矿化大脉主要发育于细脉的边缘。大矿脉群主要分布在矿区的北段,局部形成网脉状矿体,其内形成大量的巨晶状氟碳铈矿,并显示出矿物分带。矿物分带中间为萤石+重晶石+氟碳铈矿,外部为重晶石+霓辉石。

根据钻孔资料和化学分析结果,牦牛坪矿床已圈出约71个矿体,单个矿体的长度在10~1168m之间,厚度在1.2~32m之间。所有矿体总体上向北西方向陡倾,倾角65°~80°,平面上呈“雁列式”分布。矿体形态多样,有似层状、条带状、不规则透镜状和囊状等(Liu et al.,2018)(图2-12)。

矿区主要有4种矿石类型:伟晶岩型、碳酸岩型、角砾岩型和网脉型。伟晶岩型矿石主要出现在矿床的北部,呈大脉、囊状出现,可划分为伟晶状重晶石+萤石+霓辉石+氟碳铈矿和

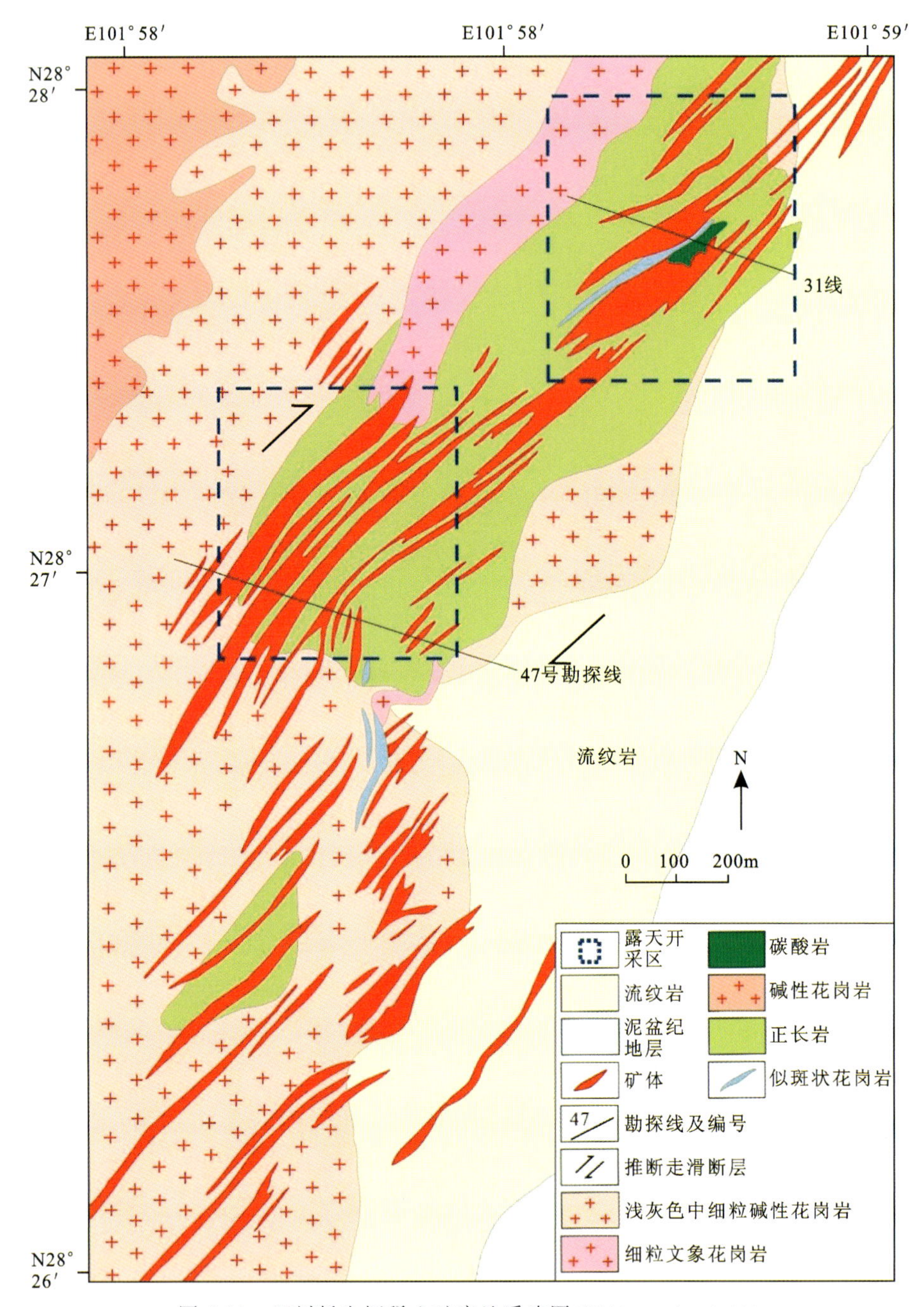

图 2-11 四川牦牛坪稀土矿床地质略图(据 Liu et al.,2018)

伟晶状正长石+霓辉石+萤石+氟碳铈矿两种类型。碳酸岩型矿石呈浸染状赋存于碳酸岩脉或岩床内,呈厚层状透镜体发育于矿区北段。该类型矿石由粗粒方解石、重晶石、萤石和少量氟碳铈矿组成,局部含有金属硫化物,如黄铁矿、闪锌矿和方铅矿等。角砾岩型矿石仅出现于该矿区中部和北部,侧向逐步变为网脉状,向下则变为平行脉状矿体。矿化角砾为典型的碎屑支撑,碎屑主要为棱角状英碱正长岩,而基质则由黑色细粒萤石+重晶石+方解石+氟碳铈矿组成。网脉型矿石呈细脉赋存在主矿体与围岩之间(李自静,2018)。

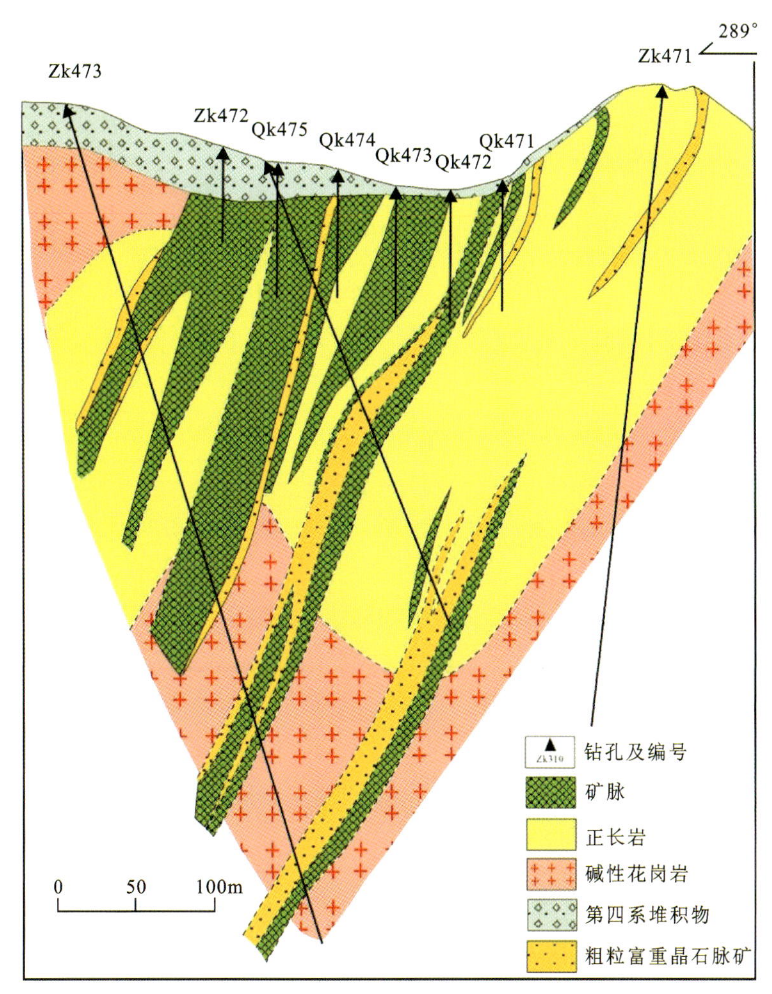

图 2-12 牦牛坪矿区 47 号勘探线剖面图(据 Liu et al.,2018)

矿床所含有的共生矿物多达 60 余种。根据矿物组合、矿石结构构造和脉体穿插关系,结合流体包裹体数据,划分出 5 个矿化阶段:第一阶段为早期高温阶段(约 700℃),碳酸岩-碱性杂岩体遭受强烈霓长岩化蚀变作用,形成以硅酸盐矿物(如微斜长石、石英、黑云母、霓石、霓辉石、钠铁闪石、硅钛铈矿等)为主,含少量硫化物(如黄铁矿、辉钼矿等)和磷酸盐矿物的矿物组合;第二阶段为中温阶段(约 350℃),与轻稀土矿化作用密切相关,矿物组合为粗粒方解石+萤石+重晶石+天青石+氟碳铈矿;第三阶段为中—低温硫化物阶段(100～200℃),矿物组合为细粒萤石+重晶石+石英+氟碳铈矿;第四阶段为低温含稀土的铁锰质矿化阶段,矿物组合主要为铁锰氧化物+方解石;第五阶段为表生氧化淋滤阶段,矿物组合主要为次级白铅矿+毒重石+菱锶矿+钼铅矿。其中,第一阶段以伟晶岩矿化为特征,第二阶段和第三阶段则是稀土矿床的主要成矿阶段(袁忠信等,2008)。

3. 矿床地球化学特征

矿体围岩主要为碳酸岩和英碱正长岩,从时间和空间上来看,稀土矿化发生于碳酸岩和英碱正长岩成岩之后，且空间上大多分布于岩体外围。碳酸岩主量元素主要为CaO（约55%）和少量SiO_2（2%～3%），牦牛坪中碳酸岩Ca/（CaO+MgO+FeO+MnO）值大于0.8，为钙质碳酸岩（表2-6）。英碱正长岩中主量元素以SiO_2（约71%）为主，其次为Al_2O_3（约15%）、K_2O（约5%）、Na_2O（约6%）。

表2-6 牦牛坪稀土矿床碳酸岩主量元素含量表

单位：%

元素/指标	样品MNY-1	样品MNY-2	样品MNY-3	样品MNY-4
SiO_2	3.23	3.65	1.67	2.47
Al_2O_3	0.09	0.14	0.09	0.09
Fe_2O_3	0.30	0.20	0.36	0.30
MgO	0.20	0.01	0.10	0.10
CaO	55.10	55.00	55.40	55.50
Na_2O	0.06	0.06	0.06	0.07
K_2O	0.001	0.020	0.010	0.020
MnO	0.92	0.55	0.60	0.61
TiO_2	0.001	0.002	0.001	0.002
P_2O_5	0.001	0.002	0.001	0.001
FeO	0.17	0.08	0.10	0.12
总量	60.08	59.71	58.39	59.28

注：数据来源于杨建星，2020。

碳酸岩轻稀土极度富集，重稀土亏损，同时轻重稀土分异明显，Eu显示出弱的负异常，稀土元素配分模式为右倾型，表现出部分熔融成因的特征（表2-7）。碳酸岩都是幔源成因，一般有3种成因观点：①来自于地幔的部分熔融；②富CO_2的硅酸岩岩浆分离结晶；③富CO_2硅酸岩岩浆的液态不混溶作用。碳酸岩具有较高的Th/Ta值和Th/Nb值，Nb/La值较低，表明岩浆源区产生过洋壳俯冲交代富集作用。牦牛坪矿区碳酸岩与英碱正长岩在空间上相近产出，稀土元素配分形式一致，表明其具有共同的母岩浆，以上特征均显示了碳酸岩是液态不混溶作用成因（侯增谦等，2008）。

表2-7 牦牛坪稀土矿床碳酸岩微量元素含量表

单位：10^{-6}

元素/指标	样品MNY-1	样品MNY-2	样品MNY-3	样品MNY-4
Sr	10 530	14 150	10 780	10 840
Rb	0.18	0.50	0.26	0.30
Ba	1069	378	1629	1178
Th	0.46	0.23	0.65	2.00

续表 2-7

元素/指标	样品 MNY-1	样品 MNY-2	样品 MNY-3	样品 MNY-4
Ta	0.018	0.026	0.018	0.019
Nb	0.016	0.071	0.330	0.110
Zr	0.100	0.120	0.097	0.110
Hf	0.078	0.055	0.053	0.120
Y	156	131	0.001	0.002
Sc	2.30	2.03	2.45	2.23
La	454	648	523	827
Ce	916	1395	1143	1627
Pr	94.7	141.0	119.0	159.0
Nd	377	542	468	598
Sm	65.1	74.7	74.3	84.4
Eu	15.0	16.4	16.4	18.4
Gd	49.1	50.3	53.0	59.2
Tb	6.18	5.53	6.27	6.62
Dy	31.0	25.3	29.7	30.7
Ho	5.68	4.16	5.04	5.09
Er	17.3	12.7	15.1	15.8
Tm	2.38	1.53	1.94	1.97
Yb	15.7	10.1	12.0	12.6
Lu	2.03	1.24	1.53	1.57

注：数据来源于杨建星，2020。

4. 矿床的形成时代

研究者使用了不同方法对牦牛坪稀土矿床的形成时代进行了研究。英碱正长岩中未蚀变锆石的 SHRIMP U-Pb 年龄为(22.8±0.31)Ma 和(21.3±0.4)Ma(Liu et al.,2015)。碳酸岩 Sm-Nd 等时限的年龄为(29.9±1.7)Ma(胡文洁等,2012)。矿床中氟碳铈矿的年龄为(25.7±0.2)Ma(CMSWD=1)(SIMS Th-Pb 法)和(30.7±3.0)Ma(ICP-MS 法)(Yang et al.,2014;Ling et al.,2016),代表氟碳铈矿的形成年龄。粗矿脉中钠铁闪石 Ar-Ar 年龄为(27.6±2.0)Ma(MSWD=0.06)(Liu and Hou,2017),然而并不是所有粗矿脉中钠铁闪石均发育,细脉和细网脉中钠铁闪石部分发育,因此钠铁闪石的年龄不能代表粗脉的形成年龄。矿体中金云母 Ar-Ar 定年的坪年龄为(26.4±1.2)Ma(MSWD=0.32),反等时线的年龄为(26.2±2.3)Ma(MSWD=0.39)(李自静,2018)(表 2-8,图 2-13)。

表 2-8 MNP-1 样品金云母 $^{40}Ar/^{39}Ar$ 年龄结果

激光功率	$^{40}Ar/^{39}Ar$	$^{37}Ar/^{39}Ar$	$^{36}Ar/^{39}Ar$	$^{40}Ar^*/^{39}Ar$	$^{40}Ar^*$/%	^{39}Ar/%	年龄/Ma	±2σ
1.50W	107.447 2	1 429.222 0	0.352 6	3.255 5	3.03	2.12	30.94	±42.02
1.60W	31.150 0	339.273 7	0.096 3	2.705 3	8.68	8.90	25.74	±11.61
1.70W	98.149 4	158.005 7	0.319 0	3.884 6	3.96	19.14	36.85	±35.46
1.80W	23.104 1	1 154.617 3	0.067 1	3.277 2	14.18	2.56	31.14	±10.46
1.90W	6.107 8	244.001 1	0.011 1	2.831 5	46.36	11.97	26.94	±2.03
2.00W	5.069 8	564.232 0	0.007 9	2.730 1	53.85	5.53	25.98	±2.80
2.10W	9.514 3	262.440 2	0.023 0	2.728 5	28.68	12.00	25.96	±3.29
2.20W	11.086 2	119.296 1	0.028 5	2.667 3	24.06	25.53	25.39	±3.47
2.30W	6.566 3	256.701 6	0.012 8	2.774 2	42.25	12.24	26.39	±2.12

注：数据来源于李自静，2018。

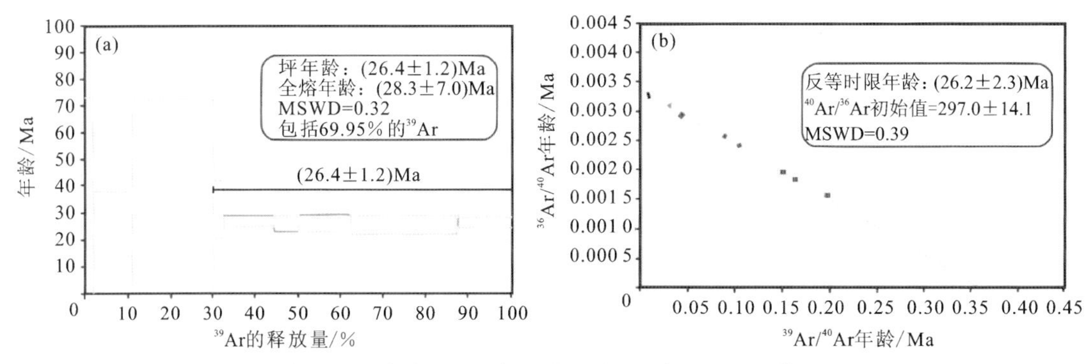

图 2-13 牦牛坪矿床中金云母 $^{40}Ar/^{39}Ar$ 年龄谱图(a)和反等时线图(b)

5. 矿床的成因及成矿模式

英碱正长岩和石英等矿物 C、O 同位素分析结果表明，成矿流体主要为岩浆热液，成矿过程中有大气水的混入（袁忠信等，2012）。碳酸岩 Pb、Sr、Nd 同位素以及英碱正长岩中黄铁矿 S 同位素分析结果表明，成岩成矿物质主要来自地幔，受到地壳物质的少量的混染（王登红等，2002）。在喜马拉雅期，该地区处于拉萨地块与扬子陆块碰撞晚期的构造转换环境中，软流圈物质的上涌诱发了碰撞带东缘岩石圈富集地幔部分熔融，导致富 CO_2 硅酸盐岩浆的形成（Hou et al.，2006）。富 CO_2 的硅酸盐岩浆沿深断裂上升侵位，在较浅的部位形成岩浆房，并且发生岩浆不混溶作用，产生碳酸岩和英碱正长岩岩浆，同时分离出大量富含 SO_4^{2-}、F^-、Cl^-、REE 的流体。富 REE 的流体随分离出的碳酸岩和英碱正长岩岩浆的上升侵位并发生水-岩反应，最终形成了稀土矿床（田世洪等，2008）。在成矿阶段，成矿流体冷却并与大气降水混合形成了一个温度较低（160～200℃）、盐度较低的流体系统，有利于成矿物质的沉淀富集。牦牛坪矿床中氟碳铈矿与方解石、重晶石、萤石共生，部分脉中仅含重晶石或萤石，而氟碳铈矿较为稀少。这种矿物组合模式表明 SO_4^{2-}、F^-、Cl^- 与稀土元素的迁移和沉淀密切相关(Xu and Yan,2019)。流体冷却和混合以及流体 pH 值的升高是主要的稀土矿化机制(图 2-14)。

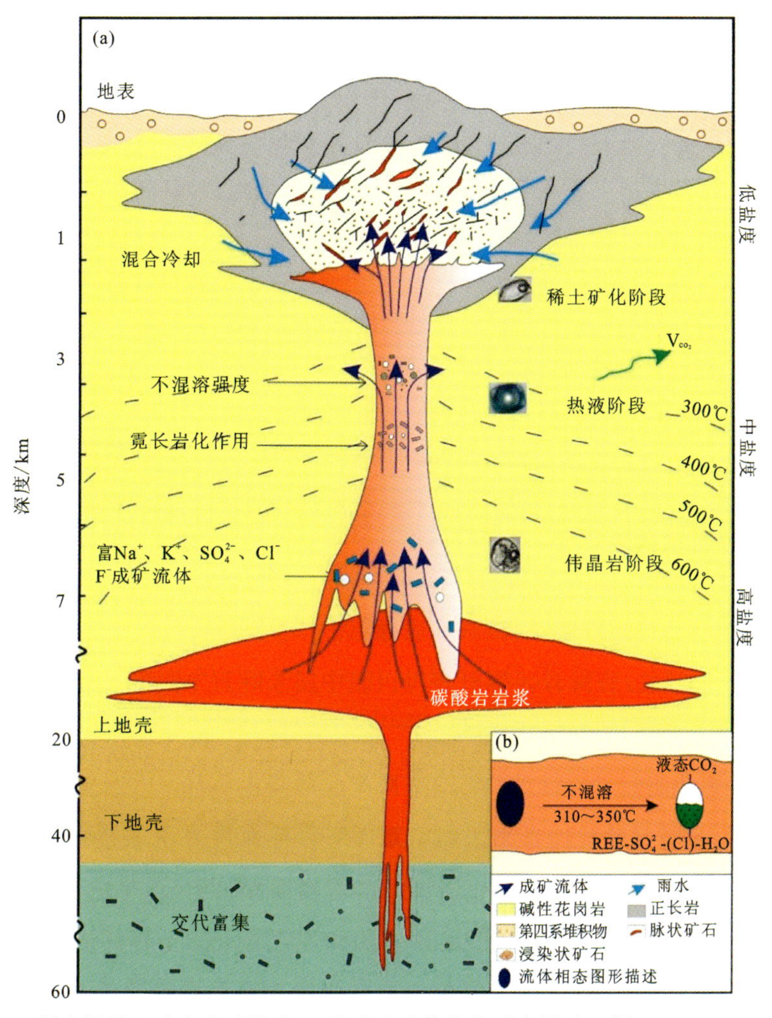

图 2-14 牦牛坪稀土矿床成矿模式(a)及成矿流体演化示意图(b)(据 Xu and Yan,2019)

第二节 花岗岩系列

花岗岩类稀土矿床主要赋存于碱性花岗岩中，它的矿化元素组合较为固定，并伴生有 Nb 和 Zr 矿化，且明显富集重稀土(Chakhmouradian and Zaitsev,2012)。典型矿床有加拿大的 Strange Lake 矿床(重稀土比例高达 50%)、中国内蒙古巴尔哲矿床(重稀土比例超过 34%)和新疆波孜果尔 REE-Nb-Zr 矿床(陈金勇等,2019a)。花岗岩类稀土矿床可细分为花岗岩型和花岗伟晶岩型。

一、花岗岩型

（一）概述

近年来，世界各地陆续发现了含稀土的花岗岩型矿床。20 世纪 60—70 年代，我国也发现这一类型的矿床，其工业价值和规模是相当可观的。我国的含稀有稀土金属花岗岩矿床主要集中在秦岭以南和东南沿海地区（江西、广东、广西、湖南、江苏、浙江、福建等地）。成矿期主要是燕山期，这类型矿床分布虽然较广泛，但明显受大地构造的控制。矿床中成矿物质的来源与酸性、中酸性或偏碱性花岗岩岩浆活动有关，岩浆源多为浅源，稀土大多以副矿物形式存在。复式岩体、大岩体边缘和小型岩株是稀土矿化的有利部位。岩浆后期或岩浆期后热液活动对稀土富集成矿起着促进作用。碱性花岗岩型稀土矿床主要分布在川西和内蒙古东部地区，如内蒙古巴尔哲碱性花岗岩铌、稀土矿床。花岗岩型稀土矿床的特点是储量大、品位稳定以及找矿潜力大，但品位较低，矿物粒度较细，目前尚未被大规模开采利用。

（二）内蒙古巴尔哲稀有稀土矿床

内蒙古巴尔哲稀有稀土矿床是典型的花岗岩型稀土矿床，位于内蒙古哲里木盟扎鲁特旗境内，矿体产于燕山期巴尔哲碱性花岗岩中，伴生有 Nb、Y、Ta、Be、Zr 等多种稀有金属。该矿床是 1975 年吉林省地质局区测二分队在进行 1：20 万区测时通过放射性检查发现的。1977—1978 年进行了普查和详查，1981 年提交了详查报告，确定内蒙古巴尔哲稀有稀土矿床是碱性花岗岩型矿床。矿床中 REO 的品位为 0.597 5%，Y_2O_3的品位为 0.297 5%，轻稀土未达到工业品位，Y_2O_3的品位高于工业品位。矿床中 Nb、Ta、Be、Zr 等稀有金属品位也较高，其中 Nb_2O_5的品位为 0.258%，Ta_2O_5的品位为 0.010%，BeO 的品位为 0.031 5%，ZrO_2的品位为1.843%，均达到工业品位的要求。内蒙古巴尔哲稀土稀有多金属矿是一种多金属复合矿，含 Nb、Ta、Zr、Hf、Be 和稀土等，由于矿物种类多样，共生关系复杂，属难选的矿石类型。

1. 矿床地质特征

矿区主要地层为上侏罗统安山质-流纹质火山碎屑岩、下白垩统流纹岩与安山质凝灰岩、第四系沉积物，岩浆岩较发育，多成群成带出现，但出露面积小，呈小岩株及岩脉产出。上侏罗统白音高老组（J_3b），由一套酸性火山碎屑岩和酸性熔岩组成，主要岩性为灰黑色岩屑晶屑凝灰岩夹薄层流纹岩。下白垩统梅勒图组（K_1ml）与白音高老组呈不整合接触，在矿区北部零星分布。上侏罗统白音高老组下部为绿色中性、中酸性含角砾岩屑凝灰岩；中部为褐色安山质含角砾岩屑晶屑凝灰熔岩、含砾凝灰岩、凝灰质砂岩；上部为灰白色含砾凝灰熔岩、流纹岩。其中，矿体主要侵入于上侏罗统白音高老组地层中。在大地构造上，巴尔哲矿床位于兴蒙造山带中段，区内褶皱和断裂构造较发育，特别是东西向和北东向断裂构造与成矿关系密切，控制着含矿岩体及一些岩脉的分布。矿区内断层主要呈北东—南西走向，控制含矿碱性花岗岩岩体的分布，但对矿体没有破坏作用。矿区内褶皱构造主要为一个北北东向短轴背斜，此短轴背斜为矿区构造的主体，两翼较宽缓。巴尔哲碱性花岗岩完整侵入该短轴背斜的核部。短轴背斜直接控制着含矿岩体的展布(图 2-15)。

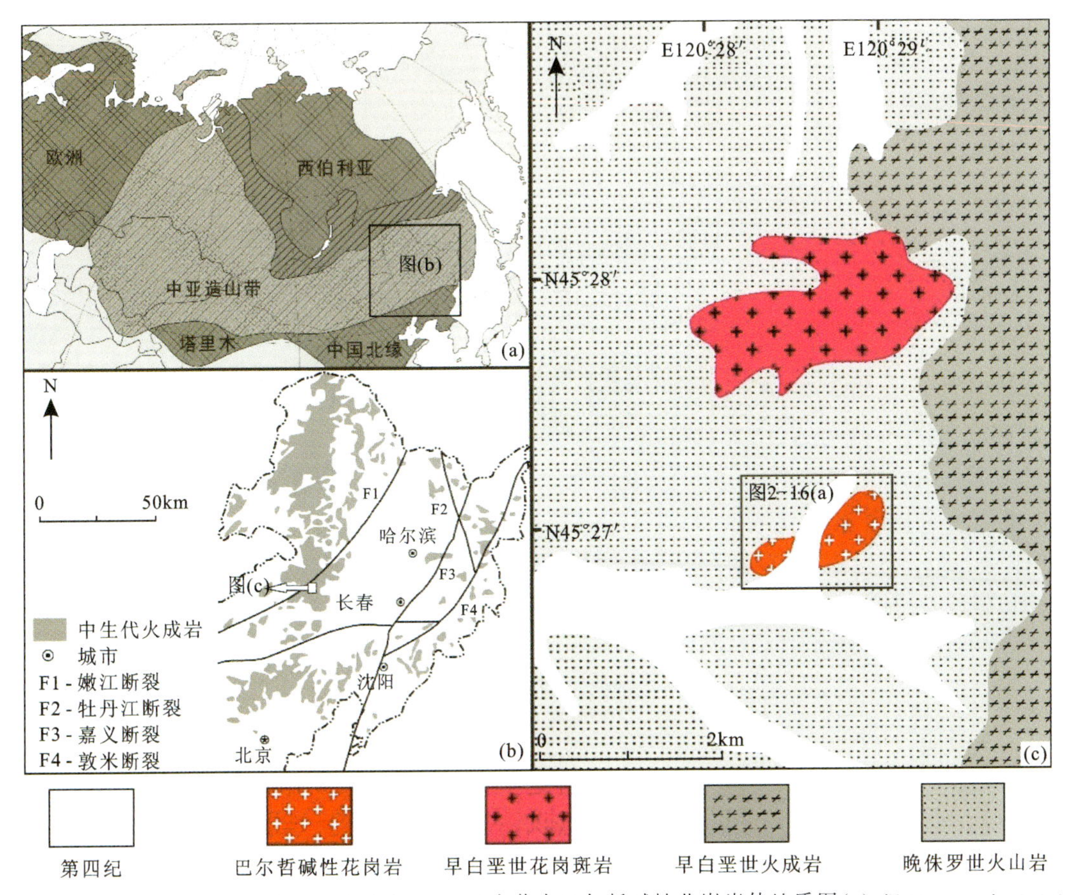

图 2-15　中国东北部中生代火成岩分布(a、b)及内蒙古巴尔哲碱性花岗岩体地质图(c)(据 Yang et al.,2014)

巴尔哲碱性花岗岩体呈岩瘤产出，分成西、东两个岩体(图 2-16)。其中，西岩体岩性为晶洞状碱性花岗岩，出露面积约 0.11km²，岩体向深部增大，呈岩瘤状。岩体岩石结构均一，相带不明显，边部矿物粒径较细，晶洞少而小，向岩体中心矿物粒径逐渐变为中粒，晶洞增多，岩体从上到下结构构造变化不大，只是向深部矿物粒径稍微增大。岩石呈灰白色，中细粒花岗结构，局部具有伟晶结构或文象结构，晶洞状构造。岩体主要矿物有条纹长石、石英、钠长石、霓石。副矿物有磁铁矿和赤铁矿。东岩体出露面积约 0.3km²，岩体出露形态呈北北东向展布，平面上呈哑铃状，岩体向深部增大，岩石呈灰白色，风化后变为黄褐色或褐色，具斑状结构，斑杂状构造。主要矿物有石英、微斜条纹长石、钠长石、钠闪石、锆石、硅铍钇矿、铁矿物。西岩体和东岩体在蚀变特征上有区别，西岩体为钠长石化作用微弱的碱性花岗岩，东岩体为钠长石化作用较强烈的碱性花岗岩。两个岩体与围岩有明显的侵入接触关系，岩体边缘有细晶结构带及伟晶状花岗岩带，围岩中普遍见到角岩化、硅化、萤石化及钠闪石化等热接触交代作用痕迹。

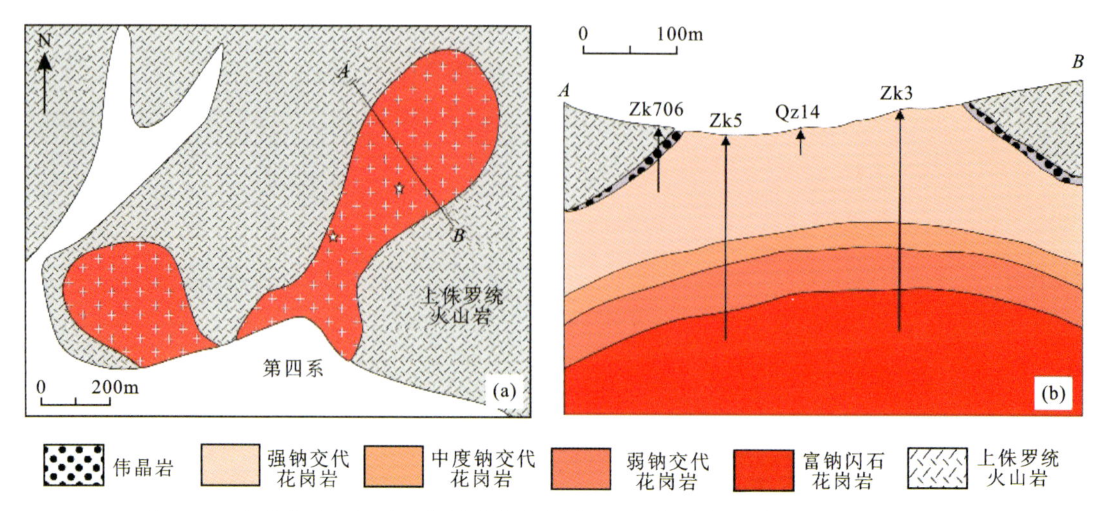

图 2-16　内蒙古巴尔哲碱性花岗岩体地质图(a)及剖面图(b)(据 Yang et al.,2014)

2. 矿体地质特征

矿体主要赋存于东岩体中,岩体出露形态呈北北东向展布,平面上呈哑铃状,岩体向深部增大,地表控制长度 1100m,出露最大宽度 360m,最小宽度 100m,出露面积 0.24km^2。目前已控制深度 400m,尚未穿透。Nb_2O_5、Y_2O_3、Ta_2O_5达到工业品位的矿体,深度一般在 300m 左右。东岩体(矿体)无论从水平上还是垂直上都存在矿化分带现象(朱京占等,2013)(图 2-16)。(1)水平分带:在水平方向上,自岩体边部向内部可分为两个带,伟晶状花岗岩带和强钠长石化钠闪石花岗岩带。伟晶状花岗岩带对称出现在强蚀变花岗岩周围;强钠长石化钠闪石花岗岩带为主要含矿体,地表已控制长度为 1100m。(2)垂直分带:在垂直方向上,自上而下分5 个带,分别为①伟晶状花岗岩带;②强钠长石化硅化碱性花岗岩带(钠长石含量大于 20%);③中钠长石化硅化碱性花岗岩带(钠长石含量为 10%～20%);④弱钠长石化硅化碱性花岗岩带;⑤钠闪石碱性花岗岩带。

强钠长石化硅化碱性花岗岩带是稀有金属最主要的富集带。岩石具斑杂状构造,中细粒结构,块状构造,由于交代作用发育,造岩矿物多为他形,具有变余花岗结构。从地表向下深度 80～120m,大致可以分为两部分,强钠长石化硅化碱性花岗岩带和钠长石化硅化碱性花岗岩带。强钠长石化硅化碱性花岗岩带分布较少,位于岩体东部内接触带及地表附近的某些地段,岩石大多风化或半风化,除岩石中石英矿物增多外,岩石的矿物组成,包括稀有稀土矿物与钠长石化硅化碱性花岗岩相似。钠长石化硅化碱性花岗岩岩石分布广泛,是该带的主要组成岩石,不同部位矿物变化较大。钠长石化硅化碱性花岗岩主要矿物为斜长石、条纹长石、钠长石、霓石及钠闪石,次要矿物为萤石、方解石、绿泥石、石榴子石和高岭石。在强蚀变带中,钾长石为交代残留矿物,石英基本上是蚀变矿物,钠闪石全部转变成霓石。钠长石化硅化碱性花岗岩带稀有稀土矿物主要有铌铁矿、硅铍钇矿、独居石、锆石、烧绿石、黑稀金矿、氟菱钙铈矿、兴安石、铌铁金红石等。锆石含量高,可达 3.5%。经 3 个钻孔 309 件样品分析统计，稀有稀土元素 BeO 平均含量为 0.175%，Ta_2O_5 平均含量为 0.015%，Nb_2O_5 平均含量为 0.269%，Y_2O_3 平均含量为 0.355%，Ce_2O_3 平均含量为 0.265%，ZrO_2 平均含量为 1.99%（袁忠信等，2012）。随着岩体蚀变程度的增加，稀有稀土元素含量总体上有升高的趋势（图 2-17）。

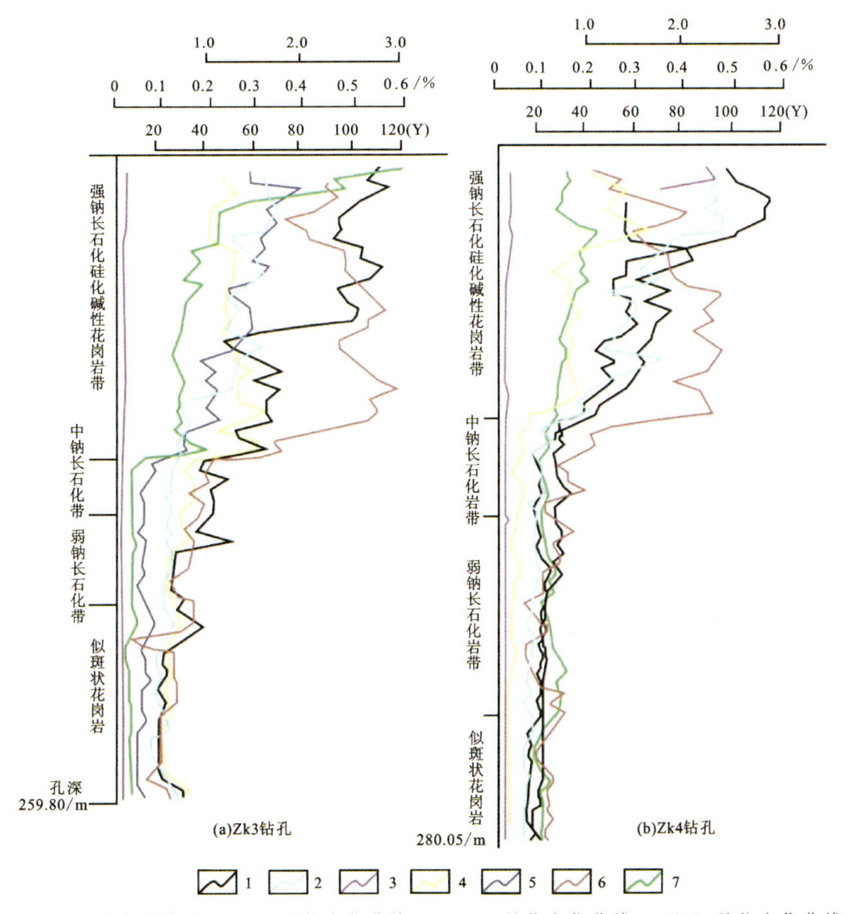

1. Nb_2O_5 品位变化曲线；2. BeO 品位变化曲线；3. Ta_2O_5 品位变化曲线；4. Y_2O_3 品位变化曲线；5. Ce_2O_3 品位变化曲线；6. ZrO_2 品位变化曲线；7. 放射性伽马曲线

图 2-17　东矿矿体稀有稀土元素品位变化曲线图（据朱京占等，2013）

3. 矿床的地球化学特征

巴尔哲矿床成矿作用与碱性花岗岩关系密切，矿化和非矿化碱性花岗岩的相同特征是富硅、富碱，贫钙和镁，具有高的（Na+K）/Al（原子比）（表 2-9），为较典型的碱性花岗岩。与非矿化碱性花岗岩相比，矿化碱性花岗岩硅、铁和锰的含量明显增加，碱金属含量保持基本不变，而铝、钙和镁含量则明显降低。在矿化碱性花岗岩中无论 K_2O 还是 Na_2O 的含量均没有明显增加，其矿物组成（主要是钠长石和钠闪石的相对含量）与非矿化碱性花岗岩的差异很可能与矿物结晶的物理化学条件不同有关。矿化碱性花岗岩铁锰含量明显增加，可能与铌、钽矿化有关。

表 2-9 巴尔哲碱性花岗岩主量元素含量表

单位:%

元素/指标	非矿化碱性花岗岩					矿化碱性花岗岩				
	BY-1	BY-2	BY-3	BY-4	BY-5	BY-7	BY-8	BY-9	BY-10	BY-11
SiO_2	71.85	71.31	70.42	64.82	69.35	70.80	73.60	72.00	75.33	72.80
TiO_2	0.17	0.25	0.24	0.48	0.22	0.18	0.17	0.70	0.22	0.28
Al_2O_3	13.62	13.33	15.16	16.27	13.45	9.86	9.75	10.48	10.55	10.07
Fe_2O_3	2.41	3.17	2.68	4.60	4.39	8.33	7.05	6.26	4.50	6.27
MnO	0.05	0.06	0.04	0.09	0.07	0.11	0.10	0.15	0.07	0.11
MgO	0.28	0.12	0.35	0.70	0.21	0.02	0.02	0.07	0.03	0.14
CaO	0.83	0.53	0.73	1.67	0.12	0.07	0.06	0.23	0.10	0.13
Na_2O	6.30	5.58	5.13	4.28	5.62	5.28	4.40	3.73	4.74	3.77
K_2O	3.72	4.85	4.63	6.14	5.59	4.74	4.32	5.25	3.81	5.60
P_2O_5	0.01	0.01	0.03	0.07	0.02	0.03	0.01	0.15	0.01	0.05
LOI	0.70	0.74	0.55	0.83	0.74	0.53	0.49	0.91	0.59	0.72
总量	99.94	99.95	99.96	99.95	99.78	99.95	99.97	99.93	99.95	99.94
(Na+K)/Al	1.20	1.22	1.00	0.93	1.27	1.57	1.36	1.24	1.27	1.34

注:原子比=质量比×相比原子质量;数据来源于杨武斌等,2009。

巴尔哲碱性花岗岩中明显富集稀土元素及高场强元素 Zr、Hf,亏损过渡族元素和大离子亲石元素 Sr、Ba(表 2-10),其稀土元素分布模式为"V"形,表明巴尔哲碱性花岗岩为高演化岩浆的产物。

表 2-10 巴尔哲碱性花岗岩微量元素含量表

单位:10^{-6}

元素/指标	非矿化碱性花岗岩					矿化碱性花岗岩				
	BY-1	BY-2	BY-3	BY-4	BY-5	BY-7	BY-8	BY-9	BY-10	BY-11
Ti	899	1334	1265	2482	1165	655	850	3406	1133	1480
V	13.8	11.8	23.6	33.9	16.3	7.4	9.5	10.1	7.5	16.1
Cr	12.6	9.2	16.5	31.9	8.8	18.9	19.3	10.1	12.2	12.1
Co	0.86	0.87	2.10	4.09	1.44	0.63	1.08	0.52	0.39	1.30
Cu	9.6	10.2	46.3	17.3	8.6	8.2	14.1	10.0	8.9	19.3
Zn	202	173	35	57	311	292	501	915	606	497
Ga	17.1	26.4	19.9	24.5	22.7	35.2	36.9	62.5	46.8	57.8
Rb	1545	272	151	212	527	368	953	1366	882	811
Sr	120.0	36.9	144.0	260.0	5.4	2.1	3.4	22.2	4.9	18.5

续表 2-10

元素/指标	非矿化碱性花岗岩					矿化碱性花岗岩				
	BY-1	BY-2	BY-3	BY-4	BY-5	BY-7	BY-8	BY-9	BY-10	BY-11
Y	197	165	22	28	19	73	114	1239	508	562
Zr	219	676	220	254	460	1405	1942	19 917	7477	6557
Nb	27.6	72.5	10.3	26.2	61.6	86.2	114.0	2 249.0	506.0	299.0
Ba	311.0	157.0	579.0	1 830.0	81.9	5.8	44.6	42.6	17.6	43.8
La	33.7	50.3	33.3	37.4	57.9	33.3	78.3	1 923.0	336.0	1 730.0
Ce	104	141	73	77	111	90	197	5082	873	375
Pr	15.8	20.6	8.6	9.7	12.9	12.0	29.2	645.6	109.0	424.0
Nd	62.9	94.2	31.4	37.3	39.2	49.1	108.3	2 205.0	419.0	1 218.0
Sm	19.1	26.2	5.8	7.6	5.4	11.7	26.9	401.0	107.0	240.0
Eu	0.52	0.41	0.54	1.53	0.08	0.09	0.22	3.00	0.85	1.78
Gd	20.4	26.9	4.8	6.8	3.9	11.9	23.9	334.0	99.8	194.0
Tb	4.38	4.50	0.74	1.07	0.59	2.19	4.11	50.70	16.10	28.30
Dy	27.1	25.3	4.2	6.0	3.5	14.6	23.7	287.0	92.6	135.0
Ho	5.49	4.80	0.82	1.13	0.76	3.30	4.68	55.40	18.20	23.50
Er	14.9	11.7	2.4	2.9	2.4	10.1	12.3	164.0	49.6	54.6
Tm	1.97	1.46	0.37	0.44	0.42	1.56	1.76	27.70	7.53	6.47
Yb	11.40	8.12	2.49	2.77	3.39	10.60	11.60	188.0	46.90	36.70
Lu	1.62	1.18	0.39	0.43	0.66	1.68	1.85	25.60	6.66	5.01
δEu	0.08	0.05	0.31	0.65	0.05	0.02	0.03	0.03	0.03	0.03
Hf	6.93	20.20	6.70	6.82	18.70	35.80	56.50	499.00	195.00	160.00
Pb	8.2	14.5	23.2	19.3	32.8	10.4	45.6	979.0	501.0	39.1
Th	3.88	6.25	14.40	15.60	12.50	19.10	22.30	861.00	107.00	37.80
U	1.38	5.34	3.97	3.67	4.68	11.30	17.70	208.00	53.70	39.60

注：数据来源于杨武斌等，2009。

在非矿化碱性花岗岩中稀土元素总量介于 $168.9\times10^{-6}\sim323.11\times10^{-6}$ 之间，δEu 介于 0.05～0.65 之间。非矿化碱性花岗岩中分散性元素 Ga 的含量较高，大于一般的 I 型和 S 型花岗岩。在矿化碱性花岗岩中稀土元素总量变化范围为 $252\times10^{-6}\sim11\,391\times10^{-6}$，波动范围较大。矿化碱性花岗岩稀土元素分布模式也为"V"形(图 2-18)，δEu 均小于等于 0.03，其亏损程度明显大于非矿化碱性花岗岩。尽管矿化与非矿化碱性花岗岩均为高演化岩浆固结产物，但矿化碱性花岗岩演化程度高于非矿化碱性花岗岩。在矿化碱性花岗岩中分散性元素 Ga 更加富集，具有典型 A 型花岗岩的特征(杨武斌等，2009)。

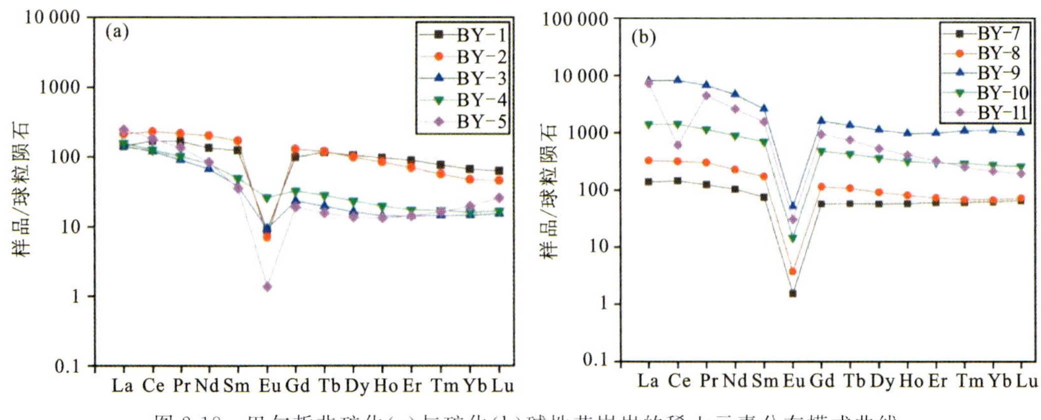

图 2-18 巴尔哲非矿化(a)与矿化(b)碱性花岗岩的稀土元素分布模式曲线

4. 碱性花岗岩同位素组成及成矿年龄

东岩体全岩的 Sr 同位素值($^{87}Sr/^{87}Sr$)$_i$ 为 0.703～0.707 1,Rb-Sr 同位素等时线年龄为(127.2±5.5)Ma。东岩体钻孔(Zk2)岩石的 Sr 同位素($^{87}Sr/^{87}Sr$)$_i$ 为 0.705,Rb-Sr 等时线年龄为(125.2±2)Ma(袁忠信等,2003)。丘志力等(2014)利用 LA-ICP-MS 测得东岩体锆石 U-Pb 年龄为(122.7±1.8)Ma。Yang 等(2014)对花岗岩中岩浆锆石和热液锆石开展了 U-Pb 同位素年代学研究,获得年龄分别为(123.9±1.2)Ma 和(123.5±3.2)Ma。陈金勇等(2019b)对强蚀变钠闪石花岗岩中钠闪石开展 Ar-Ar 年代学研究,钠闪石 $^{40}Ar/^{39}Ar$ 年龄谱得到的年龄为(122.15±0.65)Ma(MSWD=0.24)。综上所述,东岩体成岩成矿年龄为 127～122Ma,属于燕山期。

5. 矿床成因

巴尔哲矿床的形成与高演化 A 型花岗岩岩浆密切相关。伟晶岩和晶洞的出现是岩浆体系进入岩浆-热液过渡阶段的岩相学标志。巴尔哲熔体-流体包裹体不但含有硅酸盐矿物(长石、云母等)、流体(气相和流体相),还含有稀有稀土矿物(钛锆钍矿、硅钍矿、稀土碳酸盐矿物等),说明在岩浆-热液过渡阶段熔体中已经充分富集了该矿床的成矿元素,并已经达到足以形成独立稀土矿物的富集程度(杨武斌等,2011)。显然巴尔哲矿床中稀有稀土元素的富集是碱性花岗质岩浆高度分异演化的产物。碱性花岗质岩浆演化到晚期形成了富含挥发分的残余岩浆,而不相容的稀有稀土元素在这种富含挥发分的岩浆中高度富集。

综上所述,巴尔哲矿床成因为中生代以来受滨太平洋构造域的影响,该地区处于拉张环境,构造岩浆活动十分强烈,地壳基底变质岩发生部分熔融,形成富含 K、Na、REE 的酸性岩浆。岩浆经断裂上侵,并且在此过程中不断发生结晶分异,形成富含 F 和 REE 的碱性花岗岩。在碱性岩浆演化到岩浆-热液过渡阶段时,体系内稀土元素超常量富集,最终成矿(图 2-19)。

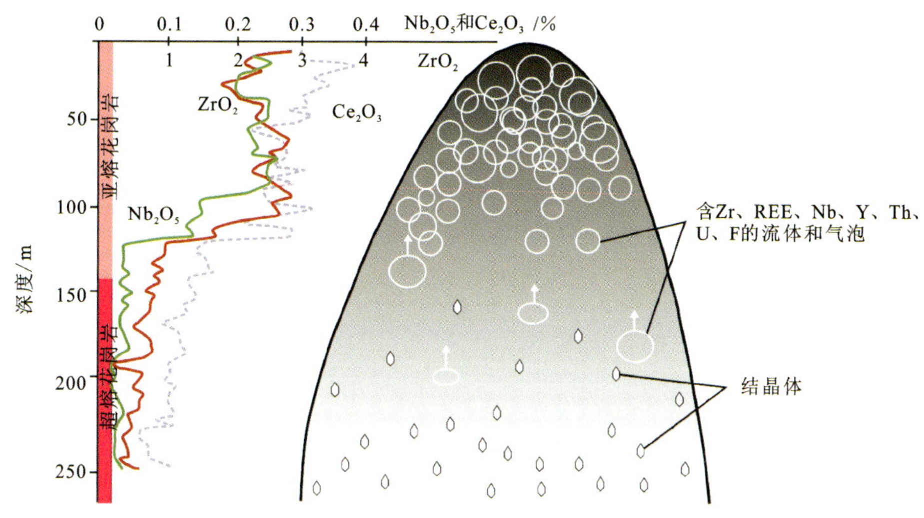

图 2-19　巴尔哲矿床岩浆作用向热液作用过渡阶段 Zr、Nb、Ce、REE 成矿模式示意图

（据 Yang et al.,2014）

二、花岗伟晶岩型

（一）概述

花岗伟晶岩主要富含锂、铍、钽等稀有元素，在我国新疆、福建、湖南、广东、四川和内蒙古等地分布较多（王汾连等，2012）。代表性的矿床分布在福建南平和新疆可可托海，这些矿床均为大型伟晶岩型铌钽矿床（陈国建，2014）。富含稀土元素且能综合利用的矿床并不多见，仅在福建、内蒙古等地的伟晶岩型稀有金属矿床中有综合利用稀土元素的报道。

（二）花岗伟晶岩型钽铌矿床

福建南平（西坑）花岗伟晶岩型钽铌矿床是亚洲最大的花岗伟晶岩型钽铌矿床，也是中国钽铌金属矿的重要产地。南平钽铌矿在构造上位于闽西北隆起带东南缘，矿区内广泛发育有中—新元古界变质岩系。该矿床中铌铁矿-钽铁矿族矿物是矿化伟晶岩中 Ta 和 Nb 元素最主要的载体，而褐钇铌矿是稀土元素的主要载体。

1. 矿床地质特征

南平（西坑）花岗伟晶岩型铌钽矿位于北武夷山隆起区东南缘，政和-大埔深断裂西侧，是重要的花岗伟晶岩型稀有金属成矿带。矿区内主要出露地层为古元古界麻源岩群南山岩组的片岩、变粒岩类变质岩系。南山岩组中褶皱构造非常发育，主要发育北东向、北东东向、近南北向复式背斜，溪源头矿段可见花岗伟晶岩脉受轴向近南北的复背斜控制展布。溪源头矿段内仅见一些小断裂，对伟晶岩无明显破坏。区内脉岩非常发育，主要为伟晶岩脉，其次为花岗斑岩、辉绿玢岩、煌斑岩等。铌钽矿体赋存于花岗伟晶岩脉中，其中溪源头矿段内规模最大的 31 号伟晶岩脉发育于复背斜的核部与核翼转折端。根据长石及锂矿物所占比例及稀有元素含量，将南平地区的伟晶岩分成4种类型，钽-铌矿体仅由白云母-钠长石-锂辉石(Ⅳ)类型伟晶岩脉构成。31号伟晶岩脉属于典型的白云母-钠长石-锂辉石(Ⅳ类型)伟晶岩，其交代作用强烈(白云母化、钠长石化、磷酸盐化等)，围岩蚀变发育(硅化、白云母化、铝黑鳞云母化、细晶黑电气石化)，矿物种类丰富，伴生组分富集(郑文怡，2016)。伟晶岩和围岩的界线清楚，围岩的接触蚀变普遍发育，并构成蚀变分带，在伟晶岩中也常见同化围岩的残留体。矿化伟晶岩脉的形态以透镜状、不规则脉状为主，规模大小不一，单体长度一般为数十米至300m，厚数米至30m(陈国建，2014)。

2. 矿脉中稀有、稀土元素赋存状态

伟晶岩的造岩矿物基本相同，主要有石英、钠长石、白云母、微斜长石等。主要稀有元素矿物为铌钽铁矿族、重钽铁矿、锡锰钽矿、锡石、锂辉石、绿柱石、锆石等，其中铌铁矿-钽铁矿族矿物占铌钽矿物总量的90%以上。在矿脉的不同矿物组合带中，铌钽矿物的分布极不均衡。在早期形成的石英-叠层白云母带、正长石带、石英-正长石-锂辉石带、石英-锂辉石-羟磷铝锂石等带中，主要发育铌铁金红石、铌铁矿(铌锰矿)、钽铌铁矿等富铌矿物和褐钇铌矿富稀土矿物。而富钽矿物如铌钽铁矿、铌钽锰矿、重钽铁矿、锡锰钽矿、细晶石等则主要出现在交代作用发育的部位，形成于石英-钠长石带、石英-细鳞白云母-钠长石带、石英-(腐)锂辉石-钠长石带、石英-绿色白云母带等矿物组合带中(陈国建，2014)。

3. 矿床成因

矿床的形成与伟晶岩有密切的成因联系，在伟晶岩形成过程中稀有金属同时富集成矿。第Ⅳ类伟晶岩在冷凝结晶过程中，不仅产生了一些结构分带，在晚期流体的强烈影响下还发生了广泛的交代蚀变作用。在钾长石块体形成后，相对富硅富水的熔体-溶液沿伟晶岩外侧形成石英-白云母带，熔体-溶液进一步演化则形成石英-钾长石-锂辉石带和石英-(锂辉石)-羟磷铝锂石带。其后，由于富钠质熔体-溶液对早期结构带的强烈交代作用，在其周围形成锂辉石-(羟磷铝锂石)-钾长石-钠长石带。此时，硅和钠在熔体-溶液中进一步富集，形成石英-钠长石带。之后，在硅、钾及水相对富集的情况下，沿早期块体的裂隙形成不规则的绿色白云母组合(带)。最后沿边缘接触带部位形成石英-钠长石-细鳞白云母带，伟晶作用基本完成，并以硅质熔液在围岩中形成石英脉而结束。Nb、Ta则富集在富钠长石、锂辉石、羟磷锂石及绿色白云母带中(陈国建，2014)。

第三节 变质岩系列

全球分布的变质岩型稀土矿较少，主要以伴生形式赋存于不同的矿床中，目前尚不清楚稀土矿化与变质作用之间的关系。变质成因稀土矿床主要是指区域性变质过程中稀土元素富集形成的稀土矿床。该类型矿床在湖北、甘肃、辽宁和内蒙古有少量分布。矿石矿物主要有铌铁矿、铌易解石、铌铁金红石、独居石和磷灰石等。该类矿床一般规模较大，且以铌为主，稀土可综合回收利用，具有潜在的工业意义。这类矿床由于岩石变质，较难准确识别原岩，一些矿床成因问题还不十分清楚，大体上可分成岩浆变质矿床和沉积变质矿床两类。岩浆变质矿床以湖北应山广水矿床为代表(张海军，2019)，而沉积变质稀土矿床以辽宁辽阳生铁岭矿床为代表。

一、岩浆变质型

(一)概述

岩浆变质型矿床的原岩主要为岩浆岩，在区域变质、混合岩化等地质作用下稀土富集成矿。这类稀土矿床赋存于含独居石和磷钇矿的混合岩或混合岩化花岗岩中。20 世纪 70 年代以来，在广东、辽宁和内蒙古陆续发现矿化点和矿床。广东五和含稀土混合岩矿床、辽宁翁泉沟混合岩化交代型硼铁稀土矿床、内蒙古乌拉山—集宁一带的花岗片麻岩或混合岩中稀土元素含量很高，有可能找到混合岩型稀土矿床。这种矿床的矿石矿物主要是独居石、磷钇矿、褐帘石和锆石等，辽宁翁泉沟混合岩中还有铈硼硅石等。混合岩型稀土矿床一般规模较大，特别是在南方，由混合岩型稀土矿床形成的风化壳矿床和滨海砂矿具有重要开采价值(郑瑜林，2018)。

(二)湖北应山广水岩浆变质型 REE-Y 矿床

湖北应山广水矿床是比较典型的岩浆变质型 REE-Y 矿床，矿床赋存于中元古界变质岩系，已发现中型矿床 1 处，矿点多处(阴江宁等，2016)。该矿床位于湖北省应山县广水镇西南约 3km 处，包括殷家沟、老虎冲和龙泉沟 3 个矿段。矿床富含重稀土，主要元素为 Y，伴生 Nb 和 Zr 元素，矿石中 REO 品位为 0.2%～0.3%，其中 Y_2O_3 品位为 0.086%，Nb_2O_5 品位为 0.027%，ZrO_2 品位为 0.485%。

1. 矿床地质特征

该矿床位于秦岭褶皱系，南秦岭-淮阳褶皱带，武当-淮阳褶皱亚带，应山褶皱束南东部，新城-黄陂断裂带中段北侧。矿区内出露的地层为太古宇大别群和元古宇红安群天台山组，大别群构成区域基底，岩性主要由高度变质的花岗片麻岩、斜长角闪片麻岩、混合岩和蛇纹岩组成(图 2-20)。红安群天台山组不整合覆盖在大别群之上，为一套浅变质岩，分为 3 个岩性段：①底部岩性段为含磷岩段，主要岩性为黑云母斜长片岩、白云钠长片岩、浅粒岩、变粒岩和白云质大理岩；②中部岩性段为含重稀土岩段，主要由绿泥钠长片岩、白云石英片岩、白云钠长岩，以及含矿变粒岩和浅粒岩组成；③上部在矿区内没有出露。红安群锆石 U-Pb 等时线年龄为 950～937Ma，形成时代为新元古代。

矿体赋存于红安群天台山组中部岩性段，矿体走向与地层走向一致，但倾向和倾角有变化。殷家沟矿段内矿层走向北西、倾向南西，倾角 65°～85°，老虎冲矿段内矿体倾向南西或北东，倾角 58°～85°。

矿区内发育一系列北西向褶皱构造，殷家沟-老虎冲复式向斜，全长 19km，为纵贯矿区的主体构造。向斜核部由红安群天台山组的中岩性段组成，两翼由下岩性段组成，轴向 310°～320°。矿层明显受褶皱构造的控制，在殷家沟矿段轴面向南西倾斜，在老虎冲矿段轴面近于直立。矿区断层多为成矿后期形成，矿体多被错断。

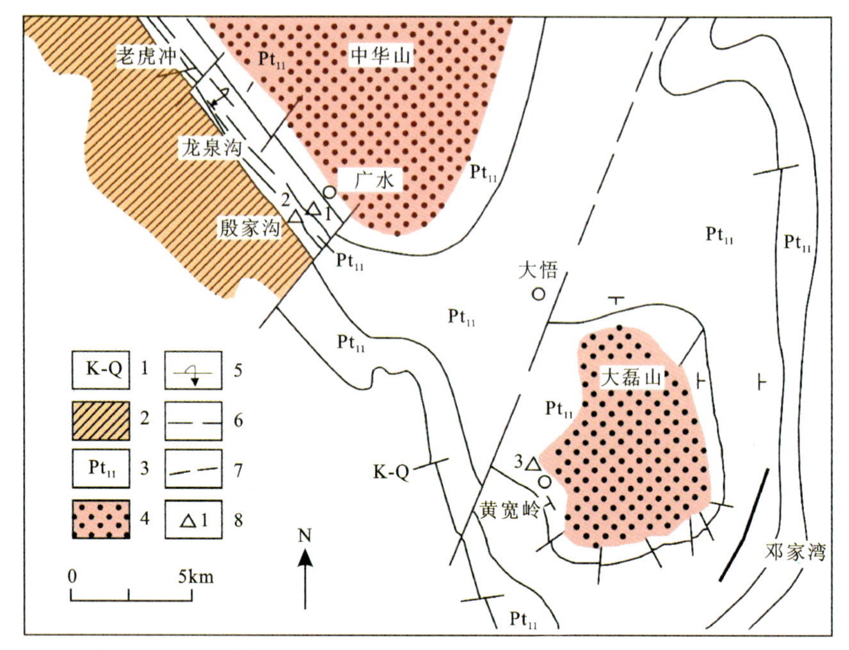

1.白垩系至第四系;2.震旦系陡山沱组;3.元古宇红安群天台山组上、中、下岩性段;4.太古宇大别群;5.向斜;6.断层;7.矿层;8.矿山

图 2-20 广水沉积变质型 REE-Y 矿床地质略图(据袁忠信等,2012 修改)

2.矿体地质特征

稀土矿层出露较稳定,矿体呈层状或似层状,厚 2～20m 不等,向下延深 50～150m,产状与围岩一致(图 2-21)。矿层底板岩性为白云钠长变粒岩、白云石英片岩和绿片岩,顶板为绿片岩。

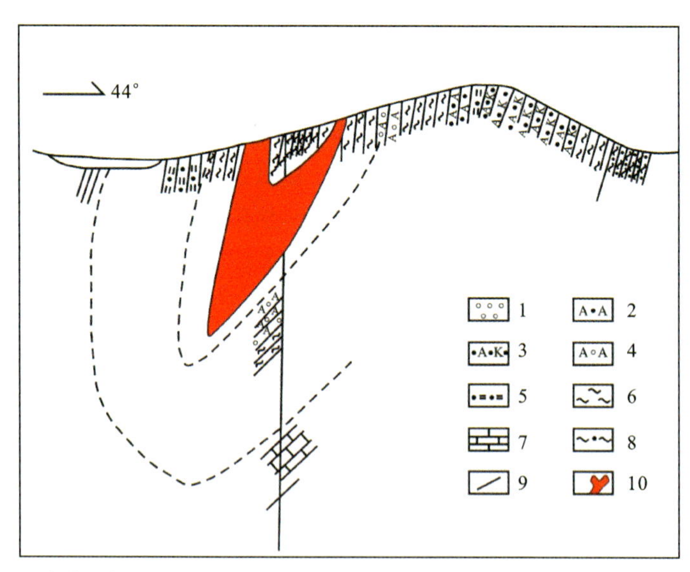

1.第四系;2.二长浅粒岩;3.钠长浅粒岩;4.白云钠长变粒岩;5.绿片岩;6.石英片岩;7.大理岩;8.白云钠长片麻岩;9.断层;10.矿体

图 2-21 广水沉积变质型 REE-Y 矿床殷家沟矿段勘探线剖面图(据袁忠信等,2012)

二长浅粒岩中 Y 和 HREE 矿化发育，呈灰白色、粉红色，细粒结构，块状构造。主要矿物成分为石英、钠长石、微斜长石、云母和磁铁矿，副矿物为石榴子石、绿帘石、锌尖晶石、磷灰石，含少量金红石、榍石、黄铁矿、方铅矿和闪锌矿。稀土稀有矿物为锆石、硅铍钇矿、褐钇铌矿、鳞钇矿和独居石，Y_2O_3 含量为 0.07%～0.10%。

白云钠长变粒岩的含矿性不如二长浅粒岩，Y_2O_3 含量一般在 0.05%左右。岩石呈灰白色和灰绿色，鳞片花岗变晶结构，主要由钠长石、石英及白云母组成，含少量微斜长石。副矿物为绿帘石、石榴子石、磷灰石、榍石、赤铁矿、金红石、黄铁矿、闪锌矿和方铅矿等。稀有稀土矿物有锆石、硅铍钇矿、褐钇铌矿和褐帘石等。

3. 矿床成因

二长浅粒岩和白云钠长变粒岩的 $^{143}Nd/^{144}Nd$ 值在 0.512 003～0.514 99 之间，红安群岩石的 $\varepsilon_{Nd}(t)$ 值介于 −1.95～−9.57 之间，表明二长浅粒岩和白云钠长变粒岩可能来源于陆壳岩石的局部熔融。二长浅粒岩和白云钠长变粒岩的地球化学成分与流纹岩相似，也表明两者可能来源于熔融的陆壳岩石。含矿岩石中锆石、硅铍钇矿和磷钇矿等副矿物多呈自形和半自形浸染状分布在岩石中，表明稀土成矿与交代作用或变质作用关系不大。广水沉积变质型 REE-Y 矿床是新元古代由陆壳岩石熔融产生的富钇、铌和锆的酸性岩浆通过岩浆分异作用，喷发沉淀在殷家沟-老虎冲向斜底部，并经轻度区域变质作用形成的。

二、沉积变质型

（一）概述

这类矿床特征为沉积原岩变质作用导致稀土的富集，其中较为发育的矿石矿物为独居石，在我国特别是元古宇发育的地区，都有这种稀土矿床的发育。张培善（1989）总结了以下沉积变质碳酸盐岩类型稀土矿床：①湖北某地太古宇大别群片麻岩中的稀土矿床，矿石矿物为硅铍钇矿、褐帘石、独居石和磷钇矿等；②吉林某地稀土锰铁建造的变质岩型稀土矿床，赋存于元古宇辽河群中，下部为鞍山群，上部为震旦系；③辽宁两处变质岩型稀土矿床，一处为稀土硼铁建造，一处为辽河群变质岩中的独居石矿床；④云南某地的铌-稀土矿床，赋存于古元古界昆阳群片岩或片麻岩中；⑤福建某地前震旦系建欧群中，以石英云母片岩为主，其碳酸盐地层中含有稀土矿物；⑥四川某地古元古界火地垭群碳酸盐地层中含稀土矿物；⑦河南某地变质铁矿中含稀土矿物。

（二）内蒙古阿拉善桃花拉山稀有稀土矿床

内蒙古阿拉善桃花拉山稀有稀土矿床为比较典型的沉积变质岩型稀土矿床。矿床成矿时代为中元古代，矿体赋存于沉积的碳酸盐岩石中，层位稳定，多呈似层状，少数为透镜状。矿石矿物有铌铁矿、钛铁金红石、独居石、易解石、褐帘石和锆石。

1. 矿床地质特征

矿床位于阿拉善弧形构造北缘的北大山隆起带内，受北西向挤压褶皱和断裂所控制（图 2-22）。矿床赋存于中元古界（长城系）龙首山群塔马沟组的一套中深变质岩系中，底部岩性主要为混合岩化黑云母斜长片麻岩、黑云二长片麻岩，含少量二云石英岩，局部发育薄层状大理岩、钙质片岩；中部岩性主要为条带状大理岩，局部夹有角闪片岩和钙质片岩，稀有稀土矿床赋存于该地层中；下部岩性为黑云斜长片麻岩夹二云石英片岩。中部条带状大理岩是矿体围岩，呈灰白色，不等粒花岗变晶结构，矿物成分主要为方解石（90%～95%）、绿水云母，含少量磁铁矿、黄铁矿、褐铁矿、磷灰石、铌铁矿、钛铁金红石和独居石。

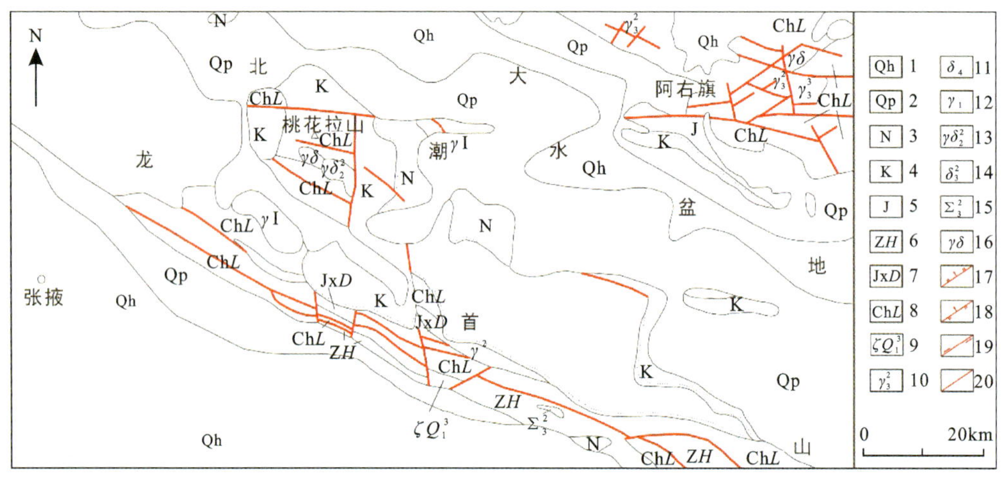

1. 第四系全新统；2. 第四系更新统；3. 新近系中上更新统；4. 白垩系；5. 侏罗系；6. 震旦系韩母山群；7. 蓟县系墩子沟群；8. 长城系龙首山岩群；9. 海西晚期石英正长岩；10. 海西期花岗岩；11. 海西期基性—超基性杂岩体；12. 加里东晚期花岗岩；13. 加里东中期花岗闪长岩；14. 加里东中期闪长岩；15. 加里东中期超基性岩；16. 吕梁期片麻状花岗闪长岩；17. 正断层；18. 逆断层；19. 平推断层；20. 性质不明断层

图 2-22 桃花拉山区域地质图（据梁占林和许文进，2007 修改）

矿床位于桃花拉山复式背斜的南翼，沙口-呆呆山-查干德尔斯压扭性断裂带内，主要构造线为与区域相一致的小褶曲及逆冲断层（图 2-23）。根据断裂构造与矿体空间上的相互关系，断层可分为成矿前和成矿后断层。成矿前断层为逆冲断层，走向 310°～315°，大体呈“S”形，为控矿的主要构造。成矿后断层主要为压性断裂，对矿体有破坏作用。

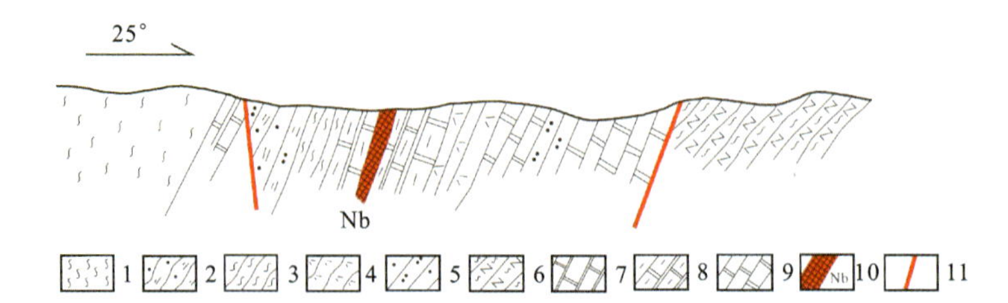

1. 斑状混合岩；2. 二云石英片岩；3. 钙质片岩；4. 角闪岩；5. 石英岩；6. 黑云母斜长片麻岩；7. 大理岩；8. 条带状大理岩；9. 白云岩；10. 稀有稀土矿体；11. 断层

图 2-23 桃花拉山稀有稀土矿床剖面图

侵入岩主要有吕梁期闪长岩和加里东晚期花岗岩。闪长岩呈岩枝或岩脉产出，呈北西向延伸，因区域变质作用和混合岩化作用而具有片麻状构造。花岗岩是矿区内主要的侵入岩，在矿区多呈岩株和岩脉产出。

2. 矿体特征

桃花拉山稀有稀土矿床产于碳酸盐岩中，矿带东西长达11km，南北宽约60m。矿体大约有20条，一般长200～500m，厚度为1.4～14m，延伸一般在200m。矿体多呈似层状，少数呈透镜状。走向295°～310°，倾角60°～75°，矿层与围岩呈渐变关系。矿石类型主要为大理岩型矿石和片岩型矿石。大理岩型矿石呈褐色、黑褐色，薄—中层状构造，花岗变晶结构。矿石主要由方解石(70%～90%)构成，含少量黑云母、长石和石英。该类型矿石在走向上急剧尖灭或被黑云母片岩替代，矿石中后期发育硅质脉、黄铁矿脉和方解石脉。片岩型矿石呈灰绿色，鳞片花岗变晶结构，条带状构造。矿石主要由黑云母组成，其次为方解石、石英、长石和石榴子石等。含铌矿物为铌铁矿、钛铁金红石和易解石(表2-11)。含稀土矿物为易解石、褐帘石和独居石。钽基本以类质同象形式赋存于铌、稀土及某些副矿物晶格中。稀有稀土元素 Nb_2O_5 含量为0.04%～0.20%，Ta_2O_5 含量为0.002%～0.004%，REO含量为0.30%～1.15%。

表 2-11　桃花拉山稀有稀土矿床岩石和矿石中有用矿物含量表　　单位：10^{-6}

矿石矿物名称	花岗岩	闪长岩	大理岩	大理岩型矿石	片岩型矿石
铌铁矿	19.90	—	5.81	743.95～6 874.69	204.74～1 302.14
钛铁金红石	32.01	—	4.10	2.19～727.87	5.67～1 680.38
独居石	99.26	24.99	4.90	1 342.93～13 335.24	61.48～900.45
易解石	5.75	0.81	—	0～244.30	0～46.44
褐帘石	28.46	—	—	0～618.31	0～357.13
锆石	—	—	—	0～380.24	0～398.98

注："—"表示低于检出限。

3. 矿床成因

桃花拉山稀有稀土矿床产于碳酸盐岩中，层位稳定，矿体多呈似层状，矿层与围岩呈渐变过渡。围岩中 Nb_2O_5 和REO含量较高，并形成了铌和稀土的独立矿物。矿石及围岩变质程度较深，均呈不等粒花岗变晶结构和鳞片状花岗变晶结构，条带状构造，铌和稀土与变质作用具有极为密切的联系。以上表明桃花拉山稀有稀土矿床可能是地槽发育初期，火山作用带来的大量挥发组分和稀有稀土等有益元素，经搬运沉淀，在固结成岩过程中形成稀有稀土矿物。在区域变质作用下形成的 CO_2 与 H_2O 沿断裂带运移，使成矿物质活化、迁移和富集。后期岩浆侵入发生的交代作用，对成矿起到了一定的促进作用(蒋荣良,1989)。

第四节　风化壳系列

风化壳型稀土矿床由富稀土的原岩经过地表机械作用和化学风化作用形成，母岩中稀土的最初富集是形成风化壳型稀土矿床的前提，风化壳继承了母岩的稀土特征（许成等，2015）。根据稀土元素的赋存状态，风化壳矿床分为矿物型和离子吸附型两类。风化壳矿物型稀土矿床中稀土元素以矿物形式存在，稀土矿物主要来源于深部源岩或者原生矿体。离子吸附型稀土矿的原岩多样，根据原岩的不同，又分为花岗岩型、火山岩型、混合岩型、碳酸岩型和碱性岩型风化壳等，其中最常见的是花岗岩风化壳型和火山岩风化壳型。

一、花岗岩风化壳型

（一）概述

花岗岩风化壳型稀土矿在中国南方已探明的矿床数量已超过170个，且大部分为离子吸附型稀土矿，广泛分布于江西、广东、广西、福建、云南、浙江、湖南、海南和贵州等地区（Li et al.，2019）。

花岗岩风化壳厚度一般为8～10m，风化壳由上而下主要可分为腐殖层、全风化层、半风化和基岩。多数情况下，发育良好的风化壳垂直剖面上的稀土含量分布呈抛物线形，常具有轻、重稀土的分馏现象，REE在全风化层下部和半风化层上部成矿。在风化壳矿体中的REE含量比原岩的高（通常是原岩的3倍以上），轻稀土的富集程度要小于重稀土，风化壳表土层以铈的正异常为特点（许成等，2015）。我国南岭地区花岗岩风化壳型重稀土矿床是这类矿床的典型代表，典型矿床有江西龙南县足洞、关西和大田等风化壳型稀土矿床。

（二）江西足洞稀土矿床

江西足洞稀土矿床是典型的花岗岩风化壳型稀土矿。矿体平均厚度为10.45m，最厚为32.3m，矿体连续厚度变化小，品位较高。REO品位平均大于0.10%，一般在0.05%～0.20%之间。稀土配分Y_2O_3含量大于50%，以重稀土为主，稀土配分齐全，分布均匀。矿床规模为特大型，绝大部分矿体直接裸露地表，单个矿床规模居世界花岗岩离子吸附型稀土矿之首。该矿床90%以上的稀土主要吸附在高岭土中，7%以单矿物的形式存在。重砂鉴定中发现了3种新的含钇矿物，分别为砷钇矿、钛钇矿和铌钽铅矿。江西足洞稀土矿床具有储量大、易开采、易选冶、成本低和放射性强度低的特点。

1. 矿床地质特征

稀土矿体赋存于足洞花岗岩体的风化壳内。含矿岩体岩性主要为白云母钾长-碱长花岗岩，中间分布少量黑云母钾长花岗岩，两者的界线为渐变过渡（图2-24）。足洞花岗岩体在地表呈近似椭圆形，长11.5km，宽4.0km，裸露面积为32.5km^2，其长轴方向为NE65°。在构造上，其主要受近东西向和北东向的断裂带复合控制。

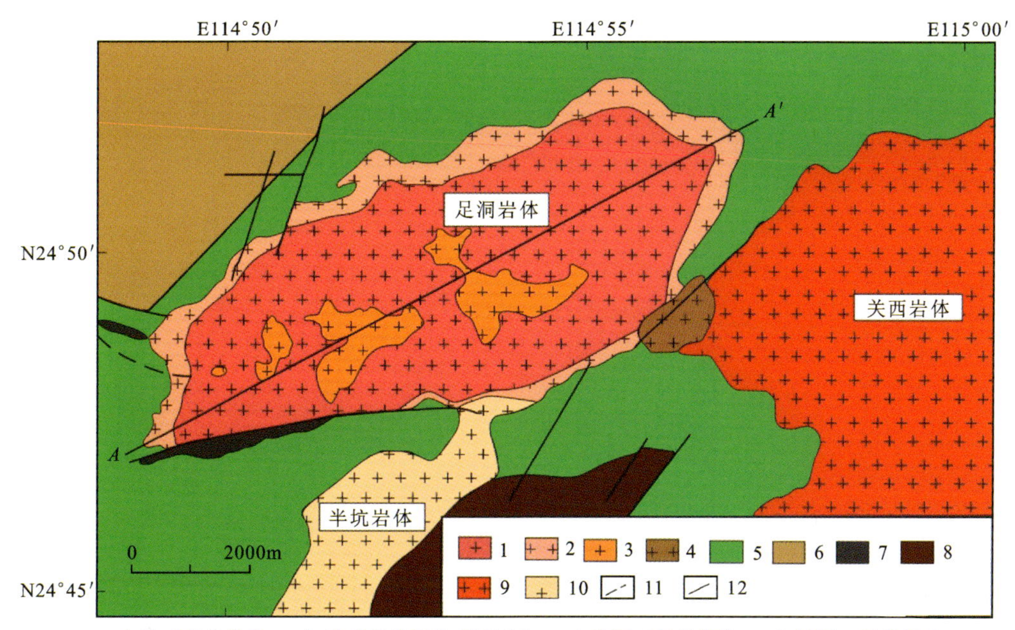

1.中粒碱性花岗岩；2.细粒碱性花岗岩(边缘相)；3.中粒黑云母花岗岩；4.细粒黑云母花岗岩；5.上侏罗统石英质火山岩；6.上三叠统碎屑岩；7.下二叠统含煤页岩；8.震旦系—寒武系变质岩；9.关西花岗岩；10.半坑花岗岩；11.伟晶岩脉；12.断层

图 2-24 足洞稀土矿床地质图(据 Li et al.,2019 修改)

白云母钾长-碱长花岗岩一般呈肉红色—灰白色，中粒花岗结构，主要矿物有长石、石英、黑云母等，长石以钠长石为主。副矿物有萤石、氟碳钙钇矿、锆石、磷钇矿、独居石、硅铍钇矿、铅烧绿石、钛钇矿、铌铁矿、砷钇矿、褐钇铌矿等。风化壳中多富含砷钇矿、锆石、硅铍钇矿、磷钇矿、钛钇矿、铅烧绿石、铌铁矿和石榴子石等，其中 20 余种矿物是稀土或含稀土的副矿物，除石榴子石、磷钇矿和锆石等抗风化能力较强外，其余稀土副矿物多易风化，且大部分为重稀土配分矿物。白云母钾长-碱长花岗岩形成时代为(168.2±1.2)Ma，为 S 型花岗岩(付伟等，2022)。

南岭地区地形起伏中度，地貌多为海拔 500m 左右的丘陵和海拔 250m 左右的山谷。中—高降雨量、适宜温度和有利地形等条件结合在一起，促进了化学风化，有利于形成相对较厚的风化壳。花岗岩风化壳的厚度一般可达 30m，自上而下大致可分为 4 层，分别为土壤层(腐殖层)、全风化层、半风化层和花岗岩基岩(图 2-25)。

(1)土壤层：该层一般厚度为 0.5～2.5m，主要由地表腐殖土壤层及近地表的亚黏土层组成。腐殖土壤层呈黑褐色—深黄褐色，该层中主要含有黏土和石英，存在少量长石，一般厚度为 0～0.4m；亚黏土层呈浅红色和土黄色，植物根系及残渣含量较少，主要由黏土和石英矿物组成，含少量长石，层中石英呈颗粒状，石英含量 40%～50%，此层厚度一般为 0.5～1.0m。

(2)全风化层：一般呈浅红色、土黄色和灰白色，结构松散，石英、长石含量逐渐增多，黏土矿物逐渐减少，一般长石含量为 20%～30%，黏土矿物含量为 25%～35%，石英含量为 40%～50%。

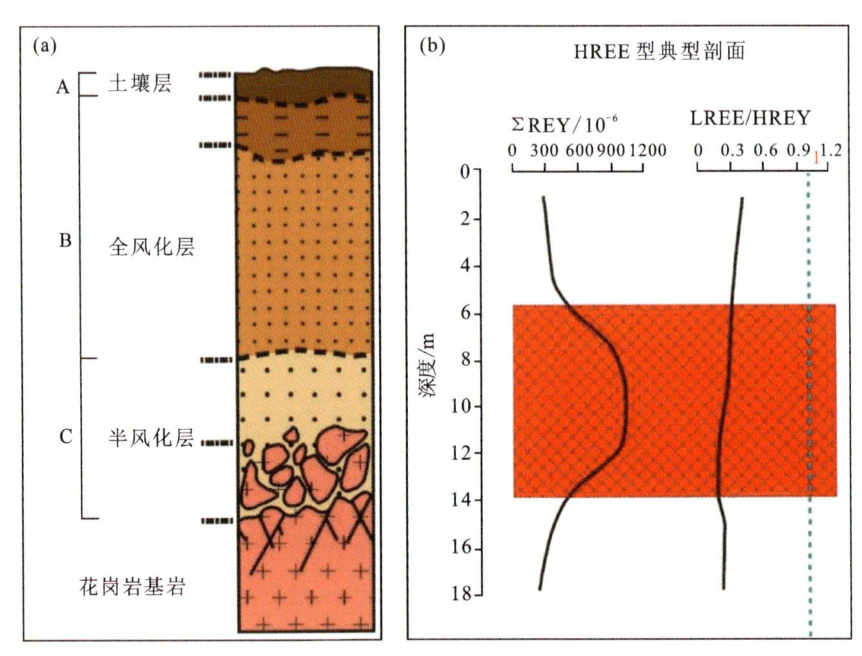

图 2-25 足洞稀土矿床风化壳剖面图(a)和稀土含量变化图(b)(据 Li et al.,2019)

(3)半风化层:此层黏土矿物进一步减少,逐渐出现云母,长石含量增加,云母含量一般约为5%,黏土矿物含量为15%~25%,长石含量为30%~40%,石英含量为35%~45%。

(4)花岗岩基岩:基岩层指未风化的花岗岩,足洞岩体主要由白云母钾长-碱长花岗岩组成。

花岗岩风化壳中含量较高的黏土矿物为高岭石、伊利石及伊利石和蒙脱石的混层,其平均含量分别为45.6%、15.8%、26.4%,高岭石含量最高,个别样品中存在少量的蛭石及伊利石蛭石混层(I/V),平均含量为2.6%,且蒙脱石基本以伊利石蒙脱石混层存在,混层比平均值为26.6%(表 2-12)(彭峰,2018)。

表 2-12 足洞稀土矿床中富稀土花岗岩风化壳中黏土矿物含量表 单位:%

样品号	黏土矿物相对含量									混层比	
	S	I/S	It	Kao	Ha	C	C/S	V	I/V	I/S	C/S
ZD-1	—	26	3	71	—	—	—	—	—	35	—
ZD-2	—	18	48	—	34	—	—	—	—	10	—
ZD-3	—	—	14	86	—	—	—	—	—	—	—
ZD-4	—	—	4	70	—	—	—	13	13	—	—
ZD-5	1	88	10	1	—	—	—	—	—	35	—
平均值	—	26.4	15.8	45.6	6.8	—	—	2.6	2.6	26	—

注:S 为蒙脱石;I/S 为伊利石和蒙脱石混层;It 为伊利石;Kao 为高岭石;Ha 为埃洛石;C 为绿泥石;C/S 为绿泥石和蒙脱石混层;V 为蛭石;I/V 为伊利石和蛭石的混层。

2. 矿体地质特征

足洞稀土矿床的矿体主要受成矿母岩控制(图 2-26)。稀土矿层出现在全风化层中下部至半风化层上部,矿层厚度为 1～10m,矿石品位为 632×10^{-6}～1055×10^{-6}。稀土矿体的形态、产状和规模与风化壳的形态、产状和规模基本一致,随地形起伏而变化。矿体形态较规则,一般呈层状、似层状、透镜状或新月状。平面上矿体形态变化较大,以山丘为中心,受沟谷隔截分成若干矿块,其形态有圆叶形、阔叶形、椭圆形和不规则形等。

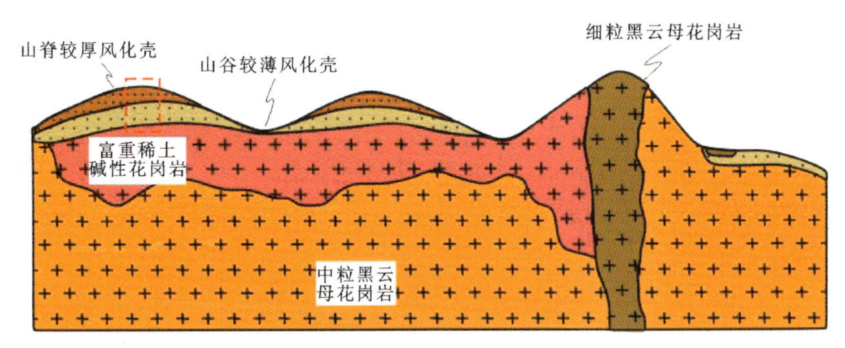

图 2-26　足洞离子吸附型稀土矿床剖面图(据 Li et al.,2019)

3. 矿床地球化学特征

足洞稀土矿风化壳主量元素以 SiO_2 为主,含量为 68.18%～82.23%,其次为 Al_2O_3,含量为 10.07%～18.96%,K_2O 含量为 2.30%～5.46%,Na_2O 和 Mg_2O 含量较低。ΣREE 为 131.58×10^{-6}～420.91×10^{-6},平均值为 271.62×10^{-6};HREE 含量为 85.9×10^{-6}～281.18×10^{-6},平均值为 166.12×10^{-6};LREE 含量为 45.68×10^{-6}～160.11×10^{-6},平均值为 105.5×10^{-6};LREE/HREE 值在 0.44～1.36 之间,平均值为 0.72,表现出 HREE 富集特征(图 2-27);δEu 值为 0.01～0.02,平均值为 0.01,明显的负 Eu 异常(表 2-14)。

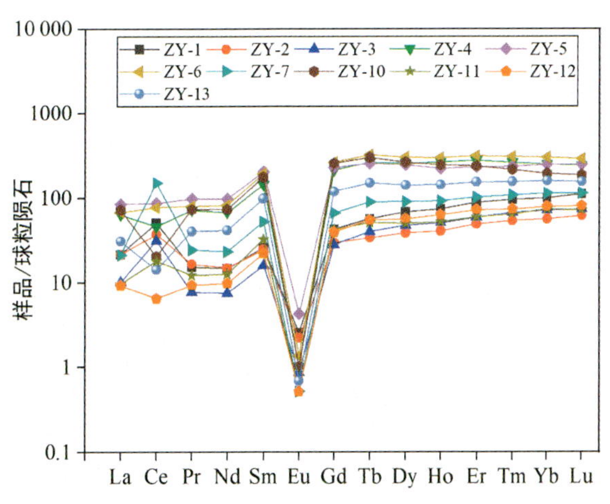

图 2-27　足洞稀土矿床不同样品全风化层稀土配分图

表 2-13　足洞稀土矿床风化壳的主量元素含量表　　单位:%

元素/指标	土壤层			全风化层				半风化层			
	ZY-1	ZY-2	ZY-3	ZY-4	ZY-5	ZY-6	ZY-7	ZY-10	ZY-11	ZY-12	ZY-13
Al_2O_3	18.96	12.86	14.42	13.13	17.61	15.96	12.55	12.96	10.07	12.88	17.56
CaO	0.04	0.01	0.02	0.31	0.02	0.28	0.50	0.14	0.02	0.51	0.13
Fe_2O_3	2.04	1.90	1.60	1.19	1.89	1.64	0.98	1.11	1.77	1.07	1.09
K_2O	4.02	2.30	4.13	4.38	3.30	5.46	4.51	4.38	3.42	4.49	5.08
MgO	0.18	0.16	0.14	0.45	0.13	0.18	0.07	0.28	0.07	0.10	0.14
MnO	0.02	0.04	0.04	0.06	0.04	0.05	0.12	0.07	0.02	0.03	0.05
Na_2O	0.15	0.10	0.33	1.12	0.11	3.01	2.75	0.11	0.10	3.23	4.42
SiO_2	68.18	78.95	74.88	76.55	70.02	71.37	77.19	77.38	82.23	76.46	69.61
TiO_2	0.11	0.11	0.04	<0.01	0.03	0.01	<0.01	<0.01	<0.01	<0.01	<0.01
LOI	6.10	3.90	3.61	2.30	6.02	1.66	1.28	2.86	2.25	1.01	1.44
总量	99.80	100.33	99.21	99.49	99.17	99.62	99.95	99.29	99.95	99.78	99.52

注:数据来源于彭峰,2018。

表 2-14　足洞稀土矿床风化壳微量元素含量表　　单位:10^{-6}

元素/指标	土壤层			全风化层				半风化层			
	ZY-1	ZY-2	ZY-3	ZY-4	ZY-5	ZY-6	ZY-7	ZY-10	ZY-11	ZY-12	ZY-13
Rb	538	327	683	744	579	817	733	685	541	710	700
Ba	42.1	43.4	20.8	69.1	12.5	18.2	17.3	23.6	10.5	7.0	31.1
Th	39.0	31.8	28.2	33.7	37.5	39.3	32.1	28.4	27.2	26.1	39.2
U	7.71	6.14	5.51	9.10	5.90	14.40	13.70	7.20	9.80	5.90	9.60
Nb	51.8	37.6	41.4	40.5	48.0	66.0	32.5	35.5	35.4	28.0	50.1
Ta	7.6	5.1	8.0	6.7	9.4	9.5	5.3	5.8	4.1	4.4	8.5
Yb	17.05	9.66	12.2	42.5	42.2	51.9	19.3	33.0	12.7	13.6	27.1
Sr	7.0	5.9	4.4	15.5	2.5	10.2	56.2	7.3	9.1	3.9	12.5
Zr	154	111	94	75	78	80	71	64	70	62	77
Hf	9.9	6.9	6.8	6.0	6.4	6.5	5.8	5.4	5.5	5.1	6.5
Y	137.5	68	83.1	516	341	524	151.5	441	79.6	125.5	242
La	5.1	5.1	2.4	14.9	20.0	16.1	5.0	17.1	2.3	2.2	7.3
Ce	30.9	22.9	19.1	28.1	53.5	47.4	92.2	12.5	11.1	4.0	8.7
Pr	1.44	1.58	0.73	6.79	9.26	7.65	2.30	6.93	1.16	0.89	3.82

续表 2-14

元素/指标	土壤层			全风化层				半风化层			
	ZY-1	ZY-2	ZY-3	ZY-4	ZY-5	ZY-6	ZY-7	ZY-10	ZY-11	ZY-12	ZY-13
Nd	6.9	7.0	3.5	31.4	45.8	38.7	10.8	34.5	5.9	4.6	19.3
Sm	3.94	3.76	2.42	22.0	31.3	29.8	7.95	27.0	4.97	3.41	15.0
Eu	0.15	0.13	0.05	0.06	0.25	0.08	0.03	0.06	0.03	0.03	0.04
Gd	8.71	6.09	5.71	43.6	47.2	54.8	13.65	52.8	8.72	8.1	24.4
Tb	2.13	1.27	1.49	9.86	9.53	12.20	3.35	11.30	1.90	2.06	5.61
Dy	17.55	9.85	11.95	64.60	62.30	77.50	22.90	67.60	12.70	14.50	35.9
Ho	4.25	2.31	2.86	15.00	12.65	17.05	5.21	13.95	2.98	3.62	8.09
Er	14.70	8.18	9.76	46.10	38.40	52.40	16.85	39.50	9.91	12.15	25.5
Tm	2.45	1.39	1.72	6.72	6.03	7.89	2.76	5.51	1.67	1.9	3.96
Yb	17.1	9.7	12.2	42.5	42.2	51.9	19.2	33.0	12.6	13.6	27.1
Lu	2.83	1.58	1.88	6.14	6.29	7.44	2.89	4.73	1.85	2.07	3.95

注：数据来源于彭峰，2018。

4. 矿床成因与成矿模式

足洞稀土矿床由 S 型花岗岩风化形成(图 2-28)。母岩中易风化的稀土矿物氟碳钙铈矿、硅铍钇矿和兴安矿等快速分解，释放大量的 HREE 到酸性风化流体中。长石(特别是钠长石)和白云母风化形成的高岭土，导致释放的大部分稀土元素被吸附。花岗岩中难风化的稀土矿物，如磷钇矿、易解石、黑稀金矿、褐钇铌矿和锆石等，在风化壳中大量保存下来，形成富 HREE 的残渣(Li et al.，2019)。

足洞岩体重稀土成矿主要受到以下 3 个阶段的影响：①岩浆演化过程中形成足洞岩体，同期火山岩喷出过程中形成富稀土岩体；②构造蚀变演化阶段，两条北东向及一条东西向深大断裂，构成构造夹持区，受 3 条断裂及其次级构造的影响，在这些断裂带两侧发育强烈蚀变，随着热液蚀变加强，REE＋Y 含量增加，LREE/HREE 值随着蚀变强度的增强而降低；③不同风化强度及风化类型对稀土成矿特征影响明显，在风化壳中，稀土主要富集于完全风化层中。

足洞稀土矿床是热带-亚热带环境中淋滤作用的自然结果，该环境以高降雨、高温度和中等地形起伏为特征，风化目标为富重稀土花岗岩。

二、火山岩风化壳型

(一)概述

火山岩风化壳离子吸附型稀土矿床在赣南广泛分布(图 2-29)。在广西的中酸性火山岩

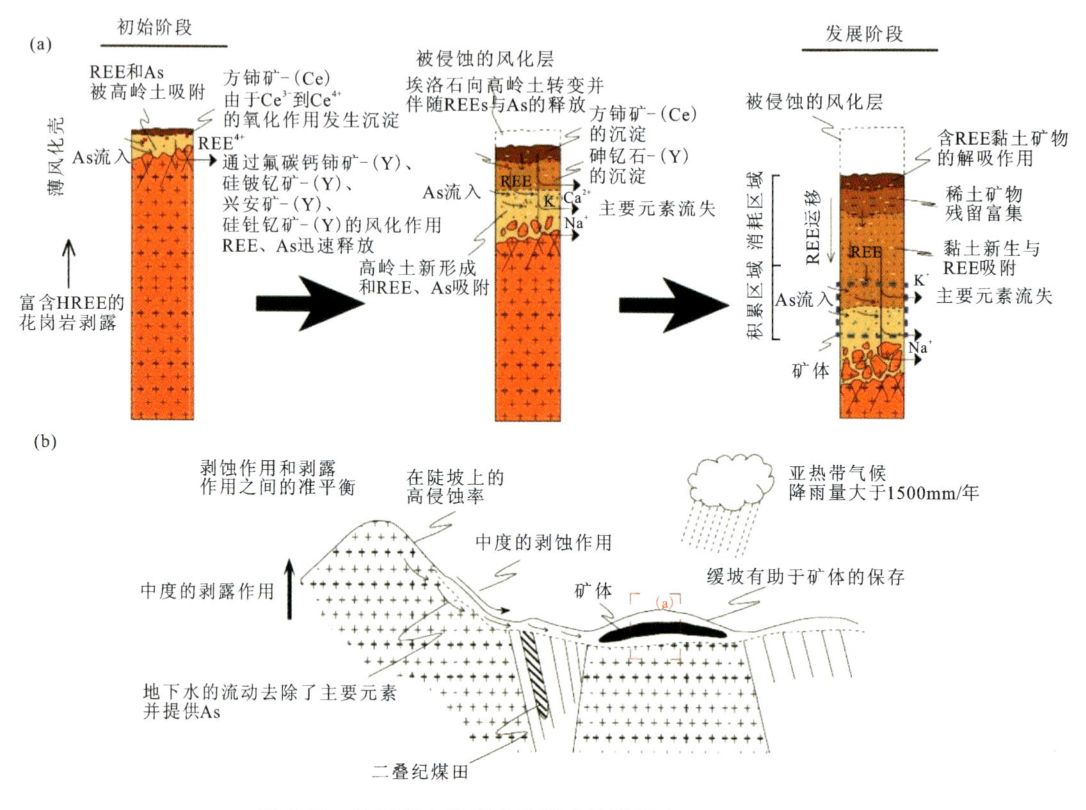

图 2-28　足洞稀土矿床成矿模式示意图(据 Li et al.,2019)

风化壳中也有少量离子吸附型稀土矿床分布,主要分布在桂西南崇左—凭祥一带,是一种非常具有找矿前景的矿床类型。火山岩风化壳离子吸附型稀土矿床以江西寻乌河岭和广西崇左地区稀土矿为代表。成矿母岩为流纹岩、流纹质凝灰岩及英安岩等。两地火山岩形成时代分别为晚侏罗世和早三叠世。火山岩风化壳中已知的离子吸附型稀土矿均为轻稀土型,尚未发现火山岩风化形成的重稀土矿(黄玉凤,2021)。

(二)广西崇左六汤稀土矿床

广西崇左六汤稀土矿床是典型火山岩风化壳离子吸附型稀土矿。稀土矿床产于早三叠世中—酸性火山岩风化壳中,目前只有正在开采的六汤稀土矿达到详查程度,其余已知的江州和大青山两个矿床仅开展了普查工作。崇左地区早—中三叠世富含稀土元素的中—酸性火山岩提供了丰富的成矿物质来源,亚热带季风气候条件有利于成矿母岩形成化学风化程度较高的风化壳,稀土元素发生活化迁移并富集成矿,中低山-丘陵地貌有利于风化壳发育和矿体的保存。

1. 矿床地质特征

六汤稀土矿床位于崇左市城区 330°方向约 17km 处,矿区面积约 8.56km^2。矿区出露地层有下三叠统北泗组和第四系。北泗组上部为酸性火山熔岩,下部为厚层状白云岩、白云质

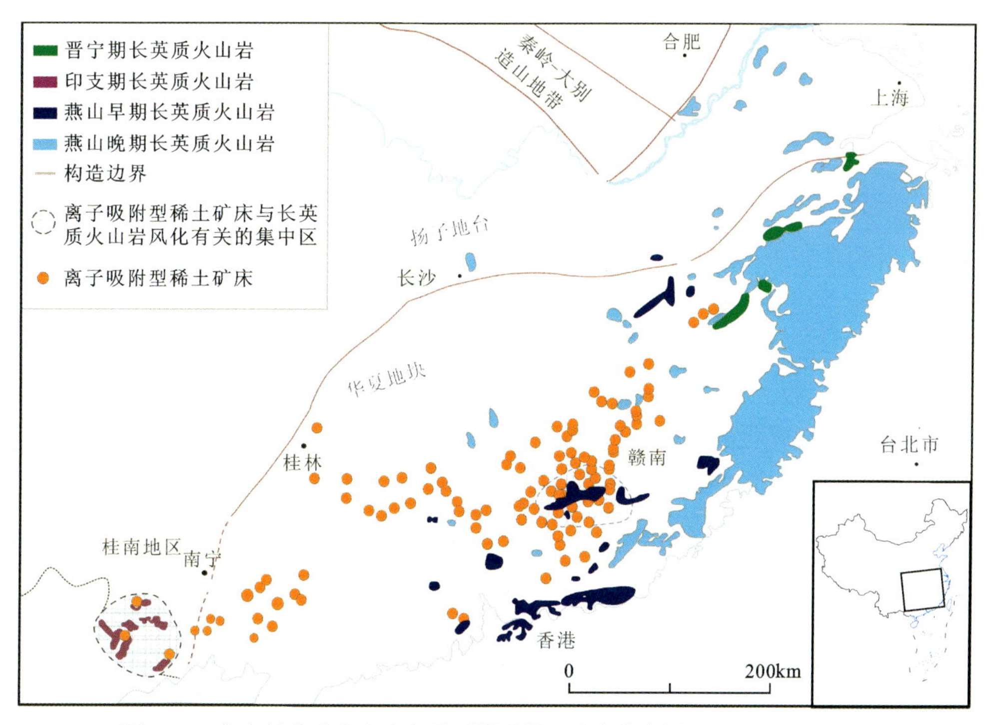

图 2-29 华南长英质火山岩离子吸附型稀土矿床分布图(据 Fu et al., 2019)

灰岩及灰岩(图 2-30)。矿区位于崇左向斜核部,北西仰起,南东倾伏,并受金楼断层切割。核部为北泗组火山熔岩(λT_1b),周围为北泗组灰岩,倾角平缓(10°～20°)。

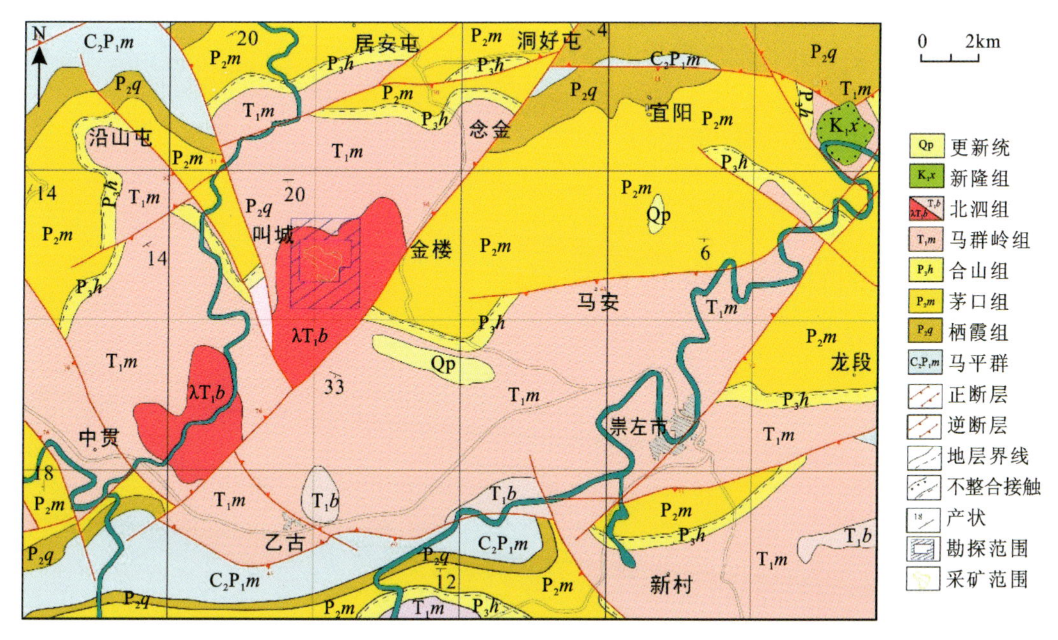

图 2-30 崇左六汤稀土矿床地质图(据覃小锋等,2011 年修改)

火山岩出露面积约 17km²，为下三叠统北泗组中酸性火山熔岩。火山岩由长英质熔岩（玄武安山岩-英安岩流纹岩）和火山碎屑岩（主要是角砾岩、凝灰岩和角砾岩）组成。长英质火山岩可进一步划分为两个阶段：早期为玄武安山岩、英安岩、流纹岩和各种火山碎屑岩的复杂组合，晚期为流纹岩和凝灰岩的简单组合。火山岩以长英质熔岩为主，呈深灰色，火山角砾熔岩结构，角砾成分主要为蚀变英安岩，其次为石英晶屑和长石晶屑，胶结物有石英和玻璃质，此外还有少量黑云母、绢云母、叶蜡石、沸石、锆石、磷灰岩、榍石、磁铁矿和褐铁矿等。长英质火山岩的锆石 U-Pb 年龄为(246±2)Ma，形成于早三叠世（覃小锋等，2011）。

由于强烈的化学风化作用，崇左地区长英质火山岩露头被风化壳覆盖。一般情况下，在平坦的山顶表层风化壳厚度最大（>10m），在下坡方向风化壳厚度逐渐变薄。风化壳为层状结构，从底部到顶部为基岩、半风化层、全风化层和表土层。表土层颜色为深红色，柔软多孔，以黏土矿物为主。全风化层呈黄红色，多孔矿物颗粒较细，含少量石英和黏土矿物。半风化层呈淡白色，多孔易碎，下部含有少量未风化基岩球状残余物。未风化的长英质火山岩呈深灰色，具有典型的玻璃质和斑状结构。

2. 矿体地质特征

矿体主要赋存于全风化层至半风化层的上部（图 2-31）。矿区内仅有一个矿体，东西长 2.60km，南北宽 0.93～2.30km，含矿面积约 1.683km²。保有全相 REO 储量 10 372.68t，资源储量规模为中型。矿体厚度为 1.0～11.0m，平均矿厚一般为 4.0m。矿体形态呈港湾状或不规则条带状，形态较简单。矿体形态随火山岩风化壳形态的变化而变化，平面上风化壳含矿率为 73%，矿化较连续。矿体与风化壳的发育和保存程度密切相关，风化程度越高则风化壳厚度越大，矿体厚度越大。在剖面上，矿层一般分布于全风化层的中下部以及半风化层的上部，呈似层状或透镜状产出，产状平缓，矿体连续性较好。REO 变化范围为 0.050%～0.402%，平均品位为 0.113%。REE 变化范围为 0.030%～0.244%，平均品位为 0.068%。

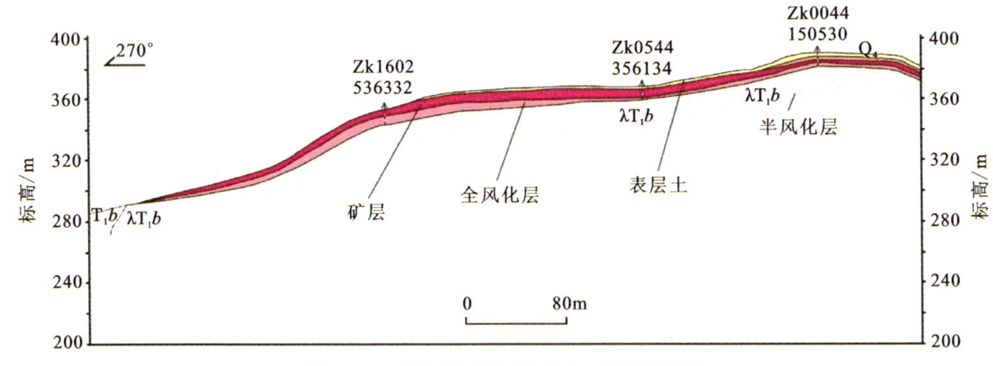

图 2-31　崇左地区六汤稀土矿床剖面图

风化矿物主要为高岭石、蒙脱石、埃洛石、水白云母、蛭石以及云母-蒙脱石等黏土矿物，此外还有少量铁和锰的氧化物。全风化层的上部稀土氧化物含量不高，稀土元素主要富集在全风化层的中下部至半风化层的上部，随着母岩风化程度的减弱，稀土含量逐渐下降。矿区全风化层是矿床的主要赋存部位，品位最高。

3. 矿床地球化学特征

未风化的长英质火山岩，整体地球化学成分以 Al_2O_3 和 SiO_2 为主(表 2-15)，次要化学成分为 Fe_2O_3、CaO、Na_2O 和 K_2O。由表 2-15 可知，长英质火山岩属于典型的过铝质、高钾、钙碱性、英安岩流纹岩系列。与母岩相比，所有风化壳样品中的 Al_2O_3 和 Fe_2O_3 含量均较高，SiO_2 含量略低。此外，Na_2O、CaO、K_2O、MgO 和 P_2O_5 含量在风化层剖面中显著降低。对比母岩，Rb、Sr、Ba 相对亏损，Zr、Nb、Hf、Th 相对富集。Cr、As、Sb、U 等微量元素在风化壳剖面上没有明显的变化趋势。

表 2-15　崇左地区六汤稀土矿床风化壳和母岩主量元素含量表　　单位：%

元素/指标	全风化层		强风化层				半风化层				母岩
	CZ-1	CZ-2	CZ-5	CZ-6	CZ-7	CZ-8	CZ-12	CZ-13	CZ-15	CZ-17	CZ-18
SiO_2	57.2	59.2	66.0	67.4	65.2	61.7	66.9	61.8	62.5	63.4	71.6
Al_2O_3	22.2	21.7	20.3	18.3	18.5	19.5	16.3	18.4	17.8	17.7	12.6
CaO	0.09	0.09	0.11	0.11	0.19	0.25	0.24	0.24	0.22	0.27	1.26
Fe_2O_3	8.90	7.66	3.10	3.99	4.20	5.80	4.62	6.66	6.64	5.76	3.73
K_2O	0.13	0.13	0.31	0.50	2.60	3.31	3.78	3.56	3.82	3.78	4.71
MgO	0.25	0.27	0.42	0.36	0.42	0.43	0.30	0.40	0.44	0.53	0.61
MnO	0.01	0.01	0.01	0.01	0.01	0.03	0.03	0.03	0.02	0.04	0.03
Na_2O	0.01	0.01	0.02	0.04	0.54	0.68	0.87	0.73	0.72	0.79	2.22
P_2O_5	0.07	0.06	0.06	0.07	0.04	0.06	0.08	0.09	0.08	0.07	0.16
TiO_2	0.54	0.51	0.48	0.51	0.36	0.41	0.43	0.45	0.59	0.60	0.53
LOI	9.57	9.13	7.97	7.60	6.63	6.85	5.13	6.12	5.92	5.86	1.29
总量	98.8	98.8	98.8	98.9	98.7	99.0	98.8	98.5	98.9	98.8	98.7
CIA	99.02	98.99	97.87	96.56	84.75	82.12	76.96	80.25	78.94	78.55	60.61
pH	4.56	4.96	4.80	4.91	5.29	5.55	5.29	5.29	5.33	5.16	7.66

注：CZ-1 取样深度 0.4m；CZ-2 取样深度 0.8m；CZ-5 取样深度 1.6m；CZ-6 取样深度 2.2m；CZ-7 取样深度 2.5m；CZ-8 取样深度 3.0m；CZ-12 取样深度 5.0m；CZ-13 取样深度 5.6m；CZ-15 取样深度 6.6m；CZ-17 取样深度 8.0m；CZ-18 取样深度 9.0m。数据来源于 Fu et al.，2019。

六汤稀土矿风化壳的 REE 总量为 502.4×10^{-6}～$1\ 736.6\times10^{-6}$，平均为 846×10^{-6}，显著高于母岩(375.8×10^{-6})。强风化层的 REE 浓度最高，而半风化层的浓度最低(表 2-16)。从全风化层(表土层)(643.7×10^{-6}～724.9×10^{-6})到强风化层(897.6×10^{-6}～$1\ 736.6\times10^{-6}$)和半风化层(502.4×10^{-6}～594.3×10^{-6})，稀土的总含量变化较大。风化壳中 LREE/HREE 值在 3.82～10.10 之间，表明轻稀土相对富集，重稀土相对亏损。全风化层的 LREE/HREE 值最高(10.10)，该比值在各单元呈整体下降趋势。除全风化层(δCe＝1.34)外，其余各风化层中 δCe 均为负异常(δCe＝0.15～0.93)(图 2-32)。风化壳中 δEu 通常为负异常，δEu 在 0.45～0.48 之间，平均值为 0.47。

表 2-16 崇左地区六汤稀土矿床风化壳和母岩微量元素含量表 单位：10^{-6}

元素/指标	全风化层		强风化层				半风化层				母岩
	CZ-1	CZ-2	CZ-5	CZ-6	CZ-7	CZ-8	CZ-12	CZ-13	CZ-15	CZ-17	CZ-18
Rb	17	14	37	51	161	206	212	233	257	224	234
Sr	11	9	20	21	26	38	40	41	39	39	113
Ba	80	77	406	383	760	981	906	932	975	1062	1088
Th	44.6	41.9	37.0	32.2	33.8	31.5	32.5	35.3	40.3	31.6	25.6
U	4.10	5.75	5.98	4.70	6.18	5.79	5.63	7.89	8.48	6.45	8.35
Nb	19.9	18.4	17.5	18.6	14.9	15.3	16.0	15.5	19.4	19.4	18.1
Zr	637	490	566	831	636	658	630	624	680	754	584
Hf	18.2	14.5	16.0	22.7	17.7	17.9	17.3	16.8	18.5	19.7	15.8
V	52.7	43.4	26.9	27.3	28.6	31.8	32.6	34.9	39.1	33.6	34.8
Co	3.28	2.02	2.17	1.64	5.79	10.40	8.51	11.2	9.74	15.4	6.61
La	121	177	322	285	553	397	125	127	122	113	70
Ce	307	218	157	81.9	150	181	176	200	221	152	137
Pr	26.1	39.9	70.7	60.7	114.0	86.3	27.8	28.0	27.6	26.3	16.4
Nd	110	165	284	245	444	350	115	118	116	109	72
Sm	19.1	29.9	57.7	49.3	98.9	75.1	22.8	23.6	23.2	22.7	16.0
Eu	2.85	4.36	9.04	7.91	16.40	12.10	3.42	3.71	3.58	3.37	1.92
Gd	17.8	27.3	58.5	52.1	109.0	84.3	23.7	24.5	24.0	23.0	17.3
Tb	2.79	4.27	9.36	8.56	18.10	13.60	4.00	3.96	3.96	3.63	2.90
Dy	15.7	24.9	51.5	47.3	104.0	78.6	22.7	23.2	22.5	20.8	16.8
Ho	3.04	4.87	9.37	8.95	19.6	14.5	4.31	4.44	4.31	4.03	3.34
Er	8.5	13.6	25.7	24.6	52.9	39.9	12.0	12.5	12.0	11.2	9.5
Tm	1.15	1.89	3.34	3.24	7.00	5.26	1.68	1.72	1.69	1.57	1.42
Yb	7.5	12.1	21.4	20.1	43.4	31.6	10.8	11.2	10.8	10.3	9.3
Lu	1.13	1.80	3.10	2.98	6.28	4.58	1.58	1.65	1.61	1.54	1.38
Y	75	124	250	248	553	427	116	123	112	105	87
ΣREE	643.7	724.9	1 082.7	897.6	1 736.6	1 373.8	550.8	583.5	594.3	502.4	375.8
LREE/HREE	10.10	6.99	4.94	4.35	3.82	4.04	5.82	6.02	6.35	5.60	5.07
δCe	1.34	0.64	0.26	0.15	0.15	0.24	0.73	0.82	0.93	0.68	0.99

注：CZ-1 取样深度 0.4m；CZ-2 取样深度 0.8m；CZ-5 取样深度 1.6m；CZ-6 取样深度 2.2m；CZ-7 取样深度 2.5m；CZ-8 取样深度 3.0m；CZ-12 取样深度 5.0m；CZ-13 取样深度 5.6m；CZ-15 取样深度 6.6m；CZ-17 取样深度 8.0m；CZ-18 取样深度 9.0m。数据来源于 Fu et al.，2019。

在稀土配分模式图中，风化壳呈右倾分布模式，轻稀土富集，重稀土亏损，δEu负异常（图2-33）。风化壳稀土配分模式与母岩长英质火山岩平行，δCe负异常明显。

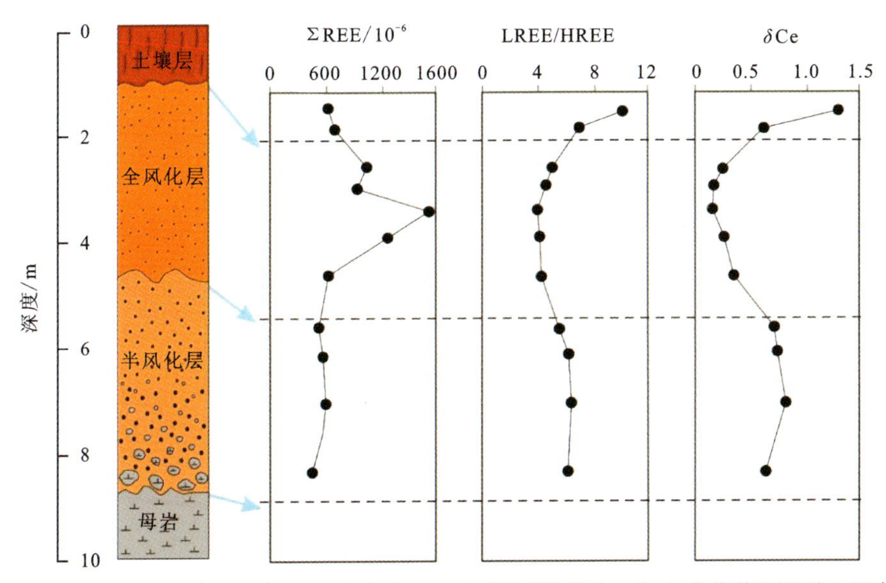

图2-32　崇左地区六汤稀土矿床REE总含量、LREE/HREE值和δCe异常值等重要稀土元素指标在整个风化壳剖面上的垂向变化特征（据Fu et al.，2019）

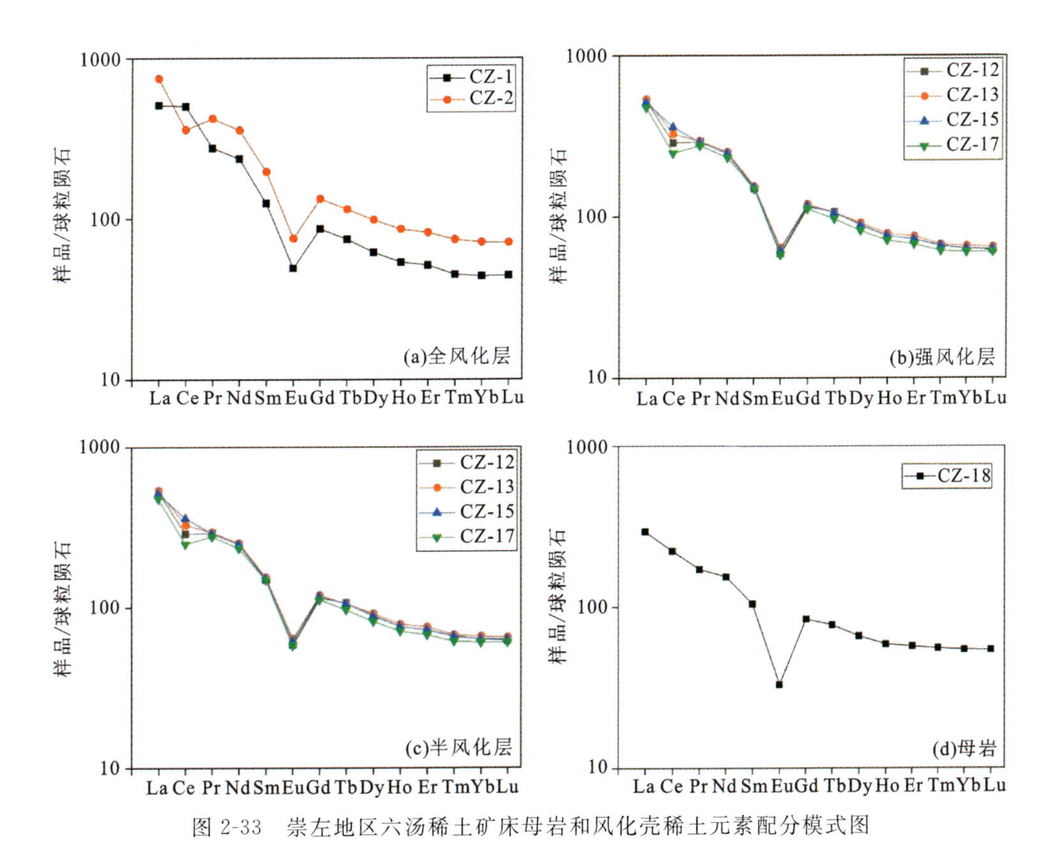

图2-33　崇左地区六汤稀土矿床母岩和风化壳稀土元素配分模式图

4. 矿床成因

广西崇左地区发育的印支期长英质火山岩，经过长期风化作用，形成了富含有机质的风化层。稀土元素主要与黏土矿物结合，以离子交换形式存在。离子交换型稀土的富集是具有较高稀土含量的母岩在强烈的风化作用下通过淋滤-淋溶作用形成的。稀土元素的来源为长英质火山岩中的榍石、褐帘石、磷灰石、锆石和独居石。离子型稀土主要富集在高岭土、埃洛石和伊利石中，它们对稀土元素的固定能力不同(高岭土>埃洛石>伊利石)。轻稀土元素相对于重稀土元素富集，在很大程度上继承了母岩的特征。

华南地区虽然有大面积不同年代和不同构造背景的长英质火山岩，但燕山早期和印支期的火山岩更可能与离子吸附型稀土矿化有关。这表明，这些矿床的形成不仅与长英质火山岩中稀土元素含量高低有关，而且与风化作用的理想气候条件和保存矿床的静止构造环境有关(Fu et al.,2019)。表生风化作用是稀土矿床最重要的成矿作用，主要表现为中酸性火山岩中的稀土元素在外生条件影响下，在风化壳中发生迁移并富集成矿。华南地区属亚热带季风气候区，气候湿热，长期处于弱酸性地球化学环境，有利于富含稀土元素的中—酸性火山岩被分解，有利于稀土元素的迁移和吸附，为风化壳中稀土元素成矿提供了有利的环境条件。矿区以中低山-丘陵地貌为主，地势较为平缓，地表植被发育，地下水和地表水流动缓慢，加上新生代以来地壳处于缓慢抬升状态，风化速度大于表生剥蚀速度，有利于风化壳发育和保存，为稀土元素的富集成矿和保存提供了有利条件。

第五节　机械沉积系列

独居石、磷钇矿和褐钇铌矿等稀土矿物耐风化能力强，可作为残-坡积砂矿的来源，同时在随河流搬运的过程中，在适当条件下还可与钛铁矿、金红石和锡石等一起形成残-坡积型、冲积型和滨海砂型稀土矿(Morton and Hallsworth,1999)。残-坡积型、冲积型和滨海砂矿型稀土矿主要分布在澳大利亚、印度、马来西亚半岛及中国海南岛东海岸和中国台湾西海岸，其中以滨海砂矿为主(许成等,2015)。我国河流砂矿主要分布在湖南、广西和云南等地，其中湖南的独居石储量位居全国之首(赵芝等,2020)。

一、冲积型稀土矿

1. 概述

冲积型独居石和磷钇矿砂矿在我国广泛分布，主要分布在我国广东和广西沿海地区，在辽宁也有少量分布。残-坡积型稀土矿床规模较小，(河流)冲积砂矿矿体范围较大(许成等,2015)。形成冲积型砂矿稀土矿的条件有以下几点。

(1)成矿物质来源：区域上要存在富含独居石和磷钇矿的花岗岩、碱性岩和变质岩。

(2)构造条件：新构造运动期间，成矿区抬升缓慢且持续。

(3)气候条件：成矿区雨量充足且气候潮湿，有利于成矿母岩的风化搬运。

(4)地形条件:砂矿多富集在河流地形由陡变缓、河床由窄变宽和几条河流汇合处。在剖面上,砂矿多富集在Ⅰ、Ⅱ级阶地和河漫滩中。

(5)河流条件:适宜的河流水量和流速变化是冲积型砂矿床形成的重要条件。

冲积型砂矿稀土矿体沿着河床分布,平面上呈树枝状和叶脉状。矿体呈层状、板状和透镜状。河流中下游矿体底板较平坦,微向下游倾斜。沉积物主要有细砂、粗砂、砂砾和含砾黏土等。富矿体发育于粒度较粗、矿物磨圆度较好的松散砂层和砂砾层中(袁忠信等,2012)。

2. 典型矿床

广东省电白县电城磷钇矿-独居石砂矿是典型的冲积型砂矿床。矿床赋存于河口淤积平原、海岸沙咀和河流冲积-洪积平原。矿体呈水平产出,层位稳定,独居石矿体长2800~5400m,宽150~1300m,平均厚度1.40~2.06m;磷钇矿体长3150~4400m,平均厚度约2.5m。矿区砂矿品位分布均匀,含矿连续性好,矿物颗粒粗大(伍广宇等,1996)。

此外,辽宁丹东独居石砂矿也是国内典型的冲积型砂矿床。矿体主要富集于现代河谷、河床及支谷的冲积层中,含矿层主要为砂砾层和粗砂层。矿体多为层状,长可达数百米乃至数千米,宽数十米至数百米,厚数十厘米至数米。典型矿床以凤城县白旗独居石砂矿为代表(杨占兴等,2006)。

二、滨海砂矿型稀土矿

1. 概述

含稀土矿物的滨海砂矿床广泛分布于世界各地,是外生稀土矿床中最重要的矿床类型。Orris和Grauch(2002)统计列出了全球360多处具有或潜在具有经济价值的含稀土滨海砂矿。独居石和磷钇矿是主要的稀土矿物,且常伴生钛铁矿和锆石等重矿物。滨海砂矿中稀土矿物来源于海岸内陆,溪流和河流将沉积物带到沿海地区,沉积物在这里沉积并重新分布在各种环境中,如三角洲、海滩面、海岸面、障壁岛和沙丘。在海岸线,通过波浪、潮汐和风的作用机械地分选矿物颗粒,自然地将高密度矿物与低密度矿物分离,在以重矿物为主的沉积物中形成离散薄层和复合层段。研究表明,重矿物适宜在风成沙丘、前滨、滨面和潟湖环境中发生沉积(Force,1991)。

滨海砂矿型稀土矿中稀土矿物的来源有很多,如单一的含稀土矿物的脉体、火山杂岩体和变质岩。中国粤西地区含稀土滨海砂矿床的成矿母岩是寒武系八村群混合岩和加里东期混合岩化花岗岩(张仲英,1994)。印度东南海岸的Orissa地区滨海砂矿的成矿物质来源于相邻东高止山脉的麻粒岩相变质岩,如孔兹岩和紫苏花岗岩(Acharya et al.,2010;Rao and Misra,2009)。印度尼西亚邦加岛含锡石砂矿中独居石具有较高的Th含量,磷钇矿富含HREE、U、Th,且HREE/Y值与典型的S型或I型花岗岩的磷钇矿相似,表明这些矿物来源于花岗岩的风化(Szamalek et al.,2013)。

2. 典型矿床

全球滨海砂矿型稀土矿主要分布于亚洲、非洲、美洲和大洋洲。美国北卡罗来纳州、南卡罗来纳州、佐治亚州、爱达荷州和蒙大拿州都有含稀土的砂矿分布(Castor,2008)。印度海岸线上分布着许多含稀土矿物的砂矿床(Rao et al. ,2001),如西海岸的 Telafainkor 滨海砂矿,以及位于奥里萨拉邦的 Chhatrapur 和 Kontiagarh 滨海砂矿,主要矿物有独居石、钛铁矿、锆石、金红石和石榴子石等。澳大利亚的滨海砂矿型稀土矿主要分布在东、西海岸。根据地理学和矿物学特征,可将澳大利亚的滨海砂矿型稀土矿床分为 3 类:东海岸的金红石-锆石-钛铁矿床、西南海岸的钛铁矿床和西海岸 Eneabba 地区的钛铁矿-锆石-金红石矿床。巴西稀土资源主要集中于东部沿海的含独居石砂矿床,其稀土产量及出口规模日益增大(Chen et al. ,2011)。此外,南非、马来西亚、斯里兰卡、泰国和埃及等国家的滨海砂矿型稀土矿中也蕴藏着丰富的独居石等稀土矿物(美国地质调查局,2011)。

中国的滨海砂矿型稀土矿主要集中在整个南海的海岸线、海南岛和台湾岛海岸线。广东沿海大型独居石滨海砂矿,矿体呈似层状,主要分布在海成砂咀,其次分布在砂堤中,矿体厚度变化较大,但品位较均匀。独居石、锆石和钛铁矿是主要的有用矿物,伴生矿物有金红石、锐钛矿、磷钇矿、黑钨矿和铌钽矿(伍广宇等,1996)。

3. 主要矿物类型

独居石和磷钇矿是滨海砂矿型稀土矿床主要的稀土矿物。独居石在与花岗岩有关的热液矿床中也有产出,但主要矿床是滨海砂矿型稀土矿和冲积砂矿型稀土矿。独居石中 Ce_2O_3 含量为 25%～30%,La_2O_3 含量为 20%～30%。独居石是提取铈族稀土元素的重要矿物原料,由于成分中经常有钍代替铈,ThO_2 含量最高可达 30%,具一定放射性(通常量很低,无须特别保护)。独居石颜色以黄色为主,其次为浅黄色、黄白色等。磷钇矿是一种磷酸盐矿物,四方晶系,晶体呈四方柱状或双锥状,集合体呈粒状或致密块状,为黄褐色、红色和灰色等,具有玻璃光泽或油脂光泽,硬度 4～5,密度 4.4～5.1 g/cm^3,常具放射性,化学性质稳定,化学组成为 $Y(PO_4)$,Y_2O_3 含量为 61.40%、P_2O_5 含量为 38.62%,通常还含有铒、铈、镧和钍等元素。

第六节 化学-生物化学沉积系列

化学-生物化学沉积是指岩石(矿物)风化成真溶液或胶体溶液被搬运到盆地内,通过物理化学或生物化学方式沉积下来,并经成岩作用形成岩石的过程。化学-生物化学沉积岩根据沉积作用的控制因素可进一步分类,如蒸发作用形成的石膏和岩盐;物理化学或化学沉淀形成的锰质岩、铜质岩、铁质岩、铝质岩及硫石质岩等;生物及生物化学作用形成的碳酸盐岩、硅质岩、磷质岩等(黄定华,2014)。

在岩石化学-生物化学沉积过程中,在特定的"源-汇"系统和水化学环境中,会产生稀土异常富集的现象。沉积物中的稀土含量一般在 150×10^{-6}～300×10^{-6}之间(Haskin et al. ,

1966)，泥质岩中稀土含量较高，能达到 400×10^{-6} 左右(王中刚等，1989)，沉积型磷块岩中的稀土含量最高，能达到 1500×10^{-6} 左右(陈吉艳等，2010)。滇黔地区二叠系宣威组底部高岭石质黏土岩中的稀土含量能达到 2100×10^{-6}，最高为 $16\ 000\times10^{-6}$(Gong et al.，2020)。

一、磷块岩型稀土矿

磷块岩是一种以碳氟磷灰石为主要矿物组分的沉积磷矿，脉石矿物有石英、玉髓、方解石、白云石、水云母、高岭石、海绿石及有机质等。磷块岩颜色呈黄褐色、绿褐色、浅灰色、深灰色或黑色，硬度 2～4，密度 2.8～3.0 g/cm^3。

碳氟磷灰石有两种形态：一种是具有微细晶粒或隐晶质结构，呈草莓状、葡萄状和皮壳状的集合体；另一种为非晶质或显微隐晶质，呈胶体形式的集合体，俗称"胶磷矿"，是磷块岩中最主要的一种形态。海相沉积的磷块岩通常矿床规模巨大，具有很高的工业开采价值。

磷块岩的形成主要与海水中浮游生物和有机质有关。浮游生物在死亡后腐烂，所含磷质释放到水中，增加了深水磷的含量。海底磷进一步聚集公认的机制是生物碎屑的沉淀与堆积，堆积的成分包括有机物的硬壳和软体两部分。上涌水中的磷酸盐不是靠浮游植物的繁殖来迁移，而是靠大量浮游动物来迁移，并储存于有机体的硬体部分(陈其英，1995)。

磷块岩中通常伴生有稀土元素，磷块岩型稀土是一种潜在的具有很高开发利用价值的稀土资源。我国磷块岩型稀土矿分布广泛，稀土含量较高，具有综合回收价值，是仅次于独立稀土矿床的伴生稀土资源。从磷矿中提炼稀土资源可以获得很好的经济效益和社会价值，能有效缓解我国南方离子吸附型稀土开采带来的环境污染和生态破坏，为日益枯竭的稀土资源提供了新的来源(陈满志等，2019)。

二、铁质岩型稀土矿

铁质岩是指含大量铁矿物的沉积岩，若其中铁矿物含量很高且达到工业品位时，即为沉积铁矿。铁质沉积岩中常见的铁矿物包括赤铁矿、针铁矿、褐铁矿和磁铁矿等。赤铁矿是前寒武纪和显生宙铁质岩的重要组分，针铁矿是中生代铁质岩的主要组分。磁铁矿在前寒武纪铁质岩中大量存在，常与燧石互层。铁的碳酸盐主要以菱铁矿形式出现。在一些非海相的富含有机质的泥岩中，尤其是煤系中，菱铁矿常呈结核体或放射状球粒结构的形式产出。

铁质岩中的稀土异常富集并不多见，但在我国贵州中部清镇、修文和开阳等地石炭系铝土矿底部的"清镇式"铁矿中，稀土含量较高。该铁矿层被认为是湖泊沉积的产物。铁质岩主要由赤铁矿和菱铁矿组成，在清镇含铁岩系中稀土元素较为富集，ΣREE 为 75.71×10^{-6}～859.45×10^{-6}，铁质岩中 Zr、Ga、Ge、Sc、Ti 元素富集，其中金属 Sc 含量在 20×10^{-6} 左右，具有开发利用价值。铁质岩的 Sr/Ba 值均大于 1，Th/U 值在 2～7 之间，与二叠系"山西式"铁矿类似，表明铁质岩沉积受到海水的影响，是湖相环境下沉积的产物(杨瑞东等，2011)。

三、黏土岩型稀土矿

在川滇黔相邻区峨眉山玄武岩之上，上二叠统宣威组(P_3x)底部发育一套富稀土高岭石质黏土岩建造，分布广泛，连续性好，厚度 2～16m。稀土品位较高，平均为 0.21%，最高品位达1.60%，已查明REO资源量达30.40万t以上。稀土配分模式显示，重稀土占比23.94%，高价值稀土元素Pr占比4.98%，Nd占比15.01%，Tb占比0.52%，Dy占比2.83%，并伴生有Nd、Zr、Ga、Sc、Ti等(中国地质科学院矿产综合利用研究所，2020)，具有极大的开发利用前景(Gong et al.，2020)。

有关川滇黔相邻区宣威组稀土富集最早的报道出现在《贵州1∶20万威宁幅区域地质调查报告》(贵州省地质矿产勘查开发局，1972)中。该报告指出，威宁鹿房的宣威组底部见稀土矿化层，且伴生有Ga、U、Th、Nb。随后陆续有研究者对此处稀土的成矿模式进行研究，关于此矿床类型研究的主要的观点有：①离子吸附型稀土矿床(曾励训，1989)；②风化壳型铁稀土矿床(王伟，2008)；③玄武岩风化壳型稀土矿床(杨瑞东等，2006；葛枝华，2018)；④峨眉山玄武岩风化-沉积型稀土矿床(周灵洁，2012；张海，2014；吴承泉等，2019)。近年来，也有学者将其定义为沉积型稀土(胡从亮等，2006；田恩源等，2021)。

川滇黔相邻区宣威组稀土的赋存状态非常复杂，且存在较大争议。前人通过显微镜鉴定、X射线衍射、红外吸收光谱分析、扫描电镜微区能谱分析和电子探针分析等手段对宣威组沉积型稀土的赋存状态进行了研究，主要有以下几种认识：①稀土元素主要由离子吸附相和富含稀土元素的残余独立矿物相组成，与高岭石等黏土矿物含量密切相关(周灵洁，2012)；②稀土以类质同象为主，并以类质同象和含离子吸附相(约20%)两种形式赋存于高岭石质黏土岩中(徐莺等，2018)；③高岭石硬质黏土岩中包含离子吸附态和胶体吸附态的混合态稀土(吴承泉等，2019)。

综上所述，川滇黔相邻区宣威组稀土与南方离子吸附型稀土的矿物组成基本一致，稀土品位与高岭石(60%～80%)含量呈明显的正相关。稀土元素至少有3种以上的赋存状态：独立矿物态(<1%)、类质同象态(<1%)和离子吸附态(0.02%～24%)，尚有75%以上的稀土可能以纳米矿物的形式赋存于高岭石层间。目前，该类型稀土的综合利用已经取得了突破性进展，有望成为一种全新类型的稀土资源(徐璐等，2020)。

四、深海沉积物型

海底沉积物中富含大量稀土元素，主要分布于西太平洋深海稀土成矿带、中-东太平洋深海稀土成矿带及中印度洋海盆-沃顿海盆深海稀土成矿带。沸石黏土中稀土元素含量最高，深海黏土中稀土元素含量次于沸石黏土。现代深海沉积物中重稀土含量比陆壳沉积物中重稀土含量高，这可能与两者物质来源的差异有关。钙质软泥是深海沉积物中稀土含量最低，而Ce/Y值是最高的，这可能是因为沉积物中生物壳含量高，黏土含量低。从沸石黏土到深海黏土到钙质黏土再到钙质软泥，稀土元素含量由高到低，而Ce/Y值由小到大。随着沉积物中黏土和沸石含量增高，稀土元素的丰度也相应增加，呈明显的正相关关系，而稀土元素的丰度与有孔虫壳含量呈负相关。深海沉积物型稀土矿床主要分布在以下3个区域。

1.西太平洋深海稀土成矿带

2013年，日本在南鸟岛(亦称马库斯岛)附近海域调查发现，海底2m以下存在超高稀土元素含量的沉积物。该沉积物ΣREE最高达8000×10^{-6}，是目前已发现的稀土含量最高的深海沉积物。近年来，中国在西太平洋海域也发现了深海富稀土沉积，ΣREE最高达6000×10^{-6}。西太平洋海域ΣREE远高于其他海域，深海富稀土沉积主要发育于海底2m以下的层位，海底之下2～12m发育3层ΣREE超过2000×10^{-6}的稀土富集层。西太平洋深海稀土成矿带可能是全球富稀土沉积发育最好的成矿带之一。太平洋富稀土沉积物主要形成于热液活动，深海沉积物中的稀土元素主要存在于磷灰石中。对钙质沉积物进行化学分析发现，印度洋中脊区域深海沉积物中的稀土元素属于生物源，在一定程度上受陆源物质影响。

2. 中-东太平洋深海稀土成矿带

早在20世纪90年代，中国科学家就对中-东太平洋深海稀土成矿带的深海沉积物稀土元素特征进行了较系统的研究，该区域海底之下2m以内深海沉积物的稀土含量为400×10^{-6}～1000×10^{-6}。该海域表层沉积物的稀土元素含量的变化较大，具有很好的资源潜力。

中-东太平洋深海稀土成矿带内深海沉积物中稀土含量中等，但富稀土沉积层厚度较大，往往大于30m，局部超过70m。南太平洋和中-北太平洋的深海泥，可能是一种潜在的稀土资源。尽管目前对于深海泥的稀土富集机制还不是很清楚，但其来源无非是碎屑继承或者海相自生组分。

3. 中印度洋海盆-沃顿海盆深海稀土成矿带

中印度洋海盆-沃顿海盆深海稀土成矿带内，深海沉积物稀土含量中等，中印度洋海盆富稀土沉积赋存层位较浅，沃顿海盆赋存层位较深，与中-东太平洋富稀土成矿带相当，是全球非常重要的深海稀土成矿带。中印度洋洋盆北部主要受到陆源碎屑沉积控制，这些陆源碎屑主要为来自印度次大陆的河流沉积物。在中印度洋5°—15°S区域内，主要是硅质软泥的分布区，这里水深普遍超过5000m，远离大陆，因此钙质沉积和陆源碎屑较少。在硅质软泥分布区的南部，则是中印度洋洋盆铁锰结核的主要产区。在靠近洋中脊和海岭的区域，水深相对较浅，广泛分布了钙质沉积物。而在中印度洋15°S以南，由于远离大陆，受陆源物质的影响较小。2015年，中国首次在中印度洋海盆发现了大面积的富稀土沉积区，并通过后期的调查研究将富稀土沉积区的面积进一步扩大。近年来，中国科学家对富集区内深海沉积物稀土元素特征进行了大量研究，发现该区域深海富稀土沉积物中ΣREE最高可达2000×10^{-6}，主要发育于沉积物表层0～5m范围内。

第七节　镁铁质-超镁铁质系列

这类稀土矿床分布较少，主要分布在镁铁质和镁铁质-超镁铁质杂岩体中。如陕西省凤县九子沟铁镁质-超铁镁质风化壳中发育的稀土矿，地表出露或浅覆盖区均为风化层，地表露头及探槽中均未见到新鲜基岩，原岩基本解体，稀土元素被吸附在矿物晶粒表面及晶层间，与江西风化壳型稀土矿相似，稀土赋存类型为风化壳离子吸附型，稀土矿品位为

0.05%～0.36%。九子沟稀土矿赋存于九子沟铁镁质-超铁镁质杂岩体内，超铁镁质杂岩体作为稀土矿的母岩和围岩，对成矿起着直接的控制作用(张铭等，2018)。九子沟稀土矿矿石自然类型主要为黑云母透辉石岩，夹石主要为正长岩、细粒辉石岩、透辉正长岩，矿石和围岩没有明显的界线。矿石在地表或者近地表呈全风化状态，为松散砂状，其中的正长岩较为坚硬，难风化，呈半自形粒状结构，块状构造。矿石矿物主要有透辉石、斜长石、黑云母和磷灰石等。

第八节　其他伴生稀土

一、铁氧化铜金矿床中的稀土

铁氧化铜金矿床(iron oxide-copper-gold deposits，简称 IOCG)是一类受构造控制，具有大范围碱性蚀变(Na/K/Ca)的富铁氧化物(低钛磁铁矿、赤铁矿)热液型铜或铜-金多金属矿床(Williams et al，2005)。目前，IOCG 型矿床是全球最大的铀、第三大的铜和重要的金供给源，并伴生具有经济价值的 Fe、Ag、P、Co 和 Mo 等元素(Barton，2014；Zhu et al.，2018)，此外，IOCG 型矿床中稀土资源量占全球稀土资源量的 8.7%，是全球第五大稀土资源矿种(Weng et al.，2015)。

1. IOCG 型矿床中稀土的含量和分布

全球主要的富稀土 IOCG 型矿床中，稀土矿石量在 0.6～9 576.0Mt 之间。其中，奥林匹克坝矿床稀土资源量达到几千万吨，稀土品位约为 0.55%；豌豆岭(Pea Ridge)矿床稀土品位达到 12%。全球 6 个主要的富稀土 IOCG 型矿床主要集中在 4 个稀土成矿带上，分别为：①南澳 Gawler 克拉通，产出有奥林匹克坝矿床；②巴西 Carajás 成矿省，产出有 Alemáo/Igarape Bahia 矿床；③中国和越北的康滇成矿带，产出有迤纳厂、拉拉和新泉(Sin Quyen)矿床；④美国东南密苏里成矿带，产出有豌豆岭矿床。

IOCG 型矿床中稀土主要为轻稀土矿物，包括独居石、褐帘石、磷钇矿、氟碳铈矿、氟碳钙铈矿、磷铝铈石、榍石和硅钛铈矿等(表 2-19)。

表 2-19　世界主要的几个富稀土 IOCG 型矿床特征表

矿床名称	分布国家	矿石量 /Mt	Cu /%	REO/%	围岩	稀土矿物
奥林匹克坝	澳大利亚	9576	0.82	0.55	花岗质角砾岩	磷铝铈石、独居石、磷钇矿
Alemáo/Igarape Bahia	巴西	219	1.40	0.24	菱铁矿-绿泥石角砾岩	独居石、褐帘石、磷钇矿、氟碳铈矿、氟菱钙铈矿
迤纳厂	中国	20	0.85～0.97	0.5～1.5	变质火山-沉积岩	氟碳铈矿、独居石、褐帘石、菱铈钙矿

续表 2-19

矿床名称	分布国家	矿石量/Mt	Cu/%	REO/%	围岩	稀土矿物
拉拉	中国	73.6	0.83	0.14	变质火山-沉积岩	独居石、磷钇矿、氟碳铈矿、氟菱钙铈矿、褐帘石、榍石
新泉	越南	52.8	0.91	0.70	片麻岩和片岩	褐帘石、独居石、硅钛铈矿
豌豆岭	美国	0.60	0.43	12.00	角砾岩筒	独居石、磷钇矿、氟碳铈矿

2. IOCG 型矿产中稀土的富集机制

IOCG 型矿产矿床中稀土元素均不同程度地经历了活化和再沉淀过程。通过对康滇成矿带中 IOCG 型矿床稀土成矿作用的研究，Zhao 等(2019)认为 IOCG 型矿床中稀土成矿经历了 3 个阶段：第一阶段(早期 Fe-REE 成矿阶段)，稀土元素主要赋存于与磁铁矿伴生的磷灰石中；第二阶段(铜成矿阶段)，早期磷灰石和铁镁质火山岩中的稀土被成矿流体淋滤，短距离搬运后沉淀形成新的稀土矿物(如独居石、褐帘石和氟碳钙铈矿等)或磷灰石中的稀土包裹体；第三阶段(稀土活化阶段)，磷灰石中的稀土被热液流体再次活化，在磷灰石中沉淀为氟碳铈矿、独居石和少量磷钇矿包裹体，少量稀土被热液带出磷灰石，在其周围形成氟碳铈矿和独居石。

二、铝土矿中的稀土

铝土矿中常伴生有锂、稀土、镓、钪、钛和铌等元素(龙克树等，2019)，在部分铝土矿中，可见稀土独立矿物(磷钇矿、氟碳铈矿、氟菱钙铈矿、针磷钇铒矿、方铈矿、磷镧铈矿、氟碳铈镧矿、磷铝铈矿等)，其中，主要为镧、铈和钇族稀土独立矿物。由单个铝土矿床组成的国家或地区中，稀土的资源潜力从大到小可能依次为黑山、多米尼加、希腊、喀麦隆、印度、几内亚、西班牙、巴西和澳大利亚。由多个铝土矿床构成的国家或地区中，稀土总量的平均值类似，且资源潜力相对于单个铝土矿床的国家或地区可靠性强。就同一国家或地区(中国)不同矿床而言，我国北方(山西)相对南方(重庆、贵州、广西)铝土矿的资源潜力更大，且从南往北具有稀土资源潜力增大的趋势。在我国主要铝土矿床(区)中，以山西兴县的稀土资源潜力为最大，贵州铝土矿床的潜力普遍较低。

三、煤中的稀土

当煤中稀土元素富集程度达到工业品位时，可开发利用(孙玉壮等，2014)。煤在燃烧过程中，稀土元素的挥发性极小，大部分残留在煤灰中，因此在稀土元素含量较高的煤中，燃烧后残存的煤灰可以二次利用，进而延长煤炭产业链，提高煤灰的利用率，变废为宝。世界煤中稀土的含量平均值为 68.47×10^{-6}，中国煤中稀土的含量平均值为 135.89×10^{-6}（Dai et al.，2012），美国煤中稀土的含量平均值为 62.19×10^{-6}（Ketris and Yudovich，2009）。吴艳艳等（2010）对贵州凯里梁山组高硫煤中稀土进行系统研究发现，煤中稀土元素总量在 388×10^{-6}～1380×10^{-6} 之间变化，加权平均值为 874×10^{-6}。稀土元素的赋存主要受物源碎屑成分和后生沉积环境的影响，在煤中可能以独立的稀土矿物、磷酸盐矿物和黏土矿物等形式赋存，或与有机质结合。

根据煤中稀土元素的富集成因，可将煤矿型稀土矿床分为以下几种成因类型：碱性火山灰作用型、热液流体型和沉积源区供给型、或者是这几种因素组合的混合类型。碱性火山灰作用型稀土矿床往往也高度富集铌（钽）、锆（铪）和镓。稀土元素、镓、锆和铌的氧化物，在碱性火山灰作用型稀土矿床的煤灰中含量可高达 2%～3%。因此，在这种火山灰成因类型的矿床中，多种关键金属经常共同富集。热液流体型稀土矿床在新生代煤盆地（如俄罗斯滨海边区）和中生代煤盆地（如俄罗斯的外贝加尔和中西伯利亚的通古斯卡盆地）中有发现，这些稀土矿床的煤灰中总稀土元素含量一般为 1%～2%。

我国大型煤炭生产基地主要分布在北方，尤其是鄂尔多斯盆地北部，内蒙古大青山发现有煤层稀土含量达 721×10^{-6}，内蒙古准格尔黑岱沟和哈尔乌素 6 号煤层稀土含量分别达到 1031×10^{-6}、1347×10^{-6}。代世峰等（2003）研究发现以上地区富集稀土元素的煤层，其煤灰中的稀土元素也明显富集，如黑岱沟煤矿煤灰中 REO 平均值达 0.15%，哈尔乌素矿煤灰中 REO 平均值达 0.14%，官板乌素煤矿煤灰中 REO 平均值为 0.11%，阿刀亥煤矿煤灰中 REO 平均值为 0.98%。说明稀土元素在煤灰中显著富集，可以达到或高于工业品位，具备工业开发潜力。

在中国西南地区晚二叠世基性凝灰岩里发育的煤层中，稀土元素高度富集。以四川华蓥山煤中的稀土矿床（K1 煤层）为例，该煤层中稀土元素的富集是碱性流纹岩和热液流体共同作用的结果。K1 煤层中发育的 3 层夹矸，由碱性流纹岩蚀变形成，并高度富集稀土元素、铌和锆等关键金属。热液流体成因的稀土元素矿物（水磷铈矿）高度富集于 K1 煤层及其夹矸中。煤灰中包括锆（铪）、铌（钽）和稀土元素在内的氧化物的含量达 0.57%，具有重要的潜在开发价值。虽然该煤层准确的资源量或储量数据尚缺，但是该煤层分布面积广，在四川南部、重庆、贵州西部均有分布（如重庆松藻、中梁山、磨心坡和四川古叙等地），是西南地区重要的主采煤层。同时，在一些矿区的煤层中，其他关键金属也高度富集。例如在磨心坡矿，煤灰中 U 含量为 917×10^{-6}，V_2O_5 含量为 $13\,098\times10^{-6}$，Ga 含量为 67.1×10^{-6}，Cr_2O_3 含量为 8569×10^{-6}，La 含量为 6.21×10^{-6}，Se 含量为 160×10^{-6}。这为多种关键金属的综合开发利用提供了可能，在煤中进行关键金属的研究和开发利用意义重大（代世峰等，2003）。

第三章　国内稀土资源

第一节　国内稀土资源概述

我国稀土资源以正长岩-碳酸岩型轻稀土为主，该类稀土占全国稀土资源总量的98%。稀土矿物主要为氟碳铈矿和独居石。除岩矿型轻稀土资源外，我国还有一定数量的离子型稀土资源，不足全国稀土资源总量的2%。离子型稀土分为离子型轻稀土和离子型中—重稀土，但离子型中—重稀土在整个离子型稀土中占比不到20%。离子型稀土的分布相对分散，主要分布在赣南、闽西龙岩、广东粤北、桂东南、桂西、滇中、滇西和湘南等地区，以赣南的足洞离子型重稀土矿最为著名。近年来，我国在川滇黔相邻区还发现大量沉积作用形成的黏土岩型稀土，有望成为我国继离子型稀土后又一新的稀土来源。据统计，全国共有22个省(自治区、直辖市)发现了稀土资源，稀土矿床、矿点和矿化点达上千个，主要分布在内蒙古、福建、江西、湖南、广东、广西、云南、四川和山东等地区，在地理上形成更为细化的北、南、西、东分布格局(图3-1)。

根据2023年中国稀土产业发展前景预测与投资战略规划分析，随着我国稀土勘查程度的加强，我国稀土储量和资源量都有所增加，全球占比分别为38%和32%，均居全球首位。但多年来，我国是全球稀土第一生产大国，每年产量占全球产量的一半以上(如2021年中国产量16.8万t，占全球产量的60%)，稀土资源消耗过快。加之国外加大了稀土资源的勘查和开发力度，相继发现一些特大型稀土矿，我国稀土储量全球占比从改革开放前的90%左右下降到目前的38%，资源绝对优势地位逐渐减弱。同时，我国中—重稀土铽、镝、钬、铒、铥、镱、镥等元素储量均不到全球储量的10%，尤其是铽、镝两种元素储量全球占比仅为3.05%和1.23%，远远低于我国稀土总储量在全球稀土总储量中的占比，在全球处于劣势地位。

第二节　岩矿型稀土分布区

我国岩矿型稀土资源以正长岩-碳酸岩型稀土为主，相对集中分布在内蒙古的白云鄂博、四川的凉山州和山东的微山湖等地区。这些地区既是我国重要的稀土资源基地，也是我国重要的稀土产地。

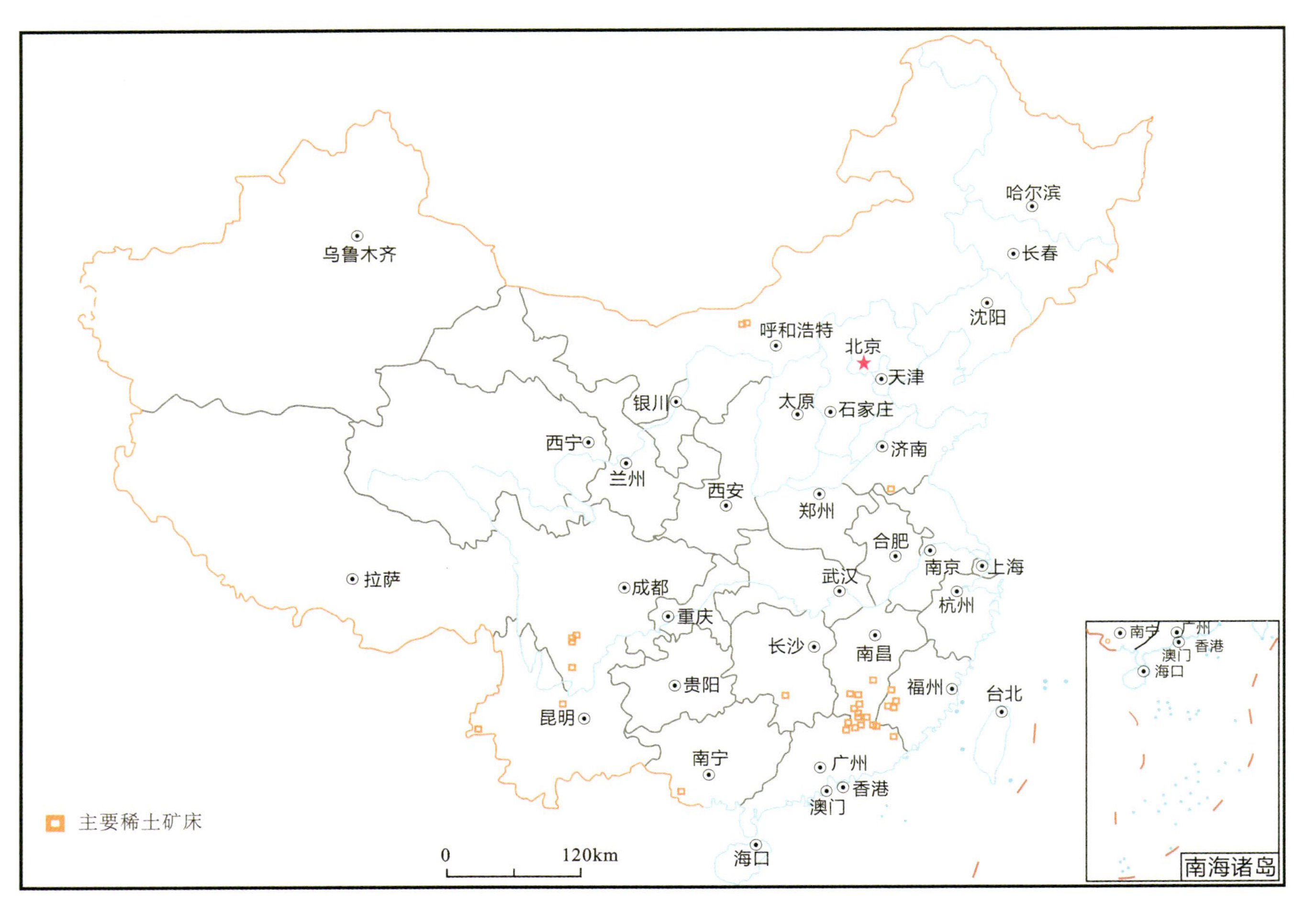

图3-1 全国主要稀土矿床示意图

一、内蒙古稀土资源

（一）地质背景概述

内蒙古自治区地处西伯利亚板块、哈萨克斯坦板块、塔里木板块与华北板块之间，经历了太古代—新生代漫长的演化历史，形成了复杂多样的地质构造类型和丰富的矿产资源，不仅是我国重要的矿产资源大省，更是重要的稀土矿产基地。内蒙古地质构造背景复杂，以高家窑-乌拉特后旗-化德-赤峰深断裂为界，南为华北陆块，北为天山-兴蒙造山系，西南部涉及塔里木陆块和祁连造山系。华北陆块具有典型的二元结构，结晶基底由太古宙（麻粒岩相-绿片岩相）兴和岩群、乌拉山岩群、集宁岩群和色尔腾山岩群构成，盖层由中元古代—古生代稳定陆表海碳酸盐岩-碎屑岩建造和中生代—新生代陆相盆地沉积组成（图 3-2）。

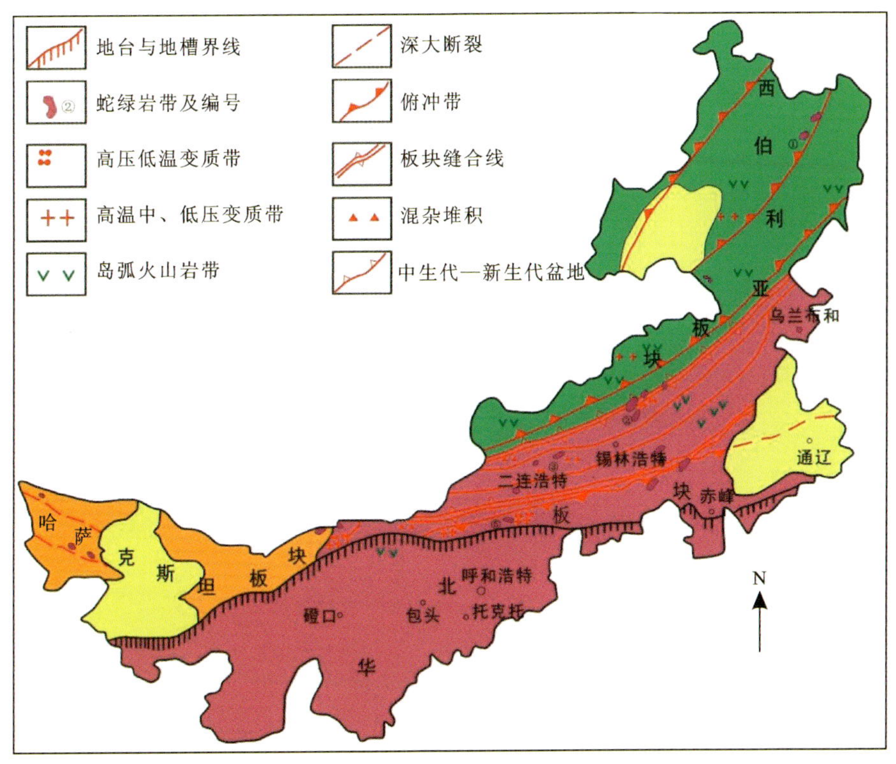

图 3-2　内蒙古自治区构造地质示意图

在古生代，陆块北缘还发育有岩浆岩。天山-兴蒙造山系是古亚洲洋发生、发展及消亡的重要场所。中生代在东部（包括陆块区和造山带）叠加了北东向的巨型火山岩带。在整个地质历史中，地层发育、岩浆活动、热水作用、变质作用和构造作用等具有长期性、多样性、复杂性。因此，成矿作用也必然是复杂的、多期次的、多样性的。内蒙古自治区地处古亚洲成矿域和滨太平洋成矿域，前者呈近东西向带状分布，后者呈北东向叠加在前者之上，西南端有一小部分跨入秦祁昆成矿域。矿产资源集中分布于“四带”和“三盆”内。“四带”指华北陆块北缘成矿带、突泉-翁牛特旗成矿带、东乌旗-嫩江成矿带和新巴尔虎右旗-根河成矿带，蕴藏了内蒙古两大稀土、稀有金属矿床(许立权等,2016)。

(二)稀土矿资源分布

内蒙古自治区稀土矿产资源丰富,已探明稀土矿产地 8 处,即包头市白云鄂博主矿铌稀土铁矿、包头市白云鄂博东矿铁铌稀土矿、包头市白云鄂博铁矿西矿区、包头市白云鄂博铁矿东矿区稀土矿、包头市白云鄂博都拉哈拉铌稀土矿、巴尔哲稀土矿、兴和县三道沟磷矿 6 号脉伴生稀土矿、丰镇市旗杆梁磷矿区伴生稀土矿)。其中,稀土矿产地 4 处,共生稀土矿产地 2 处,伴生稀土矿产地 2 处。已查明的稀土资源集中分布于包头市白云鄂博矿区和兴安盟科尔沁右翼中旗巴尔哲矿区,两处矿区的保有稀土资源储量占内蒙古自治区总量的 99.97%。

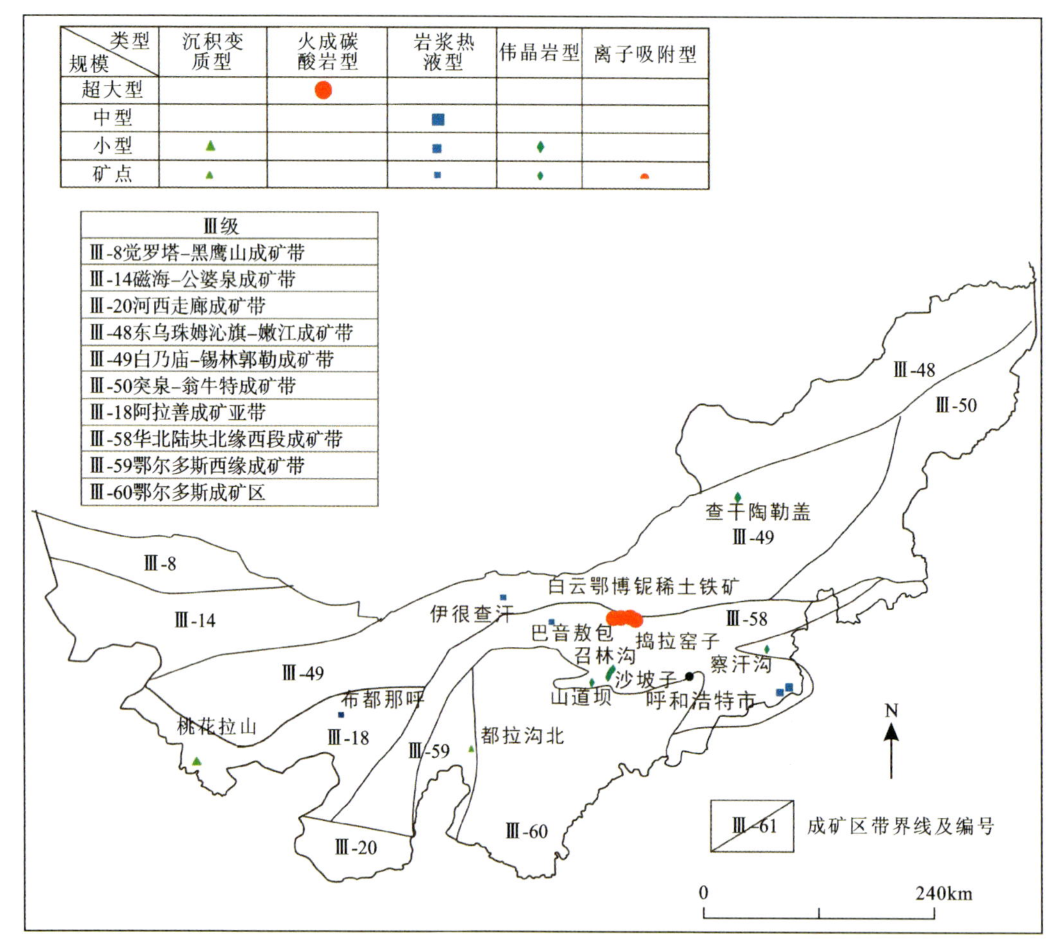

图 3-3　内蒙古自治区稀土矿床分布图(据赵泽霖等,2022)

(三)主要稀土矿床类型及特征

内蒙古自治区内已探明的稀土矿床,分布在华北板块北缘的华北陆块区内,在天山-兴蒙造山系额济纳旗-北山弧盆系有零星分布。地理上稀土矿主要集中分布在白云鄂博一带,其次分布于巴尔哲地区,在三道沟和桃花拉山等地也有少量分布。内蒙古自治区稀土矿的形成时代跨越时间较长，新太古代、元古宙和中生代均有分布，其中以中元古代为主。新太古代以三道沟式岩浆晚期型稀土矿为主，矿床主要产在侵入中太古界集宁岩群变质建造中的含磷透辉伟晶岩中，呈脉岩群产出，受多期构造变形及变质作用的影响，矿脉发生变形，矿床规模为小型(岩浆型)。古元古代形成的矿床，目前只发现桃花拉山一处小型矿床(沉积变质型)。中元古代是内蒙古自治区及全国最重要的稀土成矿期，形成了白云鄂博超大型稀土矿(沉积型)。中生代形成的岩浆晚期型稀土矿，以巴尔哲大型稀土矿为代表。

内蒙古自治区稀土矿床成因类型主要有沉积变质型、碳酸岩型和花岗岩型。

1. 沉积变质型稀土矿

目前仅发现桃花拉山稀土矿床，以铌矿的伴生元素形式存在，形成时代为古元古代。矿床分布于阿拉善陆块，赋存于古元古界龙首山群塔马沟组(或二道洼群)条带状大理岩中，矿体多为似层状，少数呈透镜状。矿体与围岩呈渐变关系，并可见同步褶皱现象，局部为断层接触。矿石自然类型分为大理岩型(褐铁矿化大理岩、黑云母大理岩)和片岩型(黑云方解片岩、绿泥钙质片岩、方解黑云片岩)两种。目前在两种不同类型的矿石中已发现 57 种矿物。主要工业矿物为铁矿、铁金红石、独居石、易解石、褐帘石、磷灰石和锆石等。

2. 碳酸岩型稀土矿

碳酸岩型稀土矿仅发现白云鄂博稀土矿床。白云鄂博稀土矿床是世界罕见的大型多金属共生矿床。矿床中矿物种类多，组成复杂，现已查明有 73 种元素和 170 多种矿物，其中 REO 品位为 5%～6%，是世界上最大的稀土矿床。含稀土矿物及其变种多达 28 种，有工业利用价值的主要为氟碳铈矿和独居石，同一种元素可存在于几种或十几种不同矿物之中。矿石类型多，嵌布粒度细，矿物间共生关系密切，矿石中 90%以上的稀土元素存在于独立矿物中，有 4%～7%分散在铁矿物和萤石中。稀土矿物粒度通常在 0.01～0.07mm 之间，其中，70%～80%的稀土矿物粒度小于 0.04mm。除有用矿物外，脉石矿物主要为钠闪石、钠辉石、黑云母、方解石、白云石、重晶石、磷灰石、黄铁矿、石英和长石等。

3. 花岗岩型稀土矿

花岗岩型稀土矿是内蒙古自治区重要稀土矿类型之一，主要代表为巴尔哲大型稀有稀土矿床，成矿与(岩浆分异晚期)过碱性花岗岩(钠闪石花岗岩)有关。岩体具有明显的水平分带和垂直分带。矿化与蚀变强弱密切相关，岩体自上而下蚀变由强变弱，稀有稀土元素含量由高变低。主要工业矿物有羟硅铍矿、铁矿、锌日光榴石、烧绿石、独居石和锆石。

(四)远景资源量

根据内蒙古自治区的稀土矿床分布情况和特征，共划分出 4 种稀土矿预测类型和 4 个预测工作区(表 3-3)。根据《内蒙古自治区稀土矿产资源利用现状调查成果汇总报告》，内蒙古自治区累计查明稀土资源储量居全国之首，稀土资源十分丰富。

表 3-3 内蒙古自治区稀土矿预测工作区一览表

序号	矿产预测类型	成矿时代	矿种	典型矿床	构造分区名称	研究范围	预测方法类型	预测工作区名称	全国矿产预测类型
1	白云鄂博式碳酸岩型稀土矿	Pt_2	Fe、Nb、REE	白云鄂博矿床	狼山-白云鄂博裂谷	白云鄂博地区	碳酸岩型	白云鄂博式沉积型稀土矿白云鄂博预测区	白云鄂博式
2	桃花拉山沉积变质型稀土矿	Pt_1	Nb、REE	桃花拉山矿床	龙首山基底杂岩带	桃花拉山	变质型	桃花拉山变质型稀土矿桃花拉山预测工作区	桃花拉山式
3	巴尔哲式花岗岩型	K_1	REE Nb、Be	巴尔哲矿床	锡林浩特岩浆弧	巴尔哲地区	侵入岩体型	巴尔哲式侵入岩体型稀土矿巴尔哲预测工作区	巴尔哲式
4	三道沟式岩浆型	Ar_3—Pt_1?	P、REE	三道沟矿床	固阳-兴和陆核	三道沟地区	复合内生型	三道沟式复合内生型稀土矿三道沟预测工作区	三道沟式

二、山东稀土资源

(一)地质背景概述

山东省区域地层主要发育元古宇、寒武系、奥陶系、白垩系和第四系。其中,元古宇主要在区域的东北部零散分布,岩性以片岩、含石墨岩系、碳酸盐岩、泥岩和碎屑岩为主;寒武系在区域的中西部有较大面积出露,岩性以深红色泥岩、页岩、灰岩和白云岩为主;奥陶系主要在区域的中部和西南部小面积出露,岩性以灰岩和白云岩为主;白垩系主要在区域的东北部和东部有较大面积出露,岩性以砾岩、细砂岩、流纹质凝灰岩夹中基性火山熔岩为主;第四系主要在西北部和西南部大面积出露,岩性为粉砂质黏土。

区内岩浆活动频繁,除中太古代、新太古代、中生代和新生代有较多火山活动外,其他年代以岩浆侵入活动为主。岩浆岩大面积出露,约占山东省陆地面积的一半。中生代岩浆岩出露面积最大,其次是元古宙和太古宙岩浆岩。沂沭断裂带是区域内最显著的断裂构造,其两侧构造线向沂沭断裂带逐渐收敛,两侧呈北东向和北西向辐射的"羽状"或"扇状"格局。其中,沂沭断裂带东侧区域内断裂以北东向为主,沂沭断裂带西侧区域内断裂以北西向为主(宋明春,2008)。

山东省稀土矿床(点)产出的地质背景不同,成因各异,按成因类型可主要划分为与碱性岩-碳酸岩有关的岩浆热液型稀土矿床和与花岗岩有关的伟晶岩型稀土矿床(表 3-4)。目前,仅微山郗山稀土矿床经过系统勘查评价,达到大型稀土矿床的规模。

表 3-4 山东省稀土矿床(点)分类表

类型	实例	区域位置		地层	赋存状态	矿产	矿体特征
		地理位置	构造部位				
与碱性岩-碳酸岩有关的岩浆热液型稀土矿床	郗山稀土矿	微山县韩庄镇郗山村	鲁中隆起凸起边缘	第四系	侵入岩	镧、铈、镨、钕、钇、钍	矿体主要为含稀土石英重晶石碳酸岩脉和含稀土碱性岩体，总体呈单脉、网脉状的矿脉群产出。单矿体长度为 30～540m，宽度为 0.10～9.19m，矿体厚度在 0.15～4.50m之间，矿体分叉、膨缩频繁，多呈沿走向过渡为细脉状或细脉浸染状分布
	龙宝山稀土矿	兰陵县龙宝山	鲁中隆起尼山凸起边部	张夏组、馒头组	侵入岩	镧、铈、金	Ⅰ号矿体总体走向 55°，倾向南东，矿体长 250m，控制斜深 140m，厚度在 0.64～2.79m之间，平均厚度为 1.45m，单工程品位在 1.02%～2.28%之间，矿体平均品位为 1.88%。 Ⅲ号矿体为矿床内主要矿体之一，位于龙宝山南侧，走向北东，倾向北西，倾角 64°～81°。矿体长 400m 左右，控制斜深 150m，厚度在 0.22～4.54m 之间，平均厚度为 1.38m。单样品最高品位为 18.56%，单工程品位在 1.16%～9.69%之间，平均品位为 3.62%。 Ⅴ号矿体走向北北东，倾向北西西，倾角 50°～70°。矿体长度为 160m，厚度为 2.10～7.09m。单工程品位在 1.62%～4.17%之间，矿体平均品位为 2.41%。 Ⅵ号矿体厚度达 26.9m，延长 60～90m，单工程品位在 2.06%～6.88%之间，最高达 7.27%，平均品位为 3.46%
	关帝庙稀土矿	枣庄市薛城区沙沟镇东	鲁中隆起峄城凸起边部	第四系	侵入岩	镧、铈	Ⅰ号矿体厚度为 1.14m，品位为 0.58%～1.65%，平均品位为 1.18%，推测矿体总体走向为 325°，倾向南西，倾角为 75°。矿体呈网脉状赋存于含磷灰石黑云母角闪石岩裂隙中。 Ⅱ号矿体厚度为 4.0m，品位为 0.50%～1.51%，平均品位为 0.97%。推测矿体总体走向为 325°，倾向南西，倾角为 75°。 Ⅲ号矿体厚度为 1.50m，品位为 0.70%～1.58%，平均品位为 1.08%，推测矿体总体走向为 325°，倾向南西，倾角为 75°

续表 3-4

类型	实例	区域位置		地层	赋存状态	矿产	矿体特征
		地理位置	构造部位				
与碱性岩-碳酸岩有关的岩浆热液型稀土矿床	胡家庄稀土矿	济南市莱芜区胡家庄村北	鲁中隆起博山凸起边部	馒头组	侵入岩	镧、铈	Ⅰ号矿体长800m，宽200m左右，倾向北北东，倾角5°～15°，平均品位为1.01%，平均厚度为0.84m。 Ⅱ号矿体长1100m，宽150m左右，倾向北北东，倾角10°左右，平均品位为1.10%，平均厚度为0.86m。 Ⅲ号矿体长1000m，宽200m左右，倾向北北东，倾角10°左右，平均品位为0.95%，平均厚度0.80m
	石马稀土矿	淄博市博山区石马村	鲁中隆起博山凸起边部	马家沟组	侵入岩	镧、铈	Ⅰ号矿体东西延长220m，南北延伸130m，最大厚度为7.67m，最小厚度为2.98m，平均厚度为4.8m。单样最高品位为0.19%，平均品位为0.13%，矿体走向70°，倾向北西，倾角±5°。 Ⅱ号矿体走向70°，倾向北西，倾角5°，东西延长700m左右，南北延伸400m左右，最大厚度为5.48m，最小厚度为1.0m，平均厚度为3.0m，平均品位为0.21%
与花岗岩有关的伟晶岩型稀土矿床	塔埠头稀土矿	莱西市后塔埠头	莱阳凹陷与荆山凸起相接地带	荆山群野头组	侵入岩	镧、铈、钍	Ⅰ号矿体长43m，平均厚度为1.57m，延深20m，走向112°，倾向22°，平均倾角68°，平均品位为2.47%，最高品位达4.35%。 Ⅱ号矿体长57.5m，平均厚7.47m，延深30m，走向90°～110°，倾向360°～20°，平均倾角32°，平均品位为1.48%，最高品位达4.08%。 Ⅲ号矿体长60m，平均厚3.66m，延深43m，走向72°，倾向342°，平均倾角35°，平均品位为1.56%，最高品位达3.62%。 Ⅳ号矿体长33.5m，平均厚2.85m，延深7m，走向65°，倾向335°，平均倾角58°，平均品位为1.17%，最高品位达2.62%
	大珠子稀土矿	日照市五莲县大珠子山	郝官庄大断裂北侧、诸城凹陷边部	中元古界上岩组	侵入岩	镧、铈、铀、钍、蓝晶石、石墨	Ⅰ号矿化体厚2.30m，长40～50m，平均品位为1.16%

（二）稀土矿资源分布情况

山东省稀土矿产资源主要分布在3个成矿亚带中（表3-5，图3-4）。自1962年以来，山东省开展了一系列的稀土矿勘查评价工作，发现大型稀土矿床1处（郗山稀土矿床），小型矿床2处（龙宝山稀土矿床、塔埠头稀土矿床），稀土矿点4处（关帝庙稀土矿点、胡家庄稀土矿点、石马稀土矿点、大珠子稀土矿点）（张鹏和兰君，2020）。

表3-5　山东省稀土矿床成矿带划分

<table>
<tr><th colspan="5">全国编号</th><th rowspan="2">典型矿床</th></tr>
<tr><th>Ⅰ级成矿域</th><th>Ⅱ级成矿省</th><th>Ⅲ级成矿区（带）</th><th>Ⅳ级成矿亚带</th><th>Ⅴ级成矿区</th></tr>
<tr><td rowspan="5">Ⅰ-4 滨
太平洋
成矿域</td><td rowspan="5">Ⅱ-5
华北
成矿省</td><td rowspan="3">Ⅲ-64 鲁西（段隆）Fe-Cu-Au-铝土矿-煤-金刚石成矿区</td><td rowspan="2">Ⅳ-6 枣庄-费城煤、铁、建材非金属成矿亚带</td><td>Ⅴ-34 枣庄-费城水泥灰岩成矿区</td><td>郗山稀土矿、关帝庙稀土矿</td></tr>
<tr><td>Ⅴ-31 山亭-兰陵 Fe、水泥灰岩成矿区</td><td>龙宝山稀土矿</td></tr>
<tr><td>Ⅳ-4 济南-淄博-临朐煤、铁、铝土矿成矿亚带</td><td>Ⅴ-17 莱芜大槐树-垛庄 Au-Fe 成矿区
Ⅴ-18 淄博 Fe、铝土矿、煤、水泥灰岩成矿区</td><td>胡家庄稀土矿、石马稀土矿</td></tr>
<tr><td rowspan="2">Ⅲ-65 胶东（次级隆起）Au、Fe、Mo、菱镁矿、滑石、石墨成矿带</td><td rowspan="2">Ⅳ-2 胶莱盆地萤石、重晶石、膨润土成矿亚带</td><td></td><td>塔埠头稀土矿</td></tr>
<tr><td></td><td>大珠子稀土矿</td></tr>
</table>

山东省目前只有郗山稀土矿和龙宝山稀土矿在开发利用，其中郗山稀土矿正在进行深部扩界开采，龙宝山稀土矿已闭坑停采。山东稀土加工企业主要分布于淄博、威海、青岛、烟台、泰安、济南、潍坊、莱芜、济宁、东营和聊城等地，总体来说，山东省稀土矿对稀土需求量较大，而开发利用程度较低。

（三）主要稀土矿床类型及特征

山东省稀土矿床按其成因主要分为与碱性岩-碳酸岩有关的岩浆热液型稀土矿床和花岗伟晶岩型稀土矿床。

1. 岩浆热液型稀土矿

山东省郗山稀土矿是我国第三大轻稀土矿产地，也是目前山东省唯一具有采矿许可证的中型稀土矿山。郗山稀土矿床总体上由一系列北西向和南西向陡倾的矿脉组成，在北西向断裂构造带、碱性正长岩体和片麻状花岗闪长岩中产出。矿脉多为含氟碳铈矿石英重晶石脉，

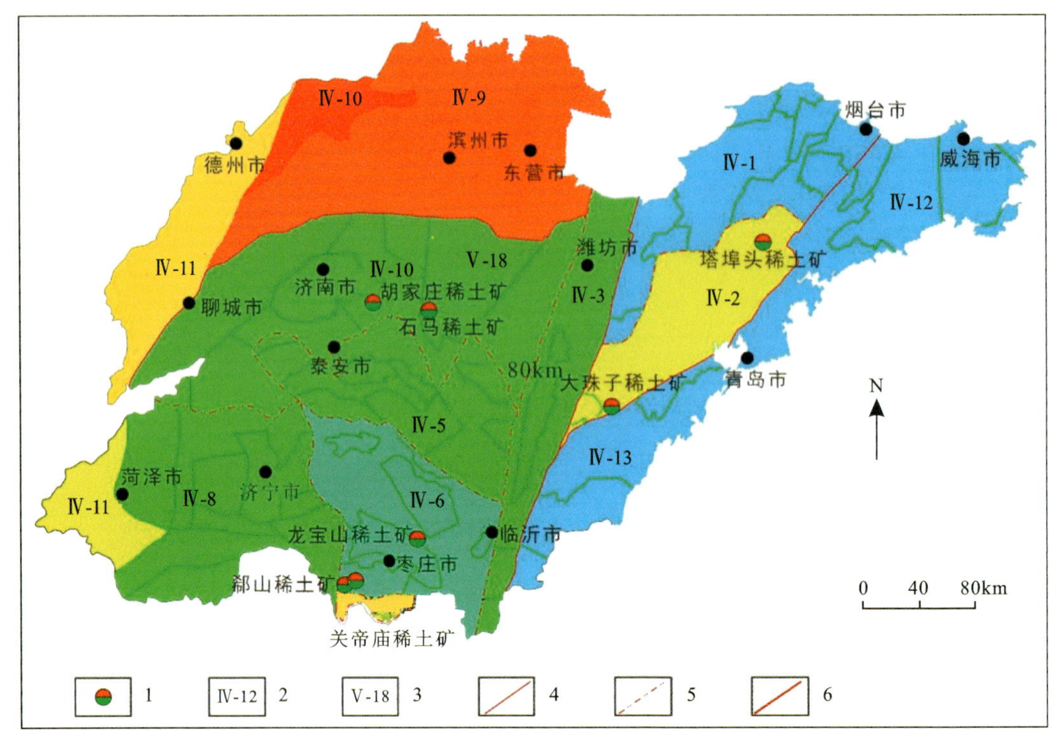

1. 稀土矿床(点);2. Ⅳ级成矿区划;3. Ⅴ级成矿区划;4. Ⅲ级成矿带边界;5. Ⅳ级成矿带边界;6. Ⅴ级成矿带边界

图 3-4 山东省稀土矿床(点)分布及成矿区划图(据张鹏和兰君,2020)

北西向和北东向断裂为导矿和容矿构造,一般是成矿前或成矿期构造。矿石矿物以氟碳铈矿、氟碳钙铈矿和独居石为主,与方解石、重晶石、石英和黄铁矿等共生组成矿脉。围岩为片麻状花岗闪长岩和正长岩类,碱性交代蚀变和稀土矿化现象明显,围岩裂隙越多含矿性越大(冯玺平,2020)。

1)矿床地质特征

区内构造简单,断裂构造具多期活动特征。根据矿区内发育的断裂构造与成矿的时间先后顺序关系,划分出成矿前、成矿期和成矿后 3 期构造。成矿前断裂是岩浆通道,由正长岩类及脉岩充填。成矿期断裂继承了成矿前断裂的活动特征,是控矿构造也是赋矿构造,不论规模大小基本都赋存矿脉。成矿后活动的断裂对矿脉的整体性和连续性具有破坏作用,有的矿体破碎呈角砾状,有的矿脉被错断。

区内主要有两期侵入岩分布:一是新太古代片麻状中粒花岗闪长岩和片麻状中-粗粒二长花岗岩;二是燕山期正长岩类(石英正长岩、霓辉正长岩等)和碱长花岗岩,构成郗山碱性杂岩体。与稀土成矿有关的主要是燕山期郗山碱性杂岩体,出露面积仅 0.2km^2,从北西向南东延伸,呈"枝杈"状侵入片麻状花岗闪长岩中,且接触界线清晰。此外,矿区有少量闪长玢岩和煌斑岩等岩脉发育。

2)矿体特征

稀土矿体多围绕郗山正长岩体分布,赋存于北西向断裂构造带内正长岩体和片麻状花岗闪长岩中,产状、形态及空间分布等严格受构造控制。矿体成群产出,形态呈脉状、带状、不规

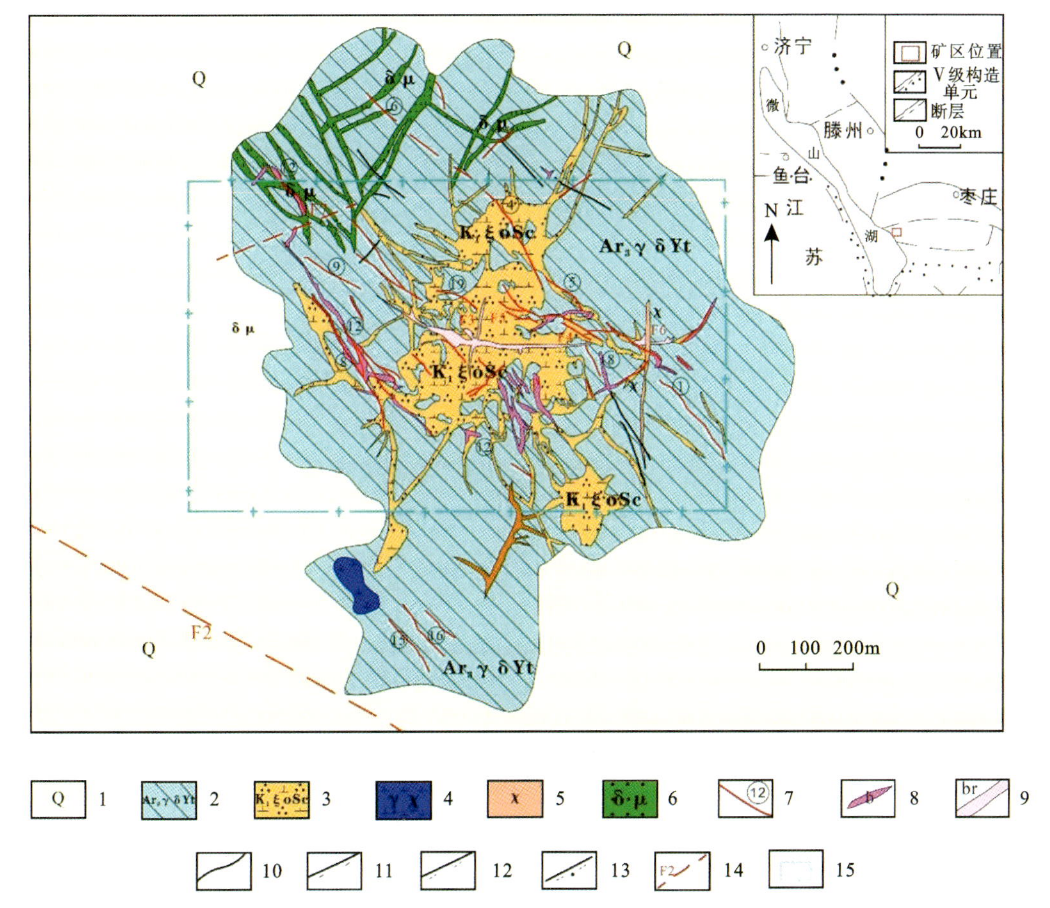

1. 第四系；2. 新太古代中粒花岗闪长岩；3. 正长岩；4. 碱长花岗岩；5. 煌斑岩脉；6. 闪长玢岩脉；7. 稀土矿脉；8. 矿化体；9. 角砾岩；10. 实测地质界线；11. 压性断层；12. 压扭性断层；13. 正断层；14. 推测断层；15. 采矿权范围

图 3-5　山东郗山稀土矿床矿区地质图(据冯玺平，2020)

则透镜状及长条状。矿化连续性较好，向深处延伸具分枝复合和尖灭再现等现象，不同方向的矿脉常相互穿插。不同矿体规模、组分和品位等变化较大。矿体中稀土矿物与方解石、重晶石和石英等脉石矿物共生，呈单脉状、网脉状或浸染状侵入片麻状花岗闪长岩和碱性岩杂岩体中。单脉状矿体是最主要的矿脉类型，与岩体接触界线清楚，长度达 30～540m，脉幅宽大，宽度为 9.2～10.0m，矿化较为连续，具有分枝复合的特征。郗山周边已发现含稀土矿脉 60 余条，进行编号的矿体有 31 条，达到详查评价条件的有 8 条，稀土氧化物品位一般为 1.01%～5.64%，最高可达 24.28%。

含稀土矿物有氟碳铈矿、氟碳钙铈矿、菱钙锶铈矿、独居石、钍石、富铀烧绿石、铈磷灰石、碳酸锶铈矿、硅钛铈矿和碳酸铈钠矿等。含稀土矿物以氟碳铈矿和氟碳钙铈矿为主。脉石矿物主要为石英、重晶石、方解石、萤石、白云石、白云母等，同时含有黄铁矿、黄铜矿、方铅矿和闪锌矿等金属硫化物。

3)成矿时代

郗山碱性杂岩体的成岩年龄介于 130～120Ma(梁雨薇等，2017；Wei et al.，2019)，成矿时代为 120～110Ma(Wei et al.,2019),但不同岩性的侵入期次不同,霓辉正长岩和霓辉正长斑岩早于石英正长岩。岩浆岩元素地球化学特征及同位素特征表明:成岩岩浆来源于富集地幔并混染了地壳物质;郗山碱性杂岩体形成的大地构造背景为华北板块活动克拉通东南缘以挤压为主向以拉张为主的转变环境;郗山碱性杂岩体是太平洋板块向华北板块俯冲碰撞后伸展期内碱性岩浆活动的产物(冯玺平,2020)。

4)矿床成因及成矿模式

矿区内碱性岩的岩浆活动、成岩作用和稀土矿的成矿作用均受断裂构造控制,且断裂具有深大断裂背景,能够切割至上地幔,表明郗山稀土矿成矿流体具有地幔流体的特征。软流圈物质的上涌诱发了华北板块东南缘岩石圈富集地幔的部分熔融,导致酸性富 CO_2 硅酸盐岩浆形成。岩浆沿深断裂上升逐渐演化为正长岩岩浆并形成岩浆房。随着华北克拉通边缘岩石圈大规模减薄,地下深部压力超过临界压力时,岩浆房顶板破裂,岩浆沸腾并迅速上涌,形成正长质岩石。在岩浆沿断裂构造侵位过程中,随着矿物的结晶和温度的降低,岩浆演化至热液期并分异出富 REE 流体,流体沿裂隙进入围岩,稀土矿物大量结晶与后期形成的低温硫化物共同组成矿脉(图 3-6)。

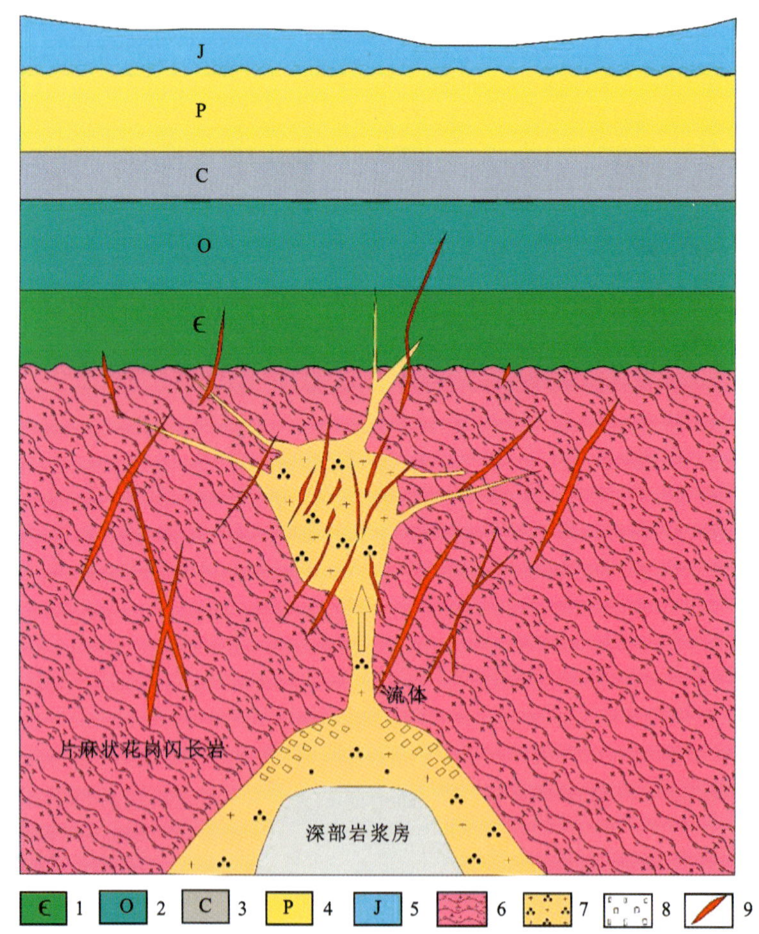

1.寒武系;2.奥陶系;3.石炭系;4.二叠系;5.侏罗系;6.片麻状花岗闪长岩;7.石英正长岩;8.伟晶岩;9.稀土矿体

图 3-6 山东郗山稀土矿床成矿模式图(据冯玺平,2020)

2. 花岗伟晶岩型稀土矿床

山东省莱西市塔埠头稀土矿是一个与花岗岩有关的伟晶岩型稀土矿床，位于山东省莱西市西南约2.0km，居于胶莱盆地东部的莱阳凹陷与荆山凸起相接地带。稀土矿体主要赋存于花岗伟晶岩脉及其附近围岩中，远离杂岩体则无矿化现象。目前共探明4个工业矿体，平均品位为1.60%，并伴生U、Th、Nb、Ta、Zr等元素，为一小型伟晶岩型稀土矿床。

Ⅰ号矿体长43.00m，平均厚1.57m，延深20.00m。走向112°，倾向22°，平均倾角68°。稀土氧化物平均品位2.47%，最高达4.35%。

Ⅱ号矿体长57.50m，平均厚7.47m，延深30.00m。走向90°～110°，倾向360°～20°，平均倾角32°。稀土氧化物平均品位1.48%，最高达4.08%。

Ⅲ号矿体长60.00m，平均厚3.66m，延深43.00m。走向72°，倾向342°，平均倾角35°。稀土氧化物平均品位1.56%，最高达3.62%(汪子杰和徐晓慧，2018)。

Ⅳ号矿体长33.5m，平均厚2.85m，延深7m，走向65°，倾向335°，平均倾角58°，稀土氧化物平均品位为1.17%，最高达2.62%。

(四)远景资源量

根据2011年的《山东省稀土矿资源利用现状调查成果汇总报告》，山东省稀土矿床有2个，中型1个，小型1个。最新的统计表明：山东省稀土氧化物储量上千万吨，居全国第二位。资源储量主要分布于济宁市微山县和青岛市莱西市境内。

三、四川稀土资源

(一)地质背景概述

四川省稀土矿分布于上扬子陆块西部边缘，沿丹巴-茂汶断裂-小金河断裂东侧一线分布。与稀土成矿和分布有关的断裂带主要有茂汶深断裂带、小金河断裂带、北川-映秀断裂带、金河-箐河断裂带、南河-磨盘山断裂带、安宁河断裂带和小江断裂带。这些断裂构造通常是岩浆上升的通道，稀土矿常沿这些断裂带成群分布。如牦牛坪式稀土矿床分布于小金河断裂带、金河-箐河断裂带和南河-磨盘山断裂带组成的断裂系统内(孙明全等，2017)。

四川攀枝花-西昌地区是我国重要的稀土成矿区之一。20世纪60年代，该区发现了冕宁三岔河、包子村、里庄和木落寨等稀土矿床(点)，后来又陆续发现了冕宁牦牛坪、麦地和德昌大陆槽等中—大型稀土矿床，构成北起冕宁牦牛坪，南经里庄直至大陆槽以南，呈北东向展布，纵贯冕宁、西昌和德昌3县(市)的攀西稀土成矿带，全长约270km，宽约15km(傅太宇等，2015)。

冕宁-德昌喜马拉雅期稀土成矿带位于扬子克拉通的西缘，后者经历了复杂的构造演化过程，包括元古代岩石圈增生、古生代-中生代被动大陆边缘以及新生代碰撞造山。扬子克拉通的基底由太古界高级变质岩和元古界变质沉积岩组成，并被显生宇碎屑岩和碳酸盐岩覆盖。该矿带以北，元古界康定花岗岩在扬子克拉通西缘活动带的大量发育表明：在元古代前原特提斯洋板块向扬子克拉通下俯冲。以古生代金沙江缝合带为标志的古特提斯洋板块于早二叠世向西俯冲,导致了扬子克拉通西缘转变为被动大陆边缘。中二叠统溢流玄武岩和少量橄榄岩以及辉石玄武岩覆盖于扬子克拉通的西部,形成面积达 50 万 km^2 的大火成岩省。伴随地幔柱活动,在扬子克拉通的西缘形成了近南北向展布的攀西古裂谷。

(二)稀土矿资源分布情况

四川已发现稀土矿床及矿点 22 处(表 3-6),其中矿床 8 处(大型矿床 3 处,中型矿床2 处,小型矿床 3 处),矿(化)点 14 处,但多数矿床勘探工作程度不高,探明储量不多,工业矿床中以轻稀土为主。四川凉山州是四川稀土最集中的地区,形成了呈南北向长约 300km 的稀有稀土成矿带和集中分布区(图 3-7)。冕宁—德昌地区已探明稀土资源约 250 万 t,是寻找单一氟碳铈矿的最佳潜力区,预测资源远景超过 500 万 t。其中,牦牛坪稀土矿是一个世界级大型矿床,矿石埋藏浅、品位高、易采选、品质好。

表 3-6　四川稀土矿床(点)一览表

矿床名称	矿床规模	开发现状	成矿时代	矿床名称	矿床规模	开发现状	成矿时代
王家坪矿床	大型	未	泥盆世	阿月矿(化)点	矿点	未	印支期
红水沟矿(化)点	矿点	未	印支期	石马村矿(化)点	矿点	未	印支期
蔡玉矿(化)点	矿点	未	印支期	麻地矿(化)点	矿点	未	印支期
小合子矿(化)点	矿点	未	印支期	大陆槽矿床	大型	已	喜马拉雅期
三岔河矿床	小型	已	喜马拉雅期	茨达矿床	中型	未	第四纪
木落寨矿床	中型	已	喜马拉雅期	横海矿(化)点	矿点	未	印支期
牦牛坪矿床	大型	已	喜马拉雅期	草场矿(化)点	矿点	未	印支期
包子村矿床	小型	已	喜马拉雅期	干沟矿(化)点	矿点	未	晋宁期
羊房沟矿床	小型	已	喜马拉雅期	路枯矿(化)点	矿点	未	印支期
羊圈房矿(化)点	矿点	未	印支期	绿湾矿(化)点	矿点	未	第四纪
解放乡矿(化)点	矿点	未	印支期	半山田矿(化)点	矿点	未	第四纪

注:"未"表示未开发,"已"表示已经或正在进行开发。

四川稀土资源主要为轻稀土,稀土矿物主要以氟碳铈矿为主,其次为硅钛铈矿、氟碳钙铈矿和少量独居石,共伴生矿物有萤石、重晶石、天青石等,脉石矿物以石英、方解石为主,磁铁矿、长石、霓辉石、黄铁矿等次之。重稀土较少,主要矿石矿物为独居石、铌钇矿、褐钇铌矿、磷钇矿等。

(三)主要稀土矿床类型及特征

四川稀土矿床成因类型可分为 6 种,以碱性岩-碳酸岩热液型稀土矿为主(表 3-7)。

1. 碱性岩-碳酸岩热液型稀土矿

碱性岩-碳酸岩热液型稀土矿是四川储量最大的稀土矿床类型,主要有牦牛坪稀土矿、大

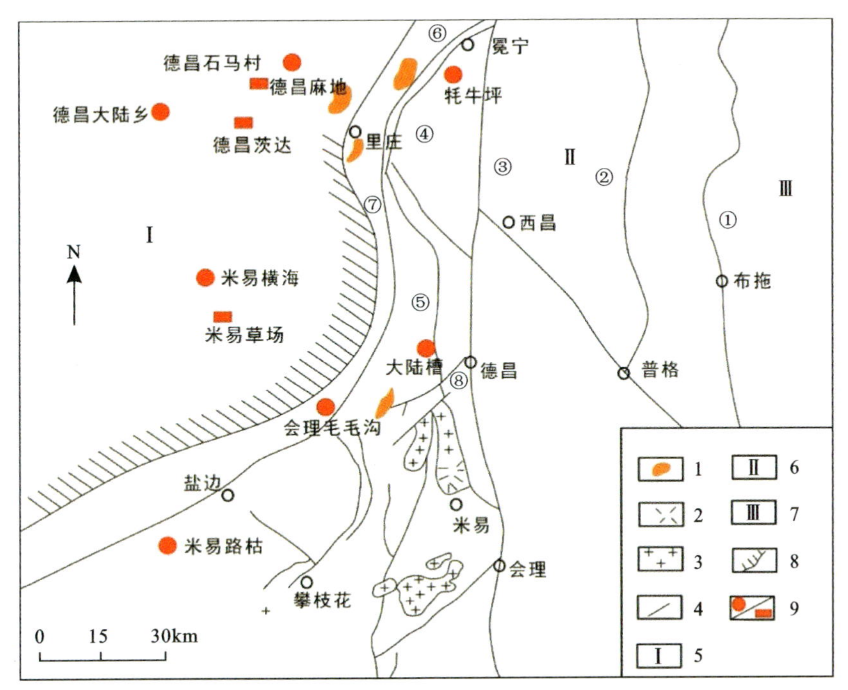

1.喜马拉雅期富稀土碱性杂岩；2.印支期正长岩；3.印支期碱性花岗岩；4.基底断裂；5.陆缘海相中生界分布区；6.前震旦系古陆分布区；7.古生界及陆相中生界分布区；8.构造单元分界线；9.轻/重稀土矿产地；①甘洛断裂；②小江断裂；③安宁河断裂；④南河断裂；⑤磨盘山断裂；⑥金河断裂；⑦小金河断裂；⑧大陆乡断裂

图 3-7 四川冕宁-德昌 REE 成矿带主要稀土矿床分布图

表 3-7 四川稀土矿床类型

矿床类型	主要工业矿物	主要有用组分	典型矿床
碱性岩-碳酸岩热液型	氟碳铈矿、重晶石、萤石	Ce	牦牛坪、大陆槽、木落寨、三岔河、里庄羊房河
磷块岩伴生型	胶磷矿、磷灰石	Y、Ce	王家坪
花岗岩风化壳型	富钍独居石、锆石、铌铁矿	Ce	麻地、石马村、阿月
残坡积型	独居石、磷钇矿、褐钇铌矿	Y	茨达、绿湾
花岗岩型	褐钇铌矿、铌铁矿、锆石	Y	草场、横海、解放乡、羊圈房、红水沟、蔡玉、小合子、干沟
碱性伟晶岩型	硅钛铈矿、铈磷灰石、铌钽铁矿	Ce、La、Nd	路枯

陆槽稀土矿、木落寨稀土矿和里庄羊房沟稀土矿等。成矿作用与喜马拉雅期碱性岩-碳酸岩体有关，受印度-亚洲大陆碰撞带东部一系列新生代走滑断裂系统控制。碱性岩-碳酸岩体沿深大断裂分布，以岩株、岩床、岩脉、岩瘤等形式产出。矿区蚀变以霓长岩化为特征，在杂岩体和矿体中形成规模不等的霓长岩蚀变晕。稀土成矿作用主要有 3 种样式，即大陆槽式、牦牛

坪式和里庄式。大陆槽式以爆破角砾岩筒矿化为特征，牦牛坪式以典型的脉状矿化系统为特征，里庄式则以浸染状矿化为特征。

2. 磷块岩伴生型稀土矿

富含稀土的沉积型磷矿广泛分布于什邡、绵竹和马边等地区。磷矿中常伴生稀土元素，其中绵竹市马槽滩王家坪磷矿为沉积型磷矿伴生稀土矿的典型代表，位于什邡市北西35km。王家坪磷矿区主要出露三叠系、二叠系、泥盆系和震旦系，磷矿赋存于泥盆系沙窝子组中。沙窝子组上段岩性主要为微晶白云岩、细晶白云岩和中晶白云岩，局部夹硅质白云岩、内碎屑白云岩和泥质白云岩。沙窝子组下段岩性为含磷段，由磷块岩、硫磷铝锶矿、含磷黏土岩及含磷碳质水云母黏土岩组成。矿体受兰坪倒转背斜控制，其形态与含矿地层相同，形成正、反两层隐伏矿。磷矿体一般厚0.02～36.78m，平均厚度8.20m。磷块岩位于含磷段底部，层位稳定，呈层状-似层状产出，厚度受底板古岩溶侵蚀面影响，变化较大。磷块岩中稀土含量一般为0.02%～0.15%，平均含量为0.06%，属于含量不均匀的组分。硫磷铝锶矿中稀土含量为0.13%～0.29%，平均含量为0.19%，属含量均匀组分。稀土元素以类质同象形式存在于胶磷矿中，与 P_2O_5 呈正消长关系（张彦斌等，2007；陈吉艳等，2010）。

3. 花岗岩风化壳型稀土矿

四川花岗岩风化壳型稀土矿中轻、重稀土共存。含矿原岩包含了各个时代的中酸性岩体，岩性有碱长花岗岩、碱性花岗岩、黑云二长花岗岩、黑云花岗岩和英碱正长岩等。岩体的稀土含量比较高，是稀土成矿的物质基础和前提条件。该类型稀土矿仅见于德昌阿月、会理半山田、德昌石马村和德昌麻地等地。会理半山田矿点成矿原岩为前震旦系河口组变质酸碱性火山岩和火山沉积岩，稀土含量为0.125%～0.196%，浸出相稀土含量为0.025%～0.094%。德昌麻地矿点原岩为印支期碱性花岗岩，稀土含量为0.060%～0.156%，浸出相稀土含量为0.040%～0.105%。

4. 残坡积型稀土矿

残坡积型稀土矿主要有德昌茨达重稀土矿和会理绿湾重稀土矿两处矿点。德昌茨达重稀土矿含矿原岩为茨达碱性花岗岩，矿体多呈扇状、透镜状、似层状，覆盖在花岗岩基岩上。茨达碱性花岗岩为椭圆形岩株，略向南西倾伏，出露面积2.1km²。与前震旦系变质岩和海西期辉长岩呈侵入接触，侵位较浅，属中浅剥蚀程度。茨达岩体不但是砂矿的成矿母岩，本身也有稀有稀土矿化，其中褐钇铌矿和锆石具一定潜力远景。岩体西高东低，东侧第四系发育，砂矿即产于残坡积和冲洪积松散层内。砂矿体呈透镜状、似层状，矿体大多出露地表，产状平缓。矿石矿物主要为褐钇铌矿和锆石，褐钇铌矿平均品位为110.97g/m³，锆石平均品位为867.90g/m³。褐钇铌矿化学成分主要为 Nb_2O_5（40%～47%）和REO（37.59%～41.80%），稀土总量中以重稀土为主，约占88.66%。锆石粒度一般为0.04～2mm，ZrO_2 含量一般为45.80%～51.11%。会理绿湾重稀土矿点含矿原岩为会理群河口组的变质酸性火山岩、火山沉积岩，属以独居石为主的风化壳型砂矿床，伴生有钇易解石、褐钇铌矿、磷钇矿和锆石等。

5. 花岗岩型稀土矿

这类矿床在四川省数量较多，以小型为主，属与铌钽伴生的稀土矿点。成矿作用与印支期含稀土铌钽碱性花岗岩有关。碱性花岗岩主要分布在康滇地轴南北向深大断裂带内，多呈岩脉状产出，主要有碱性正长岩、碱性正长伟晶岩、钠长岩及碱性花岗伟晶岩等。矿点分布在草场、横海、解放乡、羊圈房、红水沟、蔡玉、小合子、干沟等地区。会理干沟矿体与围岩产状一致，顶板常为金红石矿层，底板多为玄武质凝灰岩。矿石为矿化的变钾长流纹岩和流纹质凝灰岩。矿石矿物有铌钽铁矿、硅铈铌钡矿、烧绿石、氟碳钙铈矿和独居石等，还含有少量锆石、细晶石、铌钇矿、褐钇铌矿、磷钇矿和钍石等。脉石矿物主要为绢云母、石英、白云母和铁白云石。矿石中有用组分为 Nb_2O_5（0.050%～0.323%）、Ta_2O_5（0.005%～0.015%）、ZrO_2（0.44%～0.90%）、REO（0.16%～0.41%），以重稀土为主，Y_2O_3 含量为 0.043%～0.122%。

6. 碱性伟晶岩型稀土矿

该类型矿床主要有米易路枯小型铌钽伴生轻稀土矿。路枯稀土、铌、钽矿床位于攀枝花红格含铁基性-超基性岩体南端，包括南、北两个矿段。在康滇地轴沿着南北向深大断裂含铁基性-超基性岩体中分布有众多含稀土、铌、钽碱性岩脉，其热液作用形成了含稀土的铌、钽矿床。矿区出露上震旦统灯影组碎屑岩、碳酸盐岩，经接触变质形成片岩、角岩、大理岩等，厚度大于 210m。部分地段有昔格达组和第四系。海西期含铁基性-超基性岩体广泛侵入，是含稀土稀有矿脉的主要围岩。另有玄武岩、辉绿岩及印支期花岗岩出现，与成矿无直接关系。矿区构造以南北向或北东向断裂为主，对岩浆活动和矿脉产出有明显的控制作用。

矿区具有 159 条一定规模的含矿岩脉，略呈带状分布，形态较为复杂，多呈上大下小的不规则脉状，一般产状陡，以西倾为主。岩性有碱性正长岩、碱性正长伟晶岩、碱性钠长岩及碱性花岗伟晶岩等。岩脉从北西至南东碱性增强，规模变小，但钠长石化增加，稀土、铌、钽矿化程度增强。主要矿脉类型为碱性正长伟晶岩型和碱性钠长岩型。全区有 42 条矿脉，其中正长伟晶岩脉 19 条，钠长岩脉 12 条，钠长石化正长伟晶岩脉 10 条，碱性花岗伟晶岩脉 1 条。矿石中主要脉石矿物有微斜长石、条纹长石、钠长石等。稀有矿物有 16 种，如烧绿石、锆石英、褐帘石、硅钛铈矿、铈磷灰石、铌钽铁矿、铈硅矿、磷钇矿等。铌、钽及稀土主要在烧绿石、硅钛铈矿、褐帘石等矿物中，以镧、铈、钕占优势。

路枯稀土、铌、钽矿床已经过初步调查评价工作，主要工业矿石中稀有稀土元素的赋存状态已基本查明，稀土主要在硅钛铈矿、褐帘石、烧绿石中，为轻稀土富集型。稀土、铌、钽与特大型钒钛磁铁矿床共生，可作攀西钒钛资源的配套资源考虑利用。

（四）远景资源量

根据 2011 年《四川省稀土矿资源利用现状调查成果汇总报告》，四川 6 个稀土矿核查矿区均位于凉山州，其中大型 3 个，中型 1 个，小型 2 个。冕宁县 4 个，其中大型 2 个，中型 1 个，小型 1 个；德昌县 2 个，大型 1 个，小型 1 个。四川省已初步查明稀土矿氧化物(REO)资源储量几百万吨，资源量居全国第三位。

第三节　风化壳型稀土分布区

虽然我国稀土资源以正长岩—碳酸岩型等岩矿型为主，但是富含中-重稀土的风化壳型（离子吸附型）稀土更具价值。风化壳型稀土（离子吸附型）是中-重稀土最主要的来源，集中分布于江西、福建、湖南、广东、广西、云南等地。

一、江西省稀土资源

（一）地质背景概述

江西省地处滨（环）太平洋构造域华南板块，下部以横贯江西中部的萍乡-广丰深断裂为界，北属扬子陆块，南属南华造山带。江西地壳运动频繁，各时期构造运动表现十分强烈，并控制着区内构造形迹、岩浆岩和沉积岩的展布。花岗质岩浆多期次活动，不断分异演化，为内外生矿产的形成提供了条件和物质基础，使江西省成为我国重要的有色金属、稀有金属和稀土成矿区及生产基地（图 3-8）。

江西地质发展经历了地槽、地台、大陆边缘活动三大阶段。在时间上经历了晋宁-雪峰旋回（中元古代—震旦纪）、加里东旋回（寒武纪—志留纪）、海西-印支旋回（泥盆纪—中三叠世）、燕山旋回（晚三叠世—白垩纪）、喜马拉雅旋回（新生代）五大构造旋回。在空间上，大致以萍乡、鹰潭、广丰一线为界，分为两大构造单元，其北为扬子准地台，其南属华南褶皱系。在地质发展中，南、北两区存在显著的差别。

江西地区除志留系普遍缺失外，自老至新从震旦系至第四系均有出露，东部常缺失中、下泥盆统，下三叠统，西部常缺失下泥盆统，上三叠统，中侏罗统（或中、下统），新近系、古近系等岩层。以赣江和桃江分界，东部和西部的沉积环境及沉积相迥然不同，如下古生界奥陶系在西部较发育，为浅海相沉积，而东部则不发育或缺失；又如上古生界泥盆系，西部发育中、上统，为海相沉积，东部发育上统，为陆相或海陆交互相沉积。

江西省岩浆活动频繁而强烈，自中元古代至新生代均有活动，各类火成岩出露面积占全省面积的 1/4。分布最广泛的是酸性岩，花岗岩侵入体出露面积约 35 000km^2，酸性火山岩和次火山岩分布面积约 950km^2。各时代花岗岩中，以燕山期花岗岩出露最广，占全省花岗岩总面积的 70%。

根据前人调查，江西地区 12 个不同时代地层单位和各期花岗岩类的稀土平均含量（REO）分别为 243.99×10^{-6} 和 253.40×10^{-6}，主要特征如下。

（1）各时代地层稀土平均含量与各期花岗岩类稀土平均含量接近。

（2）中生代地层稀土含量高于早古生代和元古宙地层，晚古生代地层稀土含量最低。

（3）稀土含量与沉积建造有一定的相关性，内陆断陷湖盆相沉积建造优于地台型海陆交互相沉积建造和地槽型海相复理石建造。

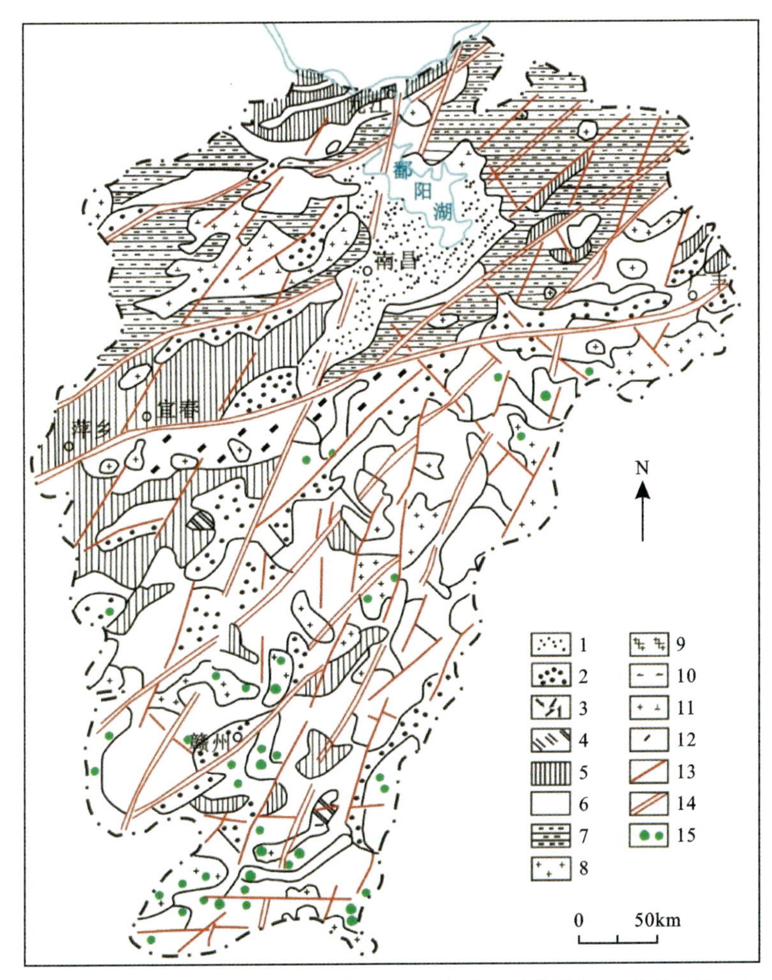

1.第四系;2.白垩系—新近系;3.中、上侏罗统;4.上三叠统—下侏罗统;5.中泥盆统—中三叠统;6.震旦系—奥陶系;7.中、下元古界;8.燕山期花岗岩;9.海西期—印支期花岗岩;10.加里东期花岗岩;11.晋宁期花岗闪长岩;12.超基性-基性岩体;13.断裂;14.深大断裂;15.稀土矿床(点)

图 3-8　江西省地质图及稀土矿床分布图(据江西省国土资源厅,2011)

(4)地层中稀土含量的高低与岩石类型有关,表现为黏土质岩石高于砂质岩类,火山沉积岩高于正常沉积岩类。

(5)从早期到晚期,稀土含量总体由低变高,在不同时代岩浆岩中这一递变趋势更为明显。

(二)稀土矿资源分布情况

江西省是我国风化壳离子吸附型稀土矿最主要的矿集区,储量丰富,全省有稀土矿床(点)近百处,主要分布在龙南、定南、全南、大余、崇义、上犹、赣县、信丰、导乌、兴国、广昌、黎川、南丰和乐安等地区。江西原有稀土采矿权 89 个,经整合后全省稀土采矿权减少至 45 个,其中 44 个在赣州市境内,1 个在吉安市(表 3-7)。

表 3-7 江西省稀土矿区一览表

矿区名称	矿区规模	矿种	矿区名称	矿区规模	矿种
上犹县长岭稀土矿区	中型	轻稀土矿	宁都县黄陂稀土矿区	小型	轻稀土矿
峡江县凹山稀土矿区	小型	轻稀土矿	全南县玉坑稀土矿区	中型	轻稀土矿
井冈山市大塘稀土矿区	小型	轻稀土矿	大余县西华山钨矿区	中型	轻稀土矿
信丰县安西稀土矿区	小型	轻稀土矿	寻乌县南桥稀土矿	大型	轻稀土矿
信丰县东坑坳稀土矿区	小型	轻稀土矿	赣县笔架山磷钇矿区	小型	轻稀土矿
定南县岭北稀土矿区	中型	轻稀土矿	安远县蔡坊林地稀土矿区	小型	轻稀土矿
安远县牛皮碛稀土矿	小型	轻稀土矿	赣县阳埠稀土矿区	小型	轻稀土矿
安远县石子头稀土矿区	小型	轻稀土矿	大余县稀土矿区	小型	轻稀土矿
全南县陂头稀土矿区	小型	轻稀土矿	寻乌县河岭稀土矿区	大型	轻稀土矿
安远县古田稀土矿区	小型	轻稀土矿	赣县吉埠稀土矿区	小型	轻稀土矿
赣县湖新稀土矿区	小型	轻稀土矿	龙南县富坑稀土矿区	小型	重稀土矿
大余县荡坪钨矿区	中型	轻稀土矿	万安县柏岩乡黄祝稀土矿区	小型	重稀土矿
井冈山市石竹坑稀土矿区	中型	轻稀土矿	赣县牛岭坳重稀土矿区	小型	重稀土矿
会昌县珠兰埠稀土矿	小型	轻稀土矿	上犹县长岭重稀土矿区	中型	重稀土矿
上犹县马岭重稀土矿区	中型	轻稀土矿	赣县笔架山磷钇矿	小型	重稀土矿
安远县铜锣窝稀土矿区	中型	轻稀土矿	赣县大田稀土矿区	小型	重稀土矿
信丰县大塘坑稀土矿区	中型	轻稀土矿	上犹县马岭重稀土矿区	中型	重稀土矿
信丰县桐木稀土矿区	小型	轻稀土矿	大余县荡坪钨矿区	中型	重稀土矿
安远县赖塘稀土矿区	小型	轻稀土矿	大余县西华山钨矿区	中型	重稀土矿
赣县韩坊稀土矿区	小型	轻稀土矿	信丰县烂泥坑稀土矿区	中型	重稀土矿
全南县大吉山稀土矿区	小型	轻稀土矿	赣县大埠稀土矿区	小型	重稀土矿
赣县田村稀土矿区	小型	轻稀土矿	安远县岗下稀土矿	中型	重稀土矿

（三）主要稀土矿床类型及特征

江西稀土矿主要为风化壳离子吸附型矿床，按其配分类型特征可分为 3 个亚型：①铈族稀土配分型（轻稀土型）；②中钇富铕稀土配分型；③钇族稀土配分型（重稀土型）。江西轻、重稀土均较丰富，花岗岩、火山岩及浅变质岩型风化壳稀土矿床均发育，是目前全球风化壳离子吸附型稀土矿勘探、研究及开发程度最高的地区之一。江西的稀土矿床集中分布在赣南地区，其中足洞以重稀土为主，信丰以中稀土为主（赣南稀土储量位列第二的地区），寻乌以轻稀土为主（赣南稀土储量最多的地区）。典型矿床——足洞稀土矿床地质特征见第二章第四节。

(四)查明资源量

根据2011年《江西省稀土矿资源利用现状调查成果汇总报告》,江西共划分稀土矿核查矿区40个(含西华山、荡坪钨矿区),累计查明稀土资源储量上百万吨,其中重稀土资源储量占比70%,是我国重稀土最重要的资源基地。

二、福建省稀土资源

(一)地质背景概述

福建位于华夏地块东缘,被长乐-南澳、政和-大埔两大断裂带自西向东划分为加里东褶皱带、燕山期岩浆岩带及平潭东山变质带(赵军红,2004;丁聪,2015)。福建岩浆活动强烈,自晚元古代以来有多次火山活动和岩浆侵入,火山作用时间长、规模大、范围广。尤其是酸性花岗岩,无论是出露面积,还是活动强度都居华南之首。福建自晚元古代以来经历了多期、多次的构造运动,地层发育齐全,各时代岩层均有出露,具有从北到南、自西向东逐渐变新的趋势。长乐-南澳断裂带以东,紧邻大洋边缘展布南北向平潭-东山变质带,发育混合片麻岩、泥质片岩等变质岩,同时还出露有燕山晚期花岗岩及中基性脉岩,北部分布有白垩世晚期火山岩。这一地区广泛发育A型、I型花岗岩构成的岩基,其形成被认为与俯冲及其后的拉张作用有关(Chen et al.,2000)。

福建各时代地层有较明显的分区性,晚元古代巨厚沉积地层主要分布在福建的北部及西北部;震旦纪—晚白垩世地层主要分布在中部及西南部;占主导地位的侏罗世—早白垩世陆相火山岩地层,则在政和—大浦一线以东的闽东地区大面积分布;新近系及第四系虽然分布零星,但在沿海地带较为发育,主要由海、陆相松散沉积物及基性喷出岩组成(周红芳,2013)。

福建广泛发育燕山期、海西-印支期和加里东期花岗岩,稀土含量均较高。温暖湿润的亚热带气候,使富稀土花岗岩遭受强烈的化学和生物风化,岩体中的稀土元素被吸附于黏土类矿物表面,富集形成风化壳离子吸附型稀土矿床(赵正等,2022)。

福建稀土矿产资源丰富,稀土矿(床)点主要集中在闽西南地区,主要类型为花岗岩风化壳型(离子吸附型),成矿基岩主要为加里东期—燕山期不同成因和不同产状的中酸性-酸性侵入岩。成矿岩体主要为石英二长岩、二长花岗岩、正长花岗岩等岩性。

(二)稀土资源分布情况

福建稀土资源丰富,远景资源量几百万吨,全省有稀土采矿证的矿山共6个,其中龙岩市有5个。稀土资源主要分布在龙岩市和三明市,其他地区如漳州市长泰县、泉州市德化县、宁德市古田县和南平市光泽县等也发现了丰富的稀土。龙岩市是福建离子吸附型中-重稀土矿的重点分布区域之一。福建还有少量砂矿型稀土矿床,分布在厦门市和漳州市两个地市级,矿床类型为滨海砂矿型、沟谷冲洪积砂矿型及花岗岩风化壳型(图3-9)。

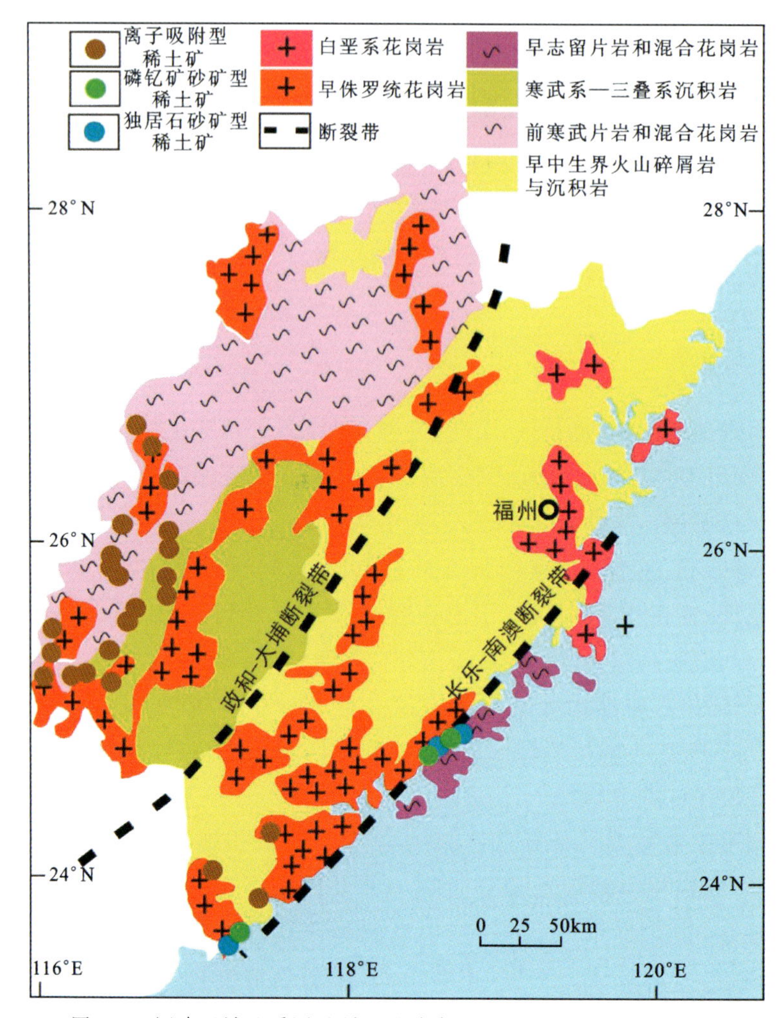

图 3-9 福建区域地质图及稀土矿分布图(据 Chen et al.,2000 修改)

(三)主要稀土矿床类型及特征

1. 概述

福建稀土矿床主要为离子吸附型矿床,另外还有少量砂矿型稀土矿床。福建龙岩是离子吸附型矿床的主要分布区域之一。龙岩稀土矿具有中-重稀土占比高、品位高的显著特点,是十分珍稀和独特的稀土矿产。

2. 典型矿床

福建龙岩万安花岗岩风化壳稀土矿床是福建典型的风化壳离子吸附型稀土矿,矿床规模为特大型。万安稀土矿床位于龙岩市东北部,2011 年由福建省第八地质大队在该区域开展稀土矿调查时发现(图 3-10)。

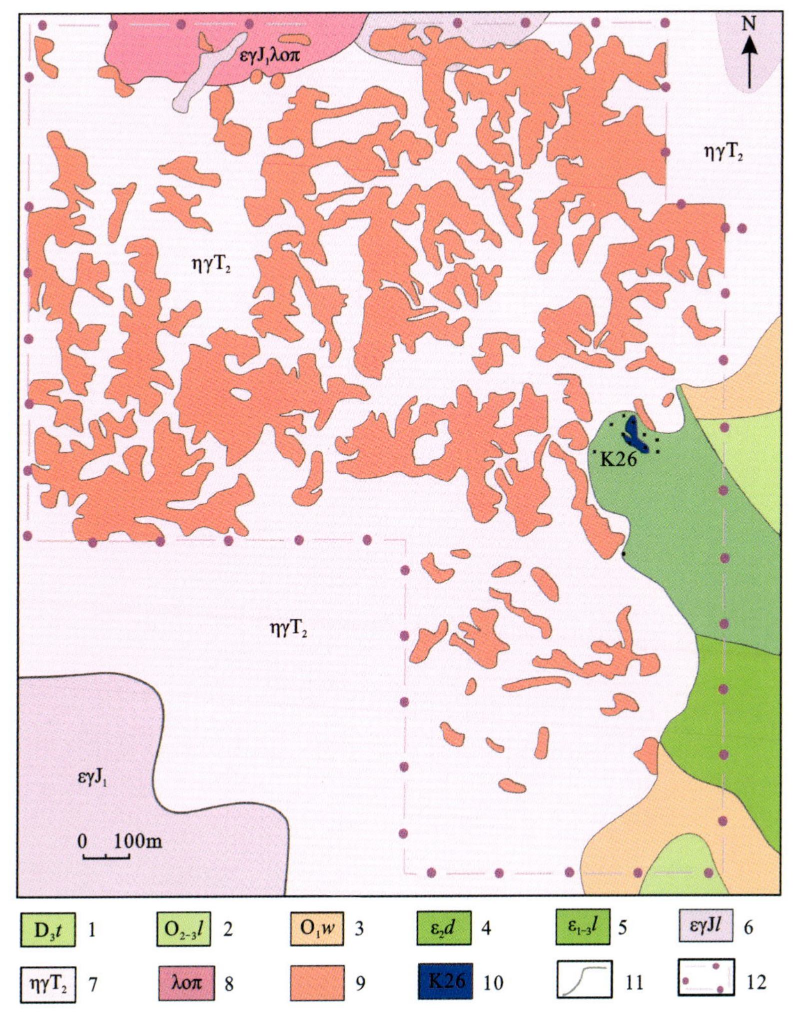

1.天瓦岽组；2.罗峰溪组；3.魏坊组；4.东坑口组；5.林田组；6.上侏罗统正长花岗岩；7.中二叠统黑云母二长花岗岩；8.石英斑岩；9.花岗岩风化壳型稀土矿；10.变质岩风化壳型稀土矿；11.地质界线；12.勘查区

图 3-10　福建龙岩万安稀土矿床地质图(据丘文,2017)

区内岩浆活动强烈，侵入岩体具有多期次特征。其中，海西期—印支期似斑状中粗粒黑云母二长花岗岩及燕山早期细粒花岗岩与稀土成矿关系密切。花岗岩风化强烈，地表浅层均发育不同风化程度的风化壳。风化壳发育类型以“戴帽式”为主，少数为“全覆盖式”或“残留式”(图 3-11)。花岗岩风化壳主要由黏土矿物、石英、长石及云母等组成，黏土矿物主要为高岭石、埃洛石和水云母等。从全风化层至半风化层，长石含量有不同程度地增加，而黏土矿物则大量减少，石英和副矿物的含量变化不大。

矿体发育于花岗岩风化壳中，形态和产状受地形(地貌)控制，呈面型分布。矿体平面形态不规则，被沟谷、溪流及冲洪积层分割。剖面形态呈层状、似层状，随地形起伏而变化。矿体厚度随风化壳厚度变化而变化，与地貌特征相关，一般沿山脊厚，往两侧山坡和山麓逐渐变薄，稀土品位一般为 0.05%～0.40%。

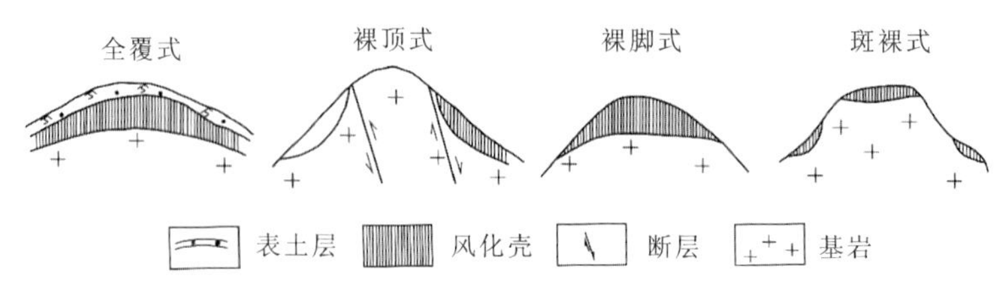

图 3-11 风化壳在不同的地形地貌条件下的型式图

万安花岗岩风化壳(离子吸附型)稀土矿的形成受内生地质条件和表生地质条件双重控制,呈面型分布。主矿体规模大,成矿机理为:有利的成矿母岩与有利的古气候和地形(地貌)条件相结合,促使母岩矿物中的稀土元素大量转变为风化壳中呈吸附状态的稀土离子,从而富集成矿(张颐等,2014)。

(四)远景资源量

福建近年来稀土矿床找矿效果显著,新发现了一批花岗岩风化壳离子吸附型稀土矿床。根据 2009 年《福建省龙岩市离子吸附型稀土资源调查及远景资源量预测报告》,龙岩市探明稀土储量超过百万吨,稀土氧化物远景资源量几百万吨,其中控制和推断资源量(332+333)仅占远景资源量的 1.73%,7 个县(市、区)均有稀土资源。此外,福建还有一定数量的砂矿型稀土,根据《福建省稀土矿(砂矿)资源利用现状调查成果汇总报告》,福建省划分出 3 个砂矿型稀土矿,包括中型矿床 1 个,小型矿床 2 个(包括诏安宫口矿床),磷钇矿砂矿累计查明资源储量上百吨。

三、湖南省稀土资源

(一)地质背景概述

湖南省属于华南板块的一部分,经加里东运动、印支运动、燕山运动和喜马拉雅运动的叠加形成了湖南现有的构造格局。湖南境内自元古宇至新生界各时代地层发育齐全,出露完整。湖南岩浆岩分布广泛,具有数量多、规模大、分布广的特点(图 3-12),出露面积约占全省总面积的 8.65%。其中侵入岩最发育,火山岩较少,侵入时代自中元古代至中生代晚白垩世,主要集中于武陵期、雪峰期、加里东期、印支期和燕山期,呈岩基或岩株状侵入白垩纪以前各时代地层中。基性和超基性侵入岩不发育,分布零散,规模小,大多呈岩墙、岩脉及岩床产出,侵入时代集中于印支期—燕山期(常海宾,2021)。侵入岩主要为中-酸性花岗岩,分布面积超过17 000km^2,占湖南岩浆岩侵入岩面积的 75%,侵入时代集中于燕山期、印支期和加里东期,主要分布于湘中、湘南和湘东地区(李朝灿和申锡坤,2013),其中大于 5km^2 的岩体约 128 个。各时期花岗岩岩性基本相同,主要为黑云母二长花岗岩和黑云母花岗岩。

(二)资源分布情况

湖南省稀土资源也较为丰富,有大型风化壳型(离子吸附型)稀土矿床 1 个,小型风化壳

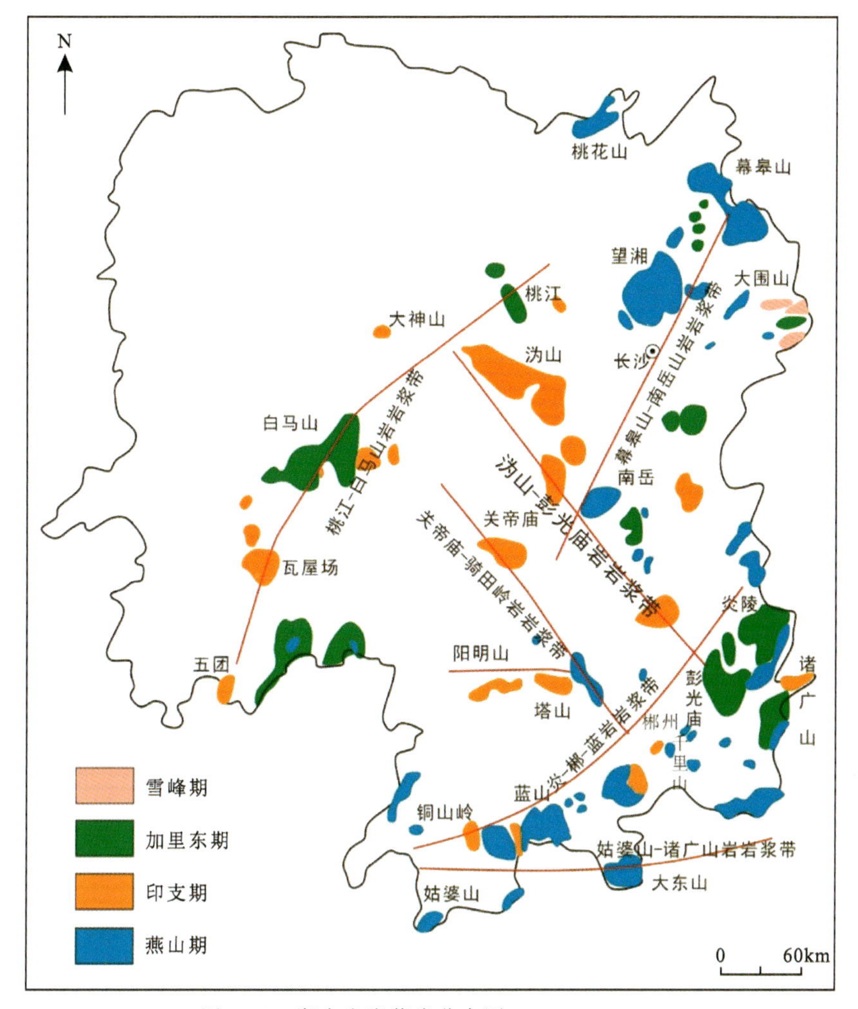

图 3-12　湖南省岩浆岩分布图(据常海宾,2021)

型稀土矿床 2 个(图 3-13),主要分布于湖南省永州市江华和郴州市宜章汝城等地。湖南除风化壳型(离子吸附型)稀土矿外,还有富含独居石、褐钇铌矿、磷钇矿的砂矿型稀土,尤以独居石储量最大,居全国首位。湘北的洞庭湖周围,多产冲积型独居石砂矿,主要赋存于河流第四系冲积层中,如岳阳的相思山和大云山一带被风化的花岗岩,经雨水冲刷,沿整个流域有 80km 的河床可淘洗独居石砂矿。据湖南省地质院有关湘阴县的调查资料,湘江下游东沿岸有独居石砂矿分布。

(三)主要矿床类型及特征

湖南稀土矿主要成因类型有花岗岩风化壳型(离子吸附型)与砂矿型两种,花岗岩风化壳型(离子吸附型)稀土矿已勘查评价矿区 4 个,代表矿床为江华县姑婆山稀土矿。砂矿型稀土矿已勘查评价矿区 7 个,分布在岳阳县和华容县等地,代表矿床有华容县三朗堰独居石砂矿。在汝城县发现一处全国仅有的稀土钪矿,在茶陵邓阜仙和香花岭矿区发现了大型钽铌矿(表 3-8)。

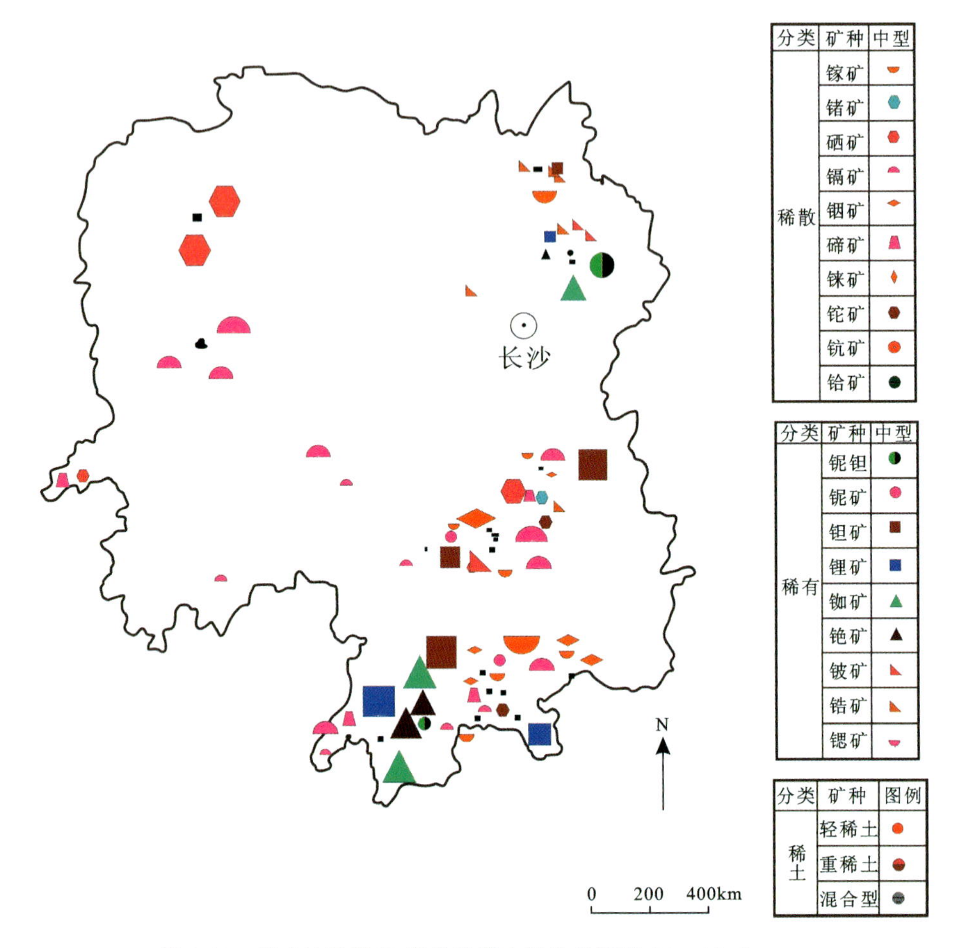

图 3-13 湖南地区稀有、稀散和稀土矿分布简图(据王登红等,2016)

表 3-8 湖南省已探明资源储量的典型稀有、稀散和稀土矿床统计表

序号	省份	县(市、区)	矿床名称	矿种
1	湖南	临武县	香花岭大型铍矿	Be
2	湖南	茶陵县	金竹垅大型铍铌钽矿	Be-Nb-Ta
3	湖南	道县	湘源正冲锂铷多金属矿	Li-Rb
4	湖南	平江县	传梓源中型伟晶岩型铌钽矿	Nb-Ta
5	湖南	江华县	姑婆山稀土矿	REE-Nb
6	湖南	汝城县	汶城县益将稀土钪矿	REE-Sc
7	湖南	宜章县	宜章县界牌岭锡多金属矿	Sn-Cu-萤石-Be-Pb-W
8	湖南	茶陵县	茶陵县湘东(邓阜仙)钨钽铌矿	W-Nb-Ta
9	湖南	湘鄂交界	湘东北-鄂东南稀有、稀土矿	稀有、稀土矿
10	湖北	竹山县	苗垭铌-稀土矿	Nb-REE

根据矿石中各稀土元素配分将湖南省花岗岩风化壳型(离子吸附型)稀土矿床划分为轻稀土矿床、中钇轻稀土矿床、中铕稀土矿床、中钇中铕轻稀土矿床、高铕轻稀土矿床。

1. 轻稀土矿床

轻稀土矿床目前已发现中型矿床1个,小型矿点1个,矿化点1个。母岩时代主要为燕山早期和印支期第二阶段。岩体规模为大岩基,相带较发育。主要岩性为中细粒-粗粒斑状黑云母(二长)花岗岩或角闪石黑云母花岗岩。基岩稀土丰度为$186\times10^{-6}\sim520\times10^{-6}$。风化壳为全复式-半裸式,个别为裸脚式,面积达数十平方千米,厚度为数米至30余米。矿体呈似层状赋存于花岗岩风化壳中,厚度为1.0～12.1m,稀土品位为0.017%～0.278%,矿体变化受地貌和风化壳厚度的制约。

2. 中钇轻稀土矿床

中钇轻稀土矿床目前已发现大型矿床1个,中型矿床1个,中型矿点2个,小型矿点2个。母岩时代以燕山早期为主,其次为印支期第二阶段,一般均为复式大岩基,相带发育。主要岩性为黑云母花岗岩,基岩稀土丰度为$130\times10^{-6}\sim900\times10^{-6}$。风化壳为全复式-半裸式,面积达数平方千米至数十平方千米,厚度数米至数十米,一般为10～20m,稀土品位为0.003%～0.504%。原矿稀土配分中以含钇中等、含铕最低为特征,目前湖南规模最大的矿床属此类型。

3. 中铕稀土矿床

中铕稀土矿床目前已发现中型矿点1个,小型矿点4个,矿化点12个。母岩时代以加里东期第二阶段和印支期为主,一般为较大复式岩基,发育有明显的相带。岩性以黑云母二长花岗岩为主,其次为花岗闪长岩和黑云母花岗岩,个别为花岗斑岩。基岩稀土丰度相对较低,为$220\times10^{-6}\sim390\times10^{-6}$。风化壳一般发育较好,为全复式-半裸式,厚度一般为15m,最厚达20m,稀土品位0.009%～0.188%,矿体规模较小,厚度为1～5m。

4. 中钇中铕轻稀土矿床

中钇中铕轻稀土矿床目前已发现中型矿点2个,小型矿点2个,矿化点2个。母岩时代以加里东期第二阶段为主,其次为印支期,前者为复式岩基,后者为较小的单一岩基,发育有明显的相带,为湖南省最有利于稀土成矿的岩体。主要岩性为角闪石黑云母二长花岗岩、黑云母二长花岗岩、黑云母花岗岩和花岗闪长岩。基岩稀土丰度中等,为$270\times10^{-6}\sim410\times10^{-6}$,平均为$318\times10^{-6}$。风化壳一般发育较好,以全复式为主,或为全复式-裸脚式,但有的风化壳发育不连续,为半裸式,厚度一般为515m,最厚可达40m。矿体规模较大,厚度在0.5～14.0m之间,稀土品位为0.061%～0.146%,平均为0.082%～0.098%。

5. 高铕轻稀土矿床

高铕轻稀土矿床目前已发现小型矿点2个,母岩形成于加里东期,主要岩性为细粒石英闪长岩和角闪黑云母花岗闪长岩。基岩稀土丰度为 $190\times10^{-6}\sim260\times10^{-6}$,平均为 225×10^{-6}。风化壳为全复式,厚度达 36m,一般为 15～25m。稀土矿体主要赋存于全风化层的中下部,厚度为 1.0～9.8m,稀土平均品位为 0.04%。原矿稀土配分中,CeO 占比 81.0%,Y_2O_3 占比 1.2%,Eu_2O_3 占比 1.0%。

（四）远景资源量

根据 2011 年《湖南省稀土矿资源利用现状调查成果汇总报告》,湖南省共划分 10 个核查矿区。砂矿型轻稀土矿（独居石砂矿）累计查明资源储量仅 20 多万吨。花岗岩风化壳型（离子吸附型）稀土累计查明资源储量约几十万吨。根据《湖南省稀土矿资源勘查专项规划（2010—2015 年）》预测稀土资源潜力超百万吨。

四、广东省稀土资源

（一）地质背景概述

广东位于新华夏构造带第二隆起带的南段和华南褶皱系,区域地壳经过多期次复杂的构造运动（加里东期—印支期及燕山期构造运动）和不同期次的岩浆活动（主要是燕山期强烈岩浆活动）,形成相互切割且错综复杂的区域断裂构造。地质构造以北东向和北西向断裂为主,主要褶皱断裂和侵入岩均为北东向分布,属扭动构造体系。

广东沉积岩分布广,地层发育齐全,自元古界至第四系均有出露。其中海域除近岸部分岛屿外,几乎全部被沉积岩所覆盖。前震旦系由一套变形变质作用较强的千枚岩、片岩或变质砂岩等组成,主要发育于粤西云开、粤中广博和粤东北的兴梅地区。上震旦统分布在广东大绀山地区,主要是一套浅灰绿色石英云母片岩、变质砂岩夹黑色灰岩、千枚岩、凝灰岩及黄铁矿层。下震旦—志留系主要分布在粤北曲仁地区和粤中恩开地区,由一套千枚岩、板岩及浅变质砂岩夹多层黑色笔石页岩组成。泥盆系—中三叠系主要见于粤北和粤西云开、粤中恩开和粤东北兴梅地区,由一套浅海相或海陆交互相碎屑岩及碳酸盐岩组成。地层多呈中厚层状,由砾岩、砂岩和灰岩组成,其中泥盆系—石炭系是广东多金属主要赋矿层位之一,二叠系则是广东主要含煤层位。下三叠系—上中侏罗系主要分布于粤东、粤中和粤北地区,以海相陆源碎屑沉积为主,夹湖相或火山碎屑岩沉积。下侏罗统以陆相中酸性火山岩为主,形成粤东沿海火山岩带。白垩纪地层遍布广东省,以断陷盆地形式沿主要断裂构造带展布,共有百余个大小不等的盆地,岩性以红色粗碎屑岩为主。第四纪松散沉积物多分布于沿海地区,为一套海陆交互相沉积地层,在内陆地区,其主要分布于河流冲积的阶地（袁建飞,2013）。

广东省花岗岩的分布范围广,其分布面积占广东省陆地面积的 40%左右。在粤北、粤西北及粤东地区,分布面积达几千平方千米的花岗岩大岩基组成了海拔在 1000m 以上的高山峻岭。在粤中和粤西沿海,花岗岩出露区域地形多为中-低山脉和丘陵。侵入岩形成时代以燕山期最为重要,特别是燕山三期矿源岩最多,面积最大,其次为燕山一期和燕山四期,岩性为二长花岗岩、黑云母花岗岩、二云母花岗岩和花岗闪长岩等。广东省燕山期花岗岩类分布非常广泛，出露面积超过 50 000km^2。广东省侵入岩稀土元素的含量较高，为 $105.6\times10^{-6}\sim285.2\times10^{-6}$，风化壳稀土含量一般可以富集几倍，甚至数十倍以上。大面积富含稀土元素的岩浆岩为离子吸附型稀土矿的形成提供了有利条件（黄华谷等，2014）。

（二）资源概况

广东省稀土资源丰富，是国内风化壳离子吸附型稀土资源的重要产区。广东省稀土矿按成因可划分为三大类型，即滨海沉积砂矿床、河流冲积砂矿床和风化壳型（离子吸附型）矿床，具有工业价值的主要为风化壳型（离子吸附型）稀土矿。广东省已发现稀土矿床有 26 个，包含 6 个大型、9 个中型和 11 个小型，集中分布在粤北和粤东的清远、揭阳、和平、鹤山、惠东、大浦、英德、平远和高明等地（黄华谷等，2014）。已经勘探的大型稀土矿床 1 个，中型矿床 1 个。已经详查的稀土矿床 5 个，大型重稀土矿床 1 个，中型重稀土矿床2 个，中型高铕轻稀土型矿床 1 个，大型轻稀土矿床 1 个。目前，广东省仅有 3 个稀土采矿权。

广东省风化壳型（离子吸附型）稀土矿分布十分广泛，北起湘赣的乐昌、始兴、和平、平远、蕉岭，南至电白、台山、宝安和惠东等沿海地区（图 3-14），西起信宜、廉江，东至大埔、丰顺等县，又比较集中地分布于中部地带，以清远、揭阳、和平、鹤山、惠东、大埔、英德、平远和高明等地较为丰富，矿化范围东西长达 400～500km，资源潜力巨大。成矿母岩主要为燕山期花岗岩，稀土以离子吸附的形式存在于黏土矿物中。

（三）主要矿床类型及特征

1. 稀土成因类型

广东省风化壳型（离子吸附型）稀土矿床成矿岩体以酸性岩为主，其次为中性岩和火山岩。酸性岩体一般呈岩基或复式岩体产出，中性岩体多呈小岩株产出。酸性岩体中与风化壳型（离子吸附型）稀土有关的岩石类型主要为黑云母花岗岩，其次为黑云母二长花岗岩，少数为花岗闪长岩、石英闪长岩和混合花岗岩。岩体的时代分别属于加里东期、海西期、印支期和燕山期。燕山期岩体是与稀土成矿密切相关的一期岩体，分布范围较广，也是广东省风化壳型（离子吸附型）稀土矿床主要成矿期。燕山早期岩体分布面积较广，稀土配分以重稀土为主，晚期则与轻稀土关系密切。

以稀土元素配分为依据，广东省风化壳型（离子吸附型）稀土矿床可进一步划分为重稀土矿床和轻稀土矿床。重稀土矿床多分布于莲花山断裂带北西侧的粤北和粤东北地区，多呈东西向和北东向排列分布，在诸广山复式岩体南缘、大东山岩体北缘、广宁岩体、东佛岗岩体、新丰江岩体和白石岗岩体均有分布。成矿岩体多为富钇、稀土、钨和锡等陆壳物质重熔所形成的酸性黑云母花岗岩，风化壳离子吸附型重稀土矿与钨锡矿床具有密切的成因联系。轻稀土矿多分布于粤北、粤东和南部沿海地区。在粤北和粤东地区，轻稀土矿床多分布于加里东期和印支期的酸性和中性岩体风化壳中，岩性多为花岗闪长岩、石英闪长岩和二长花岗岩，代表性岩体为诸广山岩体和闻韶岩体。在粤东北地区，轻稀土矿床多形成于晚白垩世中酸性火山岩及其相伴生形成的浅成相花岗斑岩风化壳中，代表性矿床有平远八

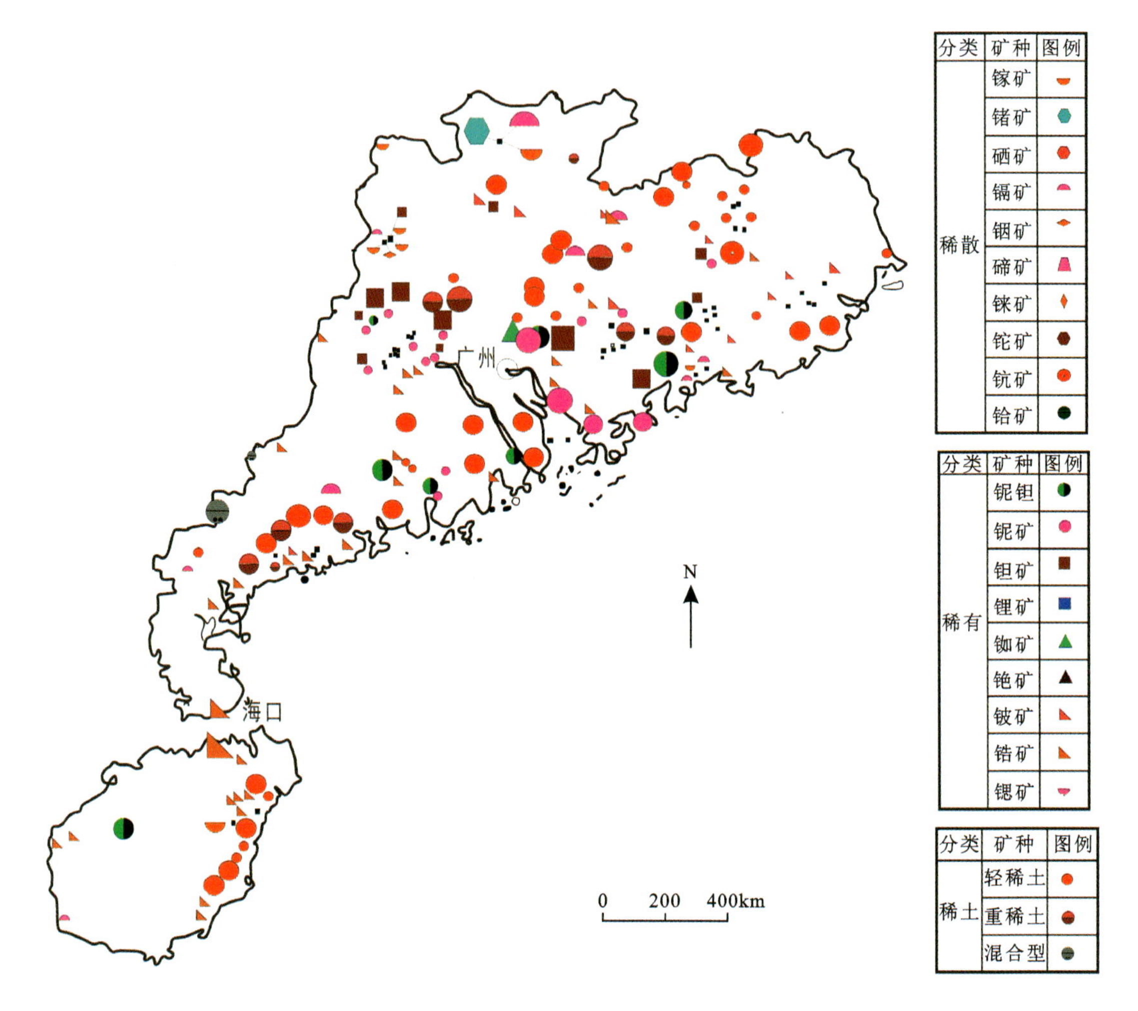

图 3-14　广东省稀散、稀有和稀土矿床分布图(据王登红等,2016 修改)

注:比中型矿床大的图例为大型,小的图例为小型。

尺稀土矿和平远仁居稀土矿。

两类稀土矿床稀土元素都在表生风化作用过程中逐渐富集在风化壳中。稀土品位变化与风化壳程度有关,发育比较完整的风化壳稀土品位一般较高。此外,稀土品位高低也与含矿母岩的稀土元素丰度有关,母岩中稀土丰度越高,则对应风化壳中稀土品位越高。

2. 典型矿床

新丰来石稀土矿床位于粤北东西向展布的佛冈黑云母花岗岩体中段。黑云母花岗岩相带分布明显,由北向南边缘相为细粒黑云母花岗岩,一般宽十几米至 50m,变质和交代作用较发育。过渡相为中粒(斑状)黑云母花岗岩,宽一般为 200～600m,沿东西向展布。中心相为粗粒斑状黑云母花岗岩,局部见含角闪石粗粒斑状黑云母花岗岩。中心相花岗岩发育稀土矿床。佛冈岩体为一较大岩基,侵入于晚侏罗世火山岩,年龄为 164～111Ma。

矿区地处低山丘陵，北西和北东向河流发育，切割花岗岩风化层，导致矿床具有南北分带、东西分块的特点。全区有18处矿体，东西长5.4km，宽1.6km。矿体厚度为1～35m，平均厚度为12m。厚度主要受原岩岩性、含矿性和构造蚀变等因素和地形条件的制约。一般矿体厚度与风化层厚度成正比，当矿体位于山脊时风化层厚度大，矿体厚度亦大，延伸至山沟底，风化层厚度变小或尖灭，矿体亦变薄或消失。粗粒结构的原岩比细粒结构的原岩风化后形成的矿体厚度大；原岩构造裂隙发育处矿体厚度变大；原岩裂隙有强烈硅化或石英脉充填的，风化后矿体厚度小。

稀土平均品位为0.095%～0.096%，其中Ce_2O_3含量为0.069%～0.071%，Y_2O_3含量为0.018%～0.026%。探明Ce_2O_3为大型矿床，Y_2O_3为中型矿床，表明矿床属花岗岩风化壳（离子吸附型）轻稀土矿床。矿区花岗岩风化壳具有明显的分层性，可分为红土层（残结层）、砂土层（全风化花岗岩）、碎屑层（半风化层）和基岩。

（四）远景资源量

根据《广东省稀土矿资源利用现状调查成果汇总报告》，截至2011年，已查明资源储量的矿区有47处，主要分布在电白县、广宁县、新上县、鹤山市、平远县、惠阳区和揭阳市，其中大型矿区10处，中型矿区28处，小型矿区9处。累计稀土储量几十万吨，其中重稀土储量占比30%左右。根据《广东省三稀资源现状和潜力分析子项目成果报告》（2016），广东省风化壳型（离子吸附型）稀土矿预测潜力资源达十几万吨，其中轻稀土风化壳型（离子吸附型）稀土潜力资源占60%，重稀土风化壳型（离子吸附型）稀土潜力资源占40%，资源潜力较大。

五、广西壮族自治区稀土资源

（一）地质背景概述

广西地处云贵高原东南缘，两广丘陵地带西部。大地构造位于特提斯-喜马拉雅构造域与滨太平洋构造域的复合部位，华南板块的南部（图3-15）。广西北部属扬子微板块，东南部为华夏微板块，其间为南华活动带。广西地壳演化过程可概述为：古元古代（甚至太古代）古老结晶基底形成阶段→四堡期陆块形成阶段→晋宁期—加里东期裂谷海槽形成阶段→海西期—印支期大陆形成阶段→燕山期—喜马拉雅期滨太平洋大陆边缘活动阶段。总体上看，广西地区构造运动频繁，其中吕梁运动、四堡运动、加里东运动、东吴运动、印支运动和燕山运动最为强烈，影响广泛，反映出本区地壳活动频繁，大陆地壳不断增厚，由活动性向稳定性发展。而各发展阶段反映出地壳在地球内力的作用下，陆壳发生扩张（裂解）—碰撞（拼接）的过程，导致了沉积建造、构造运动（褶皱造山、断裂活动）、岩浆活动和变质作用的发生（黎海龙，2021）。

广西地层自古元古界至第四系均有出露，根据大地构造属性和沉积特征，可分为3个发展阶段：前泥盆纪为地槽型沉积，泥盆纪—中三叠世为准地台型沉积，晚三叠世期—第四纪为陆缘活动带盆地型沉积（李霖锋，2017），以泥盆系—中三叠统分布最为广泛。

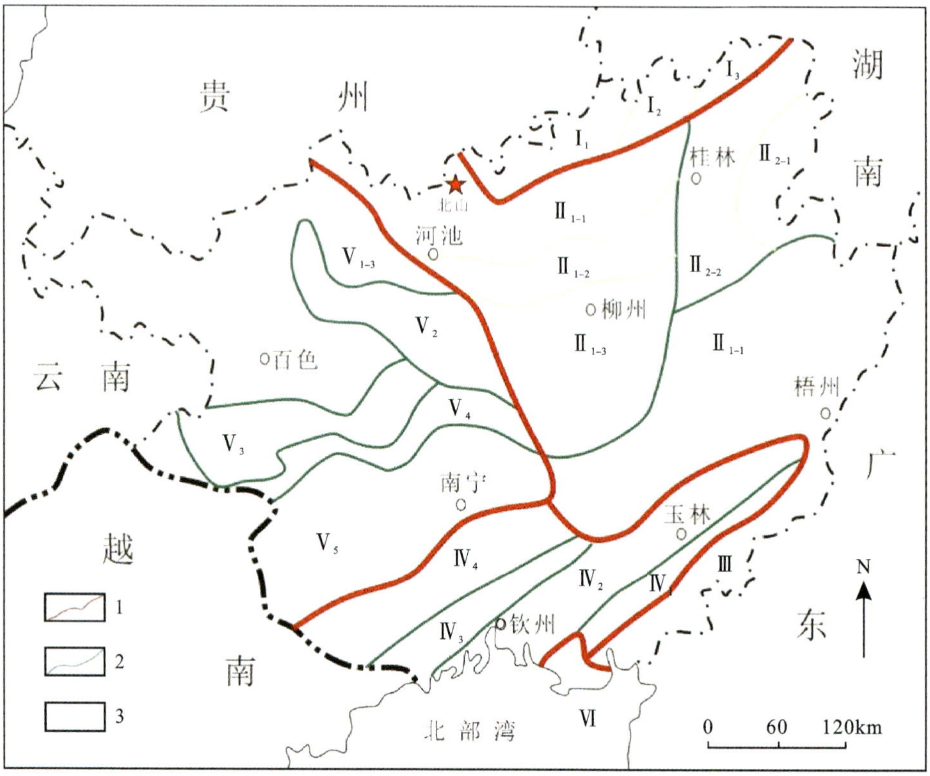

1.二级构造单元；2.三级构造单元；3.四级构造单元

图 3-15　广西构造单元示意图（据董海雨，2019）

广西岩浆活动也很频繁，侵入岩和火山岩均十分发育，出露面积达 23 670km^2，约占全区陆地面积的 10%，主要分布于桂东北、桂北、桂东南和桂东地区，其中桂西南和桂西仅小范围出露。新元古代晋宁（雪峰）期以海相超基性-基性火山喷发及中-酸性岩浆侵入为主。加里东期以中酸性岩浆侵入为主，仅局部有中基性火山喷发。海西期—印支期是广西岩浆活动的重要时期。在桂西泥盆纪—石炭纪有基性火山喷发；在二叠纪—中三叠世有基性-中酸性岩浆侵入，构成十万大山-大容山岩带。燕山期岩浆活动十分壮观，主要分布于桂东地区，有多次侵入形成的复式岩体和不同岩类组成的杂岩体，以花岗岩类为主，并有超镁铁-镁铁质岩、中酸性岩和碱性岩等，其中在早侏罗世和晚白垩世红层盆地中尚有中酸性火山岩及火山碎屑岩分布。喜马拉雅期主要为基性火山喷发，常见于北海市涠洲岛、斜阳岛和合浦县新圩等地。岩浆活动严格受区域构造的控制，四堡运动、加里东运动和印支运动是广西地区最为主要的构造运动，往往在裂解拉张期形成超基性岩-基性岩，在碰撞造山期形成花岗岩。燕山期岩浆岩主要为北东向展布，与滨太平洋陆缘活动密切相关。

（二）资源概况

广西稀土矿床类型主要有风化壳型和砂矿型。广西风化壳型（离子吸附型）稀土矿富集程度好，勘查程度低，远景潜力巨大，是目前我国南方地区风化壳型(离子吸附型)稀土资源保存最好的地区，在全国占有重要的地位，且尚未进行大规模开发利用，具有很大的开发利用价值。广西风化壳型(离子吸附型)稀土矿点众多，共发现50多处(表3-9)，其中大型1处，小型3处，主要分布在东南部及桂东北地区，如贺州、崇左、钦州、玉林、梧州及贵港市等地(赵芝等，2019)(图3-16)。砂矿型稀土有独居石砂矿产地6处，其中大型矿床3处、中型矿床2处和小型矿床1处，分布在桂东南北流、陆川、岑溪和桂南上林、合浦等县(市、区)，累计探明和保有轻稀土矿(独居石)资源储量几万吨。

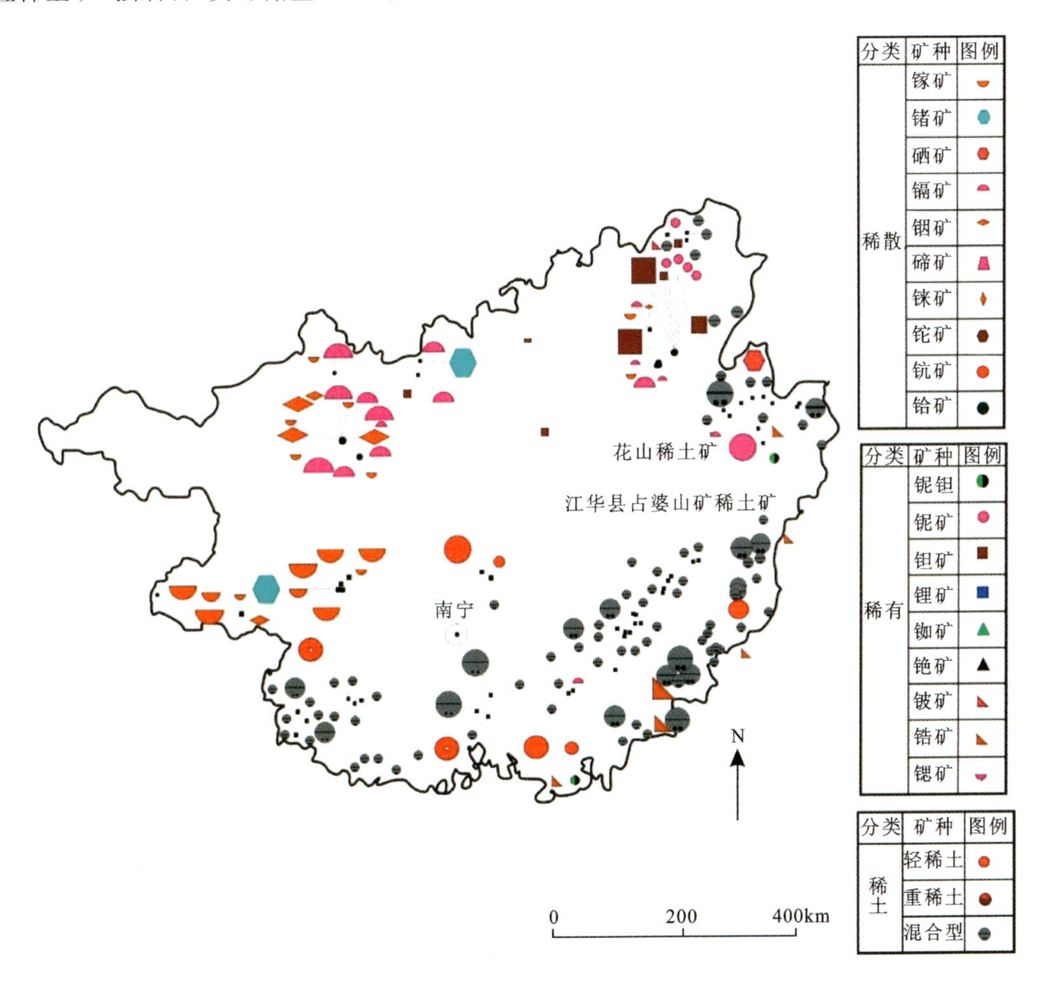

图3-16 广西稀土、稀有和稀散金属矿床分布示意图(据王登红等，2016)

注：比中型矿床大的图例为大型，小的图例为小型。

(三)主要矿床类型和特征

广西稀土矿床类型主要有风化壳型和砂矿型。风化壳型(离子吸附型)相关的母岩类型较多，主要是二长花岗岩，其次为中-基性石英二长岩和花岗片麻岩。广西风化壳型(离子吸附型)稀土主要为轻稀土矿床，重稀土(高钇高铕重稀土)矿床(点)较少，主要在苍梧县回龙、藤县塘村和岑溪市白梅等地分布。轻稀土矿床可进一步划分为6个亚类，分别为中钇中铕轻稀土矿、中钇高铕轻稀土矿、低钇高铕轻稀土矿、低钇中铕轻稀土矿、中钇低铕轻稀土矿和低钇低铕轻稀土矿，以花山、大寺和清湖等地区大型风化壳离子吸附型稀土矿床为代表。中钇中铕轻稀土矿主要分布于桂东北和桂南一带，产于黑云母二长花岗岩、花岗闪长岩及流纹斑岩的风化壳中，母岩以燕山早期岩体为主，印支期次之。该类型矿床有大型矿床1处(花山)，中型2处(河塘、凭祥)，矿点4处。中钇高铕轻稀土矿主要分布于桂东南和桂东北地区，母岩为燕山早期、印支期及海西期黑云母二长花岗岩及花岗斑岩。该类型矿床有大型矿床1处(大寺)，中型矿床2处(姑婆山、小董)，小型及矿点4处。低钇高铕轻稀土矿主要分布于桂东南地区，母岩为燕山期石英二长岩和二长花岗岩。该类型矿床大型矿床1处(清湖)、中型矿床2处(马其岗、文岗)，矿点6处。低钇中铕轻稀土矿主要分布于梧州市及桂南一带，母岩为燕山期黑云母二长花岗岩、印支期花岗斑岩及下三叠统北泗组火山岩。该类型矿床中型矿床1处(都庞岭)，矿点7处。中钇低铕轻稀土矿分布于桂南地区，母岩为印支期花岗斑岩，下三叠统北泗组大青山流纹斑岩及燕山早期黑云母二长花岗岩。该类型矿床中型矿床1处(伏波山)，小型矿床1处(大青山)，矿点4处。低钇低铕轻稀土矿分布于桂东和桂东北地区，母岩为加里东期及燕山早期的二长花岗岩、正长岩和海西期二长花岗岩。该类型矿床中型矿床1处(长岗顶)，矿点7处。

表3-9 广西风化壳离子吸附型稀土矿床(点)统计表

矿床类型	矿床(点)名称	矿床规模	工作程度
中钇中铕轻稀土	花山矿床	大型	详查
	善村矿点	矿点	调查
	大天平山矿点	矿点	调查
	昆仑关矿点	矿点	调查
	河塘矿床	中型	普查
	木梓矿点	矿点	调查
	凭祥矿床	中型	普查
中钇高铕轻稀土	姑婆山矿床	中型	普查
	西山矿点	矿点	调查
	山心矿点	矿点	调查
	院垌矿点	矿点	调查
	石南矿点	矿点	调查
	大寺矿床	大型	普查
	小董矿床	中型	普查

续表 3-9

矿床类型	矿床(点)名称	矿床规模	工作程度
低钇高铕轻稀土	六阴矿点	矿点	调查
	杨梅矿点	矿点	调查
	历山矿点	矿点	调查
	马其岗矿床	中型	普查
	米场矿点	矿点	调查
	柏桠矿点	矿点	调查
	陆川矿点	矿点	调查
	清湖矿床	大型	普查
	文地矿床	中型	普查
低钇中铕轻稀土	都庞岭矿床	中型	普查
	广平矿点	矿点	调查
	筋竹矿点	矿点	调查
	宁明矿点	矿点	调查
	崇左矿点	矿点	调查
	台马矿点	矿点	调查
	沙坡矿点	矿点	调查
	英桥矿点	矿点	调查
中钇低铕轻稀土	银顶山矿点	矿点	调查
	乌羊山矿点	矿点	调查
	金鸡顶矿点	矿点	调查
	大隆矿点	矿点	调查
	大青山矿床	小型	普查
	伏波山矿床	中型	普查
低钇低铕轻稀土	猫儿山矿点	矿点	调查
	越城岭矿点	矿点	调查
	海洋山矿点	矿点	调查
	长岗顶矿床	中型	普查
	马山矿点	矿点	普查
	陆磨岭矿点	矿点	普查
	旧州矿点	矿点	普查
	南乡矿点	矿点	普查

续表 3-9

矿床类型	矿床(点)名称	矿床规模	工作程度
高钇高铕重稀土	白梅矿床	中型	普查
	塘村矿床	中型	普查
	回龙矿床	中型	普查

砂矿中稀土元素以矿物的形态存在,主要矿物有独居石和磷钇矿,根据搬运距离和赋存层位分为风化壳砂矿和河流冲积砂矿。前者为原地风化堆积残积物,搬运距离较短或无搬运,后者则经过片流和河流的搬运,在有利地段富集成矿。砂矿与晋宁期含独居石、磷钇矿酸性花岗片麻岩(混合岩)关系密切,该类花岗岩经长时期变质作用,易形成化学性质稳定的稀土矿物,在风化过程中不易分解,容易形成残坡积砂矿或冲积砂矿(苏坚,2016)。

(四)远景资源量

根据2010年《广西壮族自治区稀土矿资源利用现状调查成果汇总报告》,截至2009年,广西共划分稀土矿核查矿区10处,8处稀土矿产已上表。按规模划分,大型3处(其中矿物型砂矿2处)、中型4处(全部为矿物型砂矿)、小型3处(其中矿物型砂矿1处)。广西累计查明风化壳离子吸附型稀土氧化物10多万吨,已占用保有资源储量占保有资源总储量的2.19%,未占用保有资源储量占保有资源总储量的97.81%。累计查明矿物型稀土储量仅几万吨,其中以独居石为主的轻稀土资源储量占比超过60%,以磷钇矿为主的重稀土砂矿资源量占比不足40%。

六、云南稀土资源

(一)地质背景概述

云南构造演化大致可划分为古元古代—新元古代青白口纪的基底形成和演化、新元古代南华纪—中三叠世的洋-陆转化、晚三叠世至今的陆内发展演化等几个阶段。按多岛弧-盆系的学说,可将云南划分为冈底斯-喜玛拉雅造山系(Ⅸ)、班公湖-双河-怒江-昌宁-孟连对接带(Ⅷ)、羌塘-三江造山系(Ⅶ)和扬子陆块区(Ⅵ)4个一级构造单元,并进一步划分出10个二级构造单元、30个三级构造单元(图3-17),以及若干四级、五级构造单元。

云南省地层自中太古宙至第四纪地层均有出露。太古宙地层出露于滇中元江地区,是云南省内扬子地台西缘目前发现的最古老结晶基底。元古代地层出露广泛,但大多不连续,只有滇中地区出露的地层连续且变质较浅,其他地区多呈构造窗或构造基底岩石出露。震旦纪—三叠纪,地层沉积连续,是云南省内广泛沉积的时期,多以海相为主。中生代地层主要分布在兰坪-思茅盆地内,以陆相红层沉积为主,仅少量海陆交互相沉积,滇西地区也有少量海相沉积地层。新生代以来,由于青藏高原隆升作用,形成山间盆地,多以陆内盆地沉积为主,沉积区域有限,沉积特征多样化。

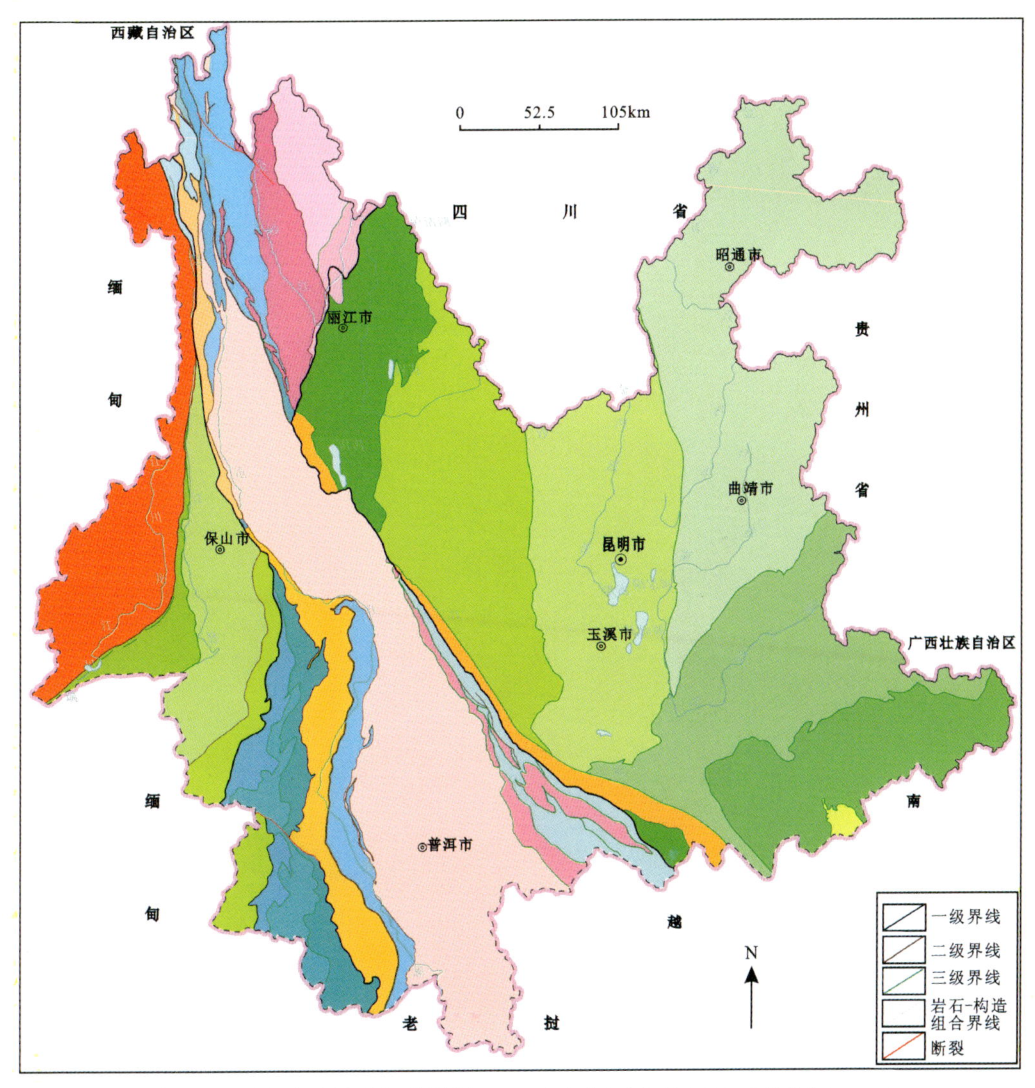

图 3-17　云南省大地构造分区图(据《云南省矿产资源潜力评价成果报告》,2013)

云南省岩浆活动受特定构造演化阶段的制约,总体上看,罗迪尼亚(Rodinia)大陆的汇聚→裂解,古特提斯洋的打开→俯冲→碰撞造山,以及喜马拉雅期的陆内造山这3个大的构造演化阶段制约了云南省火山岩浆的活动和演化。

(二)资源分布情况

云南省已发现的稀土矿床类型主要为风化壳型(离子吸附型)、砂矿型、伴生型和黏土岩型。滇西腾冲—盈江—陇川一带、临沧—勐海和牟定戌街一带是风化壳型(离子吸附型)稀土矿的主要分布区。滇东-黔西地区峨眉山玄武岩顶部宣威组底部灰白色黏土岩发育黏土岩型稀土(明添学等,2021)。滇中地区沉积磷块岩矿床和铁氧化物-铜-金型(IOCG)铁铜矿床则伴生稀土矿。目前,云南省已形成了以风化壳型(离子吸附型)稀土矿为主,砂矿型、伴生型和黏土岩型稀土矿为辅的分布格局(图 3-18,表 3-10)。

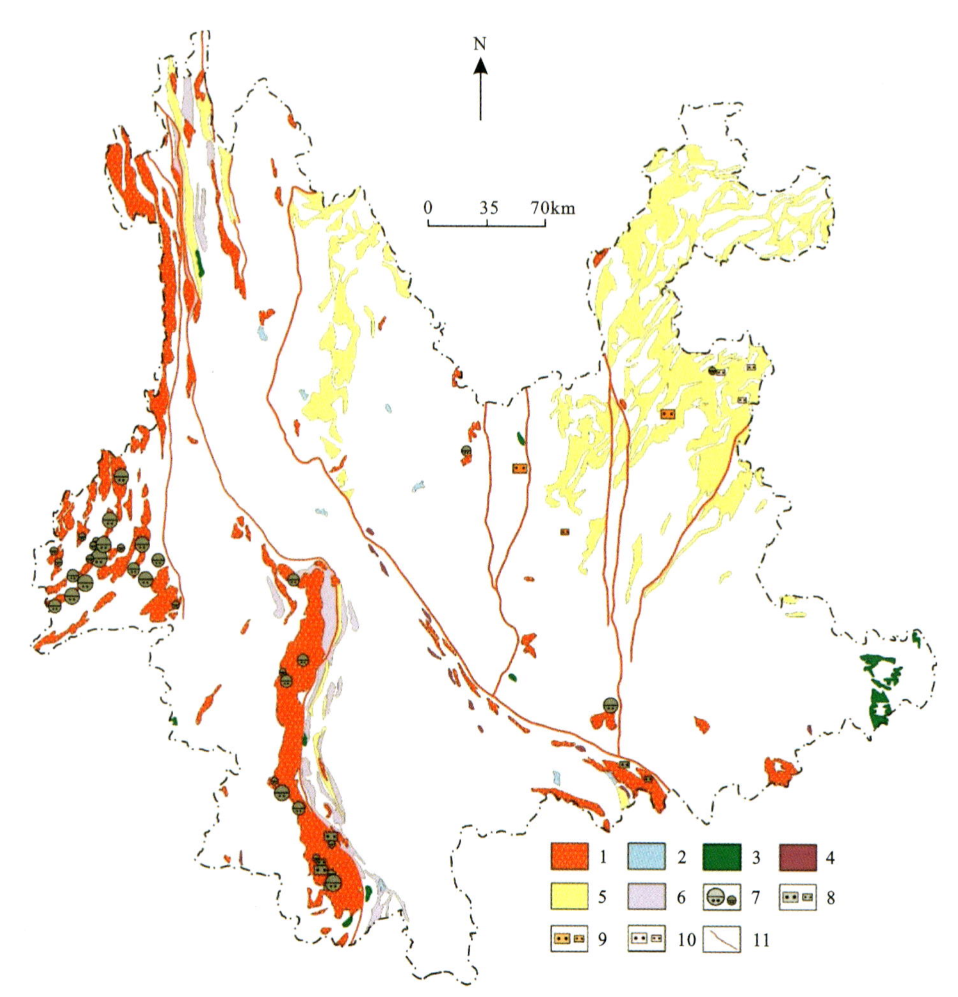

1.酸性侵入岩;2.中性侵入岩;3.基性侵入岩;4.超基性侵入岩;5.基性—超基性火山岩;6.中酸性火山岩;7.离子吸附型稀土矿床(点);8.砂矿型稀土矿床(点);9.伴生型稀土矿床;10.沉积型稀土矿床(点);11.断裂

图 3-18 云南省稀土矿分布图(据明添学等,2021)

表 3-10 云南稀土矿床特征及分布一览表

成矿区	矿床名称	成矿母岩	岩体时代	稀土矿物	矿床类型	矿床规模
滇东成矿区	CG 稀土矿床	拉斑玄武岩	海西期	磷铝铈矿、褐钇铌矿、含锆石	富 Eu、轻稀土	中型
元谋-峨山成矿区	水桥寺稀土矿床	角闪黑云二长花岗岩、黑云条痕混合岩、黑云片岩	—	独居石、褐钇铌矿、含铪锆石	中 Y、轻稀土	大型
滇东南成矿区	建水普雄稀土矿床	碱性正长岩、霞石正长岩	燕山期	独居石、磷钇矿、烧绿石、水磷铈石、水菱钇矿	轻稀土	大型

续表 3-10

成矿区	矿床名称	成矿母岩	岩体时代	稀土矿物	矿床类型	矿床规模
滇东南成矿区	BHS 稀土矿床	黑云二长花岗岩	燕山晚期	榍石、磷灰石、独居石、磷钇矿、锆石等	富 Y、重稀土	矿点
	BWS 稀土矿床	黑云二长花岗岩	海西期—印支期	褐帘石、独居石、氟碳铈矿、钍石等	高 Eu、中 Y、轻稀土	矿化点
	上允稀土矿床	中粗粒黑云母二长花岗岩、似斑状黑云母二长花岗岩	印支期	褐帘石、独居石、钍石	轻稀土	大型
	勐往稀土矿床	似斑状黑云二长花岗岩	印支期	褐帘石、独居石、钍石	轻稀土	大型
	MH 稀土矿床	中细粒黑云母二长花岗岩	印支期	褐帘石、磷灰石、独居石、钍石、磷钇矿、氟碳铈矿、氟碳钇矿等	高 Y、轻稀土、重稀土	大型矿化点
腾冲-陇川成矿区	土官寨稀土矿床	二长花岗岩	燕山期	独居石、氟碳铈矿，氟碳铈钇矿	富 Y、轻稀土	中型
	蕨叶坝稀土矿床	黑云母二长花岗岩	燕山期	独居石、氟碳铈矿	轻稀土	中型
	尖山脚稀土矿床	黑云母二长花岗岩	燕山期—喜马拉雅期	独居石、氟碳铈矿	轻稀土	中型
	陇川龙安稀土矿床	黑云母二长花岗岩	海西期—印支期	褐帘石、独居石、磷灰石，褐钇铌矿	轻稀土	中型
	营盘山稀土矿床	似斑状黑云钾长花岗岩、斑状黑云母二长花岗岩、细粒黑云二长花岗岩	海西期—印支期	独居石、氟碳铈矿	轻稀土	中型—大型
	大曼别稀土矿床	花岗岩	海西期—印支期	独居石、氟碳铈矿	轻稀土	大型
	一碗水稀土矿床	黑云母二长花岗岩	海西期—印支期	独居石、氟碳铈矿	轻稀土	中型

注：数据来源于陆雷等，2020。

（三）矿床类型与特征

1. 风化壳型稀土矿

云南省风化壳（离子吸附型）型稀土按基岩岩性分为花岗岩风化壳型和混合岩风化壳型。腾冲—陇川、临沧—勐海和个旧等地区稀土矿的成矿基岩主要为花岗岩，戌街稀土矿的成矿基岩则为混合岩（据明添学，2021）。风化壳稀土矿分为轻稀土型和重稀土型，前者基岩中稀土矿物主要为榍石、褐帘石、独居石、硅铈石、含铪锆石、钍石、氟碳钙铈矿和氟碳铈钡矿，后者基岩中稀土矿物主要为磷钇矿、氟碳钇矿、硅铍钇矿、富钇钍石、钇萤石和褐钇铌矿。云南风化壳型稀土矿所处海拔均大于1000m，最高可达2500m。矿体常呈层状和似层状产于风化壳中，厚度随地形变化而变化，厚度大多在3～10m之间，最厚可达30m，在低缓山丘的顶部最厚，沿山坡向下逐渐变薄。在靠近沟谷的坡脚处，常常发育坡积碎屑或裸露基岩，而矿体缺失。因此，在平面上以山丘为中心，构成由沟谷隔截的分离矿体，其形态多为椭圆形和不规则形状。矿体倾角较缓，山脊多为5°～10°，至山坡略变陡，为20°～30°。矿体埋深可分为裸露于地表和具有覆盖层两种，后者覆盖层厚1～4mm，最厚可达10m以上，通常为风化壳的表土层。

2. 砂岩型稀土矿

砂岩型稀土矿主要分布于云南临沧花岗岩带南段勐往—勐海县城一带，矿体呈层状、似层状和扁豆状赋存于第四系冲积砂砾层中（图3-19）。矿体厚度由中间向两边逐渐变薄，矿石矿物以独居石和磷钇矿为主。在哀牢山变质带南段金平阿德博一带亦有砂矿型稀土矿分布，矿体呈似层状和透镜状赋存于片麻状花岗岩风化壳中，片麻状花岗岩分布面积广泛，多呈岩基和岩株产出。含矿片麻状花岗岩和二长花岗岩锆石U-Pb年龄分别为31.40Ma和34.52Ma，属喜马拉雅期，为哀牢山造山带后碰撞伸展阶段的产物（王炳华等，2020）。富含独居石和磷钇矿的片麻状花岗岩在风化淋滤作用下，独居石和磷钇矿等难分解矿物在风化壳富集从而形成独居石砂矿床。

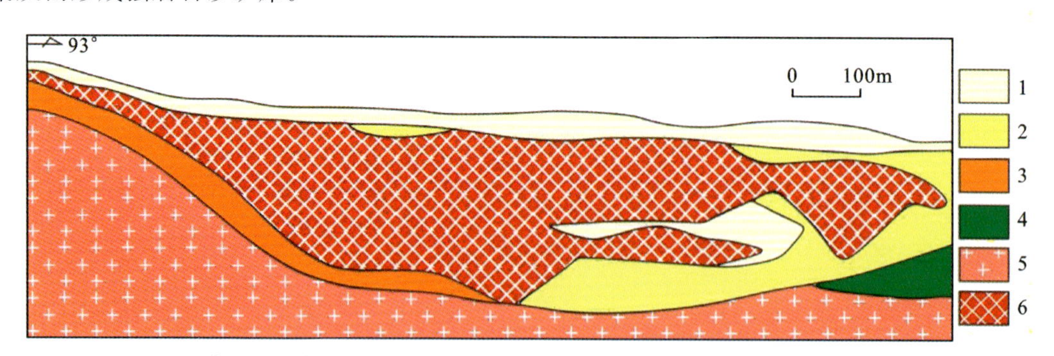

1. 黏土层；2. 砂砾层；3. 花岗岩风化层；4. 中基性岩；5. 花岗岩；6. 独居石砂矿体

图3-19　勐往独居石砂矿体典型剖面图（据王炳华等，2020）

3. 伴生型稀土矿

滇中沉积型磷块岩矿床中伴生有稀土元素，主要赋存于胶磷矿中，含量在 $2.11\times10^{-6}\sim275.21\times10^{-6}$ 之间。重稀土元素富集，轻稀土、重稀土元素分馏不明显（张文兴等，2019；陈满志等，2019）。近年来，在滇中武定迤纳厂 IOCG 型铁铜矿中伴生有稀土元素，条带状矿石和脉状矿石稀土元素含量较高，达 $1\ 446.83\times10^{-6}\sim11\ 259.23\times10^{-6}$，富集 La 和 Ce 等轻稀土元素（杨波等，2014；侯林等，2015）。稀土矿物有氟碳钙铈矿、氟碳铈矿、独居石、褐帘石、铌铁矿、褐钇铌矿、硅钛钇矿和含铌金红石等。

4. 黏土岩型稀土

滇东-黔西地区宣威组黏土岩中普遍富含稀土、铌、钪、镓和锆等元素（赖杨等，2021；田恩源等，2021；文俊等，2021）。宣威组成矿物质来源于其底部峨眉山玄武岩及火山碎屑岩风化沉积。宣威组岩性主要为灰白色黏土岩、灰色泥岩、碳质泥岩与紫红色、灰绿色、深灰色粉砂质黏土岩、粉砂岩和砾岩，局部含煤线。碳泥质岩通常为薄层状产出，可含大量植物碎片。稀土含矿岩系中稀土品位最高的为灰白色块状黏土岩。灰白色块状黏土岩野外辨别度较高，块状构造，内部无明显沉积构造，局部层位可见一些豆状或鲕状沉积。豆状和鲕状沉积与基质成分基本一致。通过各岩性柱和稀土总量变化的纵向对比发现，通常抗风化能力较弱的灰白色铝土质黏土岩含矿品位更高（图 3-20）。砂岩通常为薄—中层状构造，可发育平行层理和交错层理，局部层位植物碎片比较发育（田恩源等，2021）。黏土岩型稀土是近期发现的一种新类型稀土矿，在下一节贵州稀土资源中作详细介绍。

（四）远景资源量

根据《云南省稀土矿资源利用现状调查成果汇总报告》，云南省稀土矿核查矿区数量为 6 处，其中，规模为大型的有 3 处，小型的有 3 处。分布于西双版纳傣族自治州的稀土矿核查矿区有 4 处，其中大型矿 3 处，小型矿 1 处；分布于红河哈巴族彝族自治州的有 1 处，为小型矿；分布于德宏傣族景颇族自治州的有 1 处，为小型矿。云南省稀土矿核查矿区累计查明稀土矿资源储量仅几万吨，勘查程度较低。云南省西部潞西市盈江县、梁河县中南部一带至瑞丽市、龙川县、潞西县（芒市）之间的刺竹园、关钠、一碗水、大曼别地区，红河哈尼族彝族自治州水井湾、沙依坡、坡头地区，牟定县麦地冲、锈水河、平田、罗苴等地是未来寻找风化壳型（离子吸附型）稀土矿的重点地区。

第四节　其他类型稀土分布区

我国稀土矿床类型除了正长岩-碳酸岩等岩矿型和风化壳型（离子吸附型）外，近年来还发现了黏土岩型和伴生型。黏土岩型集中分布于贵州、云南和四川等省份，以贵州最为丰富。伴生型矿床以湖北储量最大，该类型选冶难度最大，值得进一步研究。本节以贵州和湖北为代表，重点介绍以黏土岩型和伴生型为主要稀土类型地区稀土资源情况。

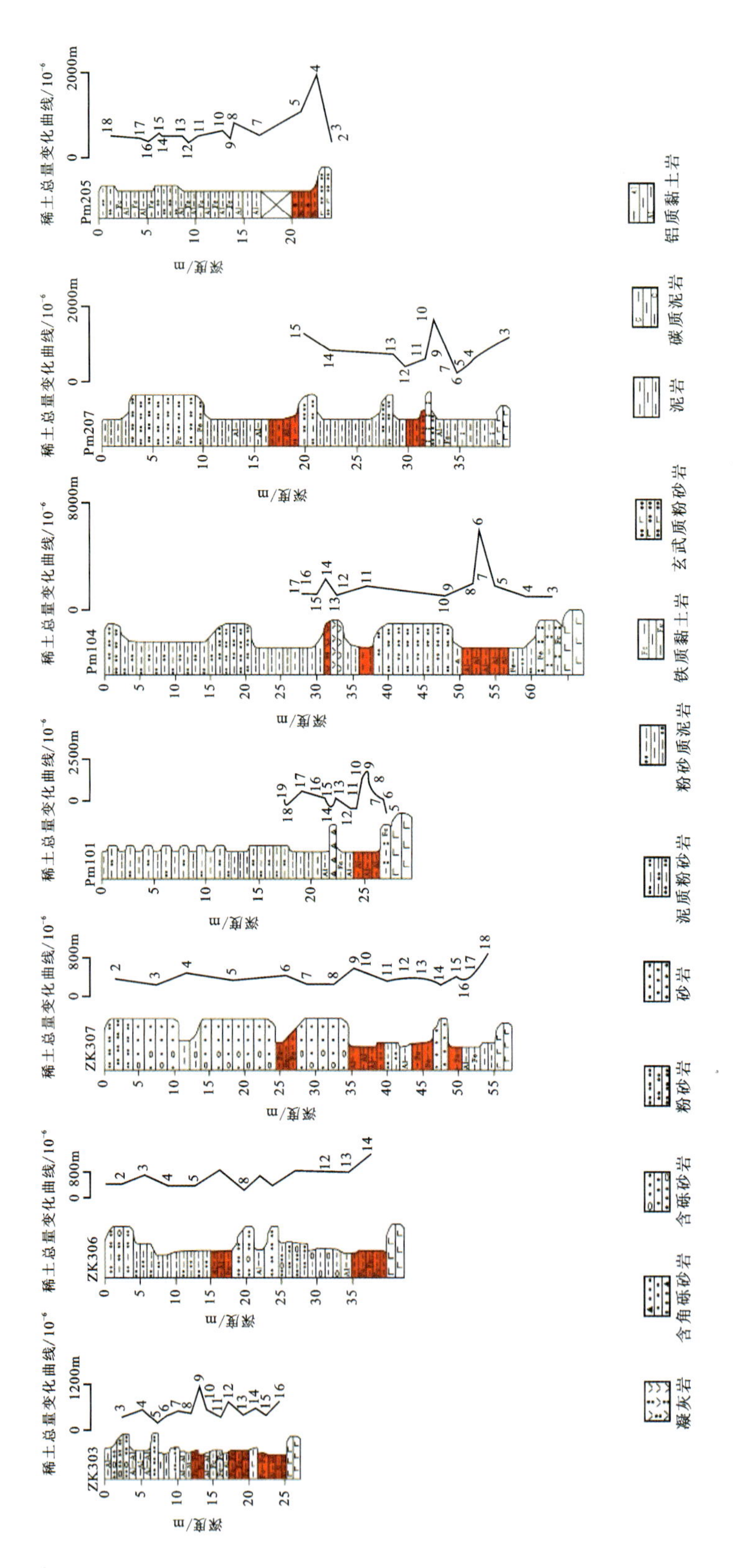

图3-20 滇东-黔西地区宣威组实测钻井(剖面)柱状图(红色为含矿层)

一、贵州稀土资源

贵州省的稀土矿主要与化学、生物化学沉积作用有关，可分为海相沉积的磷块岩伴生型和陆相沉积的黏土岩型两类。

（一）磷块岩伴生型稀土矿

1. 地质背景概述

贵州大地构造处于扬子地台黔中隆起西南端，属扬子地层区。贵州省磷矿资源十分丰富，并伴生稀土。其中，织金新华磷矿是最为典型的稀土磷矿床。稀土元素主要产于古生代地层戈仲伍组的含磷岩性段，属于扬子地层区梅树村期含磷白云岩、硅质页岩建造，是贵州稀土矿化最重要的含矿沉积建造。在梅树村期含磷白云岩、硅质页岩建造中，磷块岩和稀土元素属早期海侵阶段成矿系列，成矿位置主要位于海侵岩系的下部至底部。戈仲伍组主要分布于织金北西部果化—高山和南东部打麻厂一带，其他多隐伏于地下。在南西部该地层逐渐变薄，局部缺失。戈仲伍组岩性为灰色和灰黑色薄—中厚层白云质生物碎屑、砂屑含稀土磷块岩，白云质、硅质含稀土磷块岩，发育斜层理和粒序层理，是区内主要的含磷（稀土）层位。

2. 资源分布情况

织金地区矿区可划分为高山、戈仲伍、果化、佳垮-大嘎 4 个矿段，已探明 9 处磷（稀土）矿床（点）。其中超大型 1 处（贵州织金县新华的寒武系底部 P-REE 大型矿床）、中小型 5 处、矿点 3 处，查明磷资源量 14.9 亿 t，伴生稀土 REO 资源量近百万吨（表 3-11，图 3-21）。矿石自然类型主要为条带状含稀土白云质磷块岩，工业类型以含稀土碳酸盐型磷块岩矿石为主。矿层中 P_2O_5 品位为 14.77%～24.53%，平均为 17.20%；含 REO 品位 0.054 1%～0.152 7%，平均为 0.103 6%；Y_2O_3 品位为 0.016 1%～0.058 3%，平均为 0.037 1%。

表 3-11　织金地区磷（稀土）矿已有勘查工作及其成果一览表

序号	矿区名称	地理坐标		工作程度	磷矿资源量/万 t
		东经	北纬		
1	织金新华磷矿区	26°39′00″	105°52′00″	勘探	83 135.76
2	织金县打麻厂矿区	26°33′00″	105°5112″	详查	10 700.32
3	织金县毛稗冲矿区	26°35′14″	106°06′54″	普查	201.00
4	织金县杜家桥矿区	26°39′50″	105°39′53″	普查	10.10
5	清镇市桃子冲矿区	26°39′51″	106°23′35″	普查	138.30
6	清镇市洛夯矿区	26°41′00″	106°23′37″	普查	85.56
7	织金县李家寨矿区	26°31′36″	105°56′13″	踏勘	3.65
8	纳雍县水东矿区	26°42′13″	105°31′50	踏勘	—
9	纳雍县大院矿区	26°43′41″	105°37′14″	踏勘	—

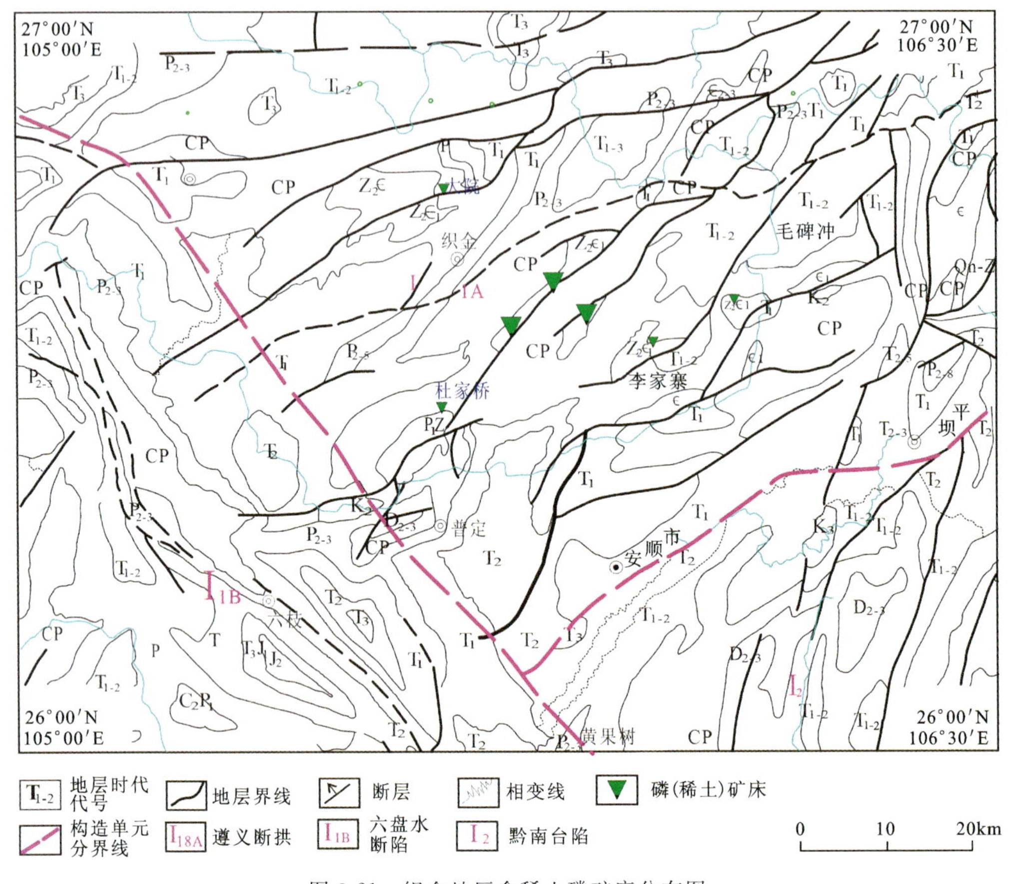

图 3-21　织金地区含稀土磷矿床分布图

3. 资源潜力

贵州织金含稀土磷矿已探明储量巨大，尤其是磷矿中氧化钇重稀土含量高，占稀土总量的 32%左右。但由于该稀土磷块岩属于目前难以选冶的伴生稀土磷矿，稀土含量较低。目前综合利用未取得工业性突破，有关工业指标也未确定。若能有效地利用中低品位的磷矿，同时又能对稀土进行较好的回收，对我国稀土工业可持续发展起着决定性意义（崔文鹏，2014；聂登攀，2018）。

（二）黏土岩型稀土

1. 地质背景概述

黏土岩型稀土含矿建造为一套富稀土高岭石质黏土岩，主要赋存在川、滇、黔相邻地区峨眉山玄武岩之上，上二叠统宣威组底部，连续性好，厚度 2～16m 不等。宣威组富稀土黏土岩建造在云南省东部昭通—宣威—曲靖一线以东，至贵州西部赫章—六盘水一线以西的地区广泛分布（图 3-22）。

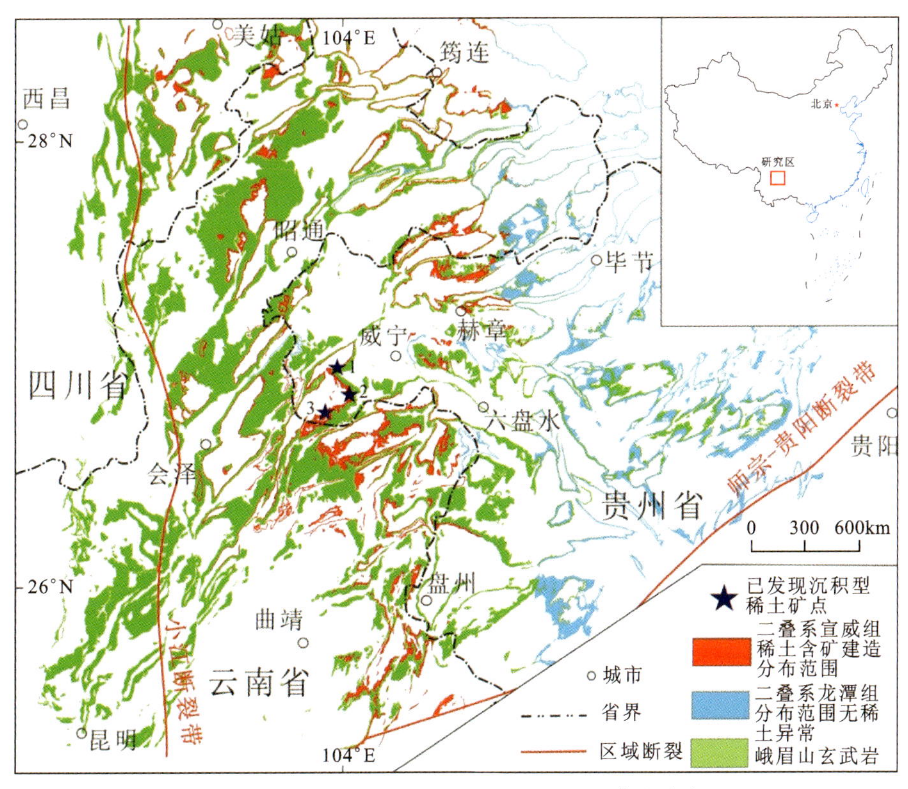

图 3-22 川、滇、黔相邻区沉积型稀土含矿建造分布图

这套含矿建造大地构造位置位于上扬子陆块西侧，处于相对稳定的台地沉积环境，宣威组下部稀土含矿段属于古辫状河道两侧的洪泛平原亚相（邵龙义等，2013；He et al.，2018）。宣威组高岭石质黏土岩中稀土异常，高岭石含量介于60％～80％之间（徐莺等，2018；徐璐等，2020）。稀土在铵盐体系及硫酸体系常温条件下的直接浸出率极低（0.02％～24％）（张海，2014；陈蕤等，2019），说明稀土元素并不以离子交换和配位络合吸附于高岭石和埃洛石表面（Yang et al.，2019）。富稀土黏土岩建造整体呈层状产出，自西向东的横向演化和相变特征清晰，层间发育有水平层理等沉积构造，部分灰白色铝土质黏土岩层中尚保留有完整的植物化石，经鉴定为晚二叠世联囊蕨属（*Rajahia*）。这无疑是富稀土黏土岩建造沉积成因的关键性证据，为研究地表陆相沉积环境中稀土的迁移方式，陆相沉积物中稀土元素的沉淀-富集规律和约束条件找到了突破口。

2. 资源分布情况

中国地质科学院矿产综合利用研究所2018—2020年于黔西北威宁地区新发现黏土岩型稀土矿产地3处，新增稀土氧化物（潜在）资源量几十万吨，并伴生有铌（Nb_2O_5）3.83万t，钛（TiO_2）268.07万t，镓0.57万t，钪（Sc_2O_3）0.92万t。

3. 矿床特征

富稀土黏土岩可分为褐红色—褐黑色铁质黏土岩、浅灰色—灰白色铝土质黏土岩和灰黑色碳质黏土岩。黏土岩分为上、下两个矿层，下矿层主要富集铁、钛和稀土，岩性主要由褐红色、暗红色铁质（含铁质）黏土岩、鲕豆状铁质黏土岩、铁质凝灰质黏土岩、含铁质角砾黏土岩组成，厚度为0.50～3.50m不等，一般厚约1.0m，矿石中TFe含量主要集中在20%～30%之间；上矿层主要富集稀土、锆和钛等元素，岩性主要为灰白色—深灰色黏土岩、泥质粉砂岩和粉砂质泥岩，常伴有植物化石，厚度为0.5～17.0m，平均厚度可达6m。其中，稀土氧化物总量（REO）一般为$1860\times10^{-6}\sim4969\times10^{-6}$。

关于黏土岩型稀土的成因模式，尚存在较多争议，有风化壳型、风化-沉积型和火山-沉积-改造型等。目前被广泛接受的成因模式为与沉积作用有关的黏土岩型。按第一章成因类型划分方案属黏土岩型，可描述为“ELIP”（峨眉山大火成岩省）沉积型，“ELIP岩石系统控源，古地貌古环境控相，高岭石沉淀控矿”的成矿模式，即源自西侧康滇古陆剥蚀区，母岩主要为峨眉山高钛玄武岩及同期碱性正长岩，其中的稀土元素经过风化、搬运，沉积在陆相洪泛平原环境，在淋滤过程中与高岭石共同沉淀富集成矿（中国地质科学院矿产综合利用研究所，2020）。

4. 远景资源量

根据威宁地区沉积型稀土矿的成矿地质特征，结合地质填图资料在宣威组出露有利位置，圈定岔河（WL-1）、黑石-哲觉（WL-2）、幺站-龙场（WL-3）和炉山-东风（WL-4）4处最小预测区（图3-23），含矿地质体出露面积分别为：25 388 631.72m²、90 176 353.08m²、31 603 901.86m²和74 925 583.90m²，延深为600m。根据计算公式“预测远景资源量=含矿地质体面积×延深×Sinα×体积含矿率×相似系数”估算出4处最小预测区预测远景资源达几十万吨，资源潜力较大（表3-12）。

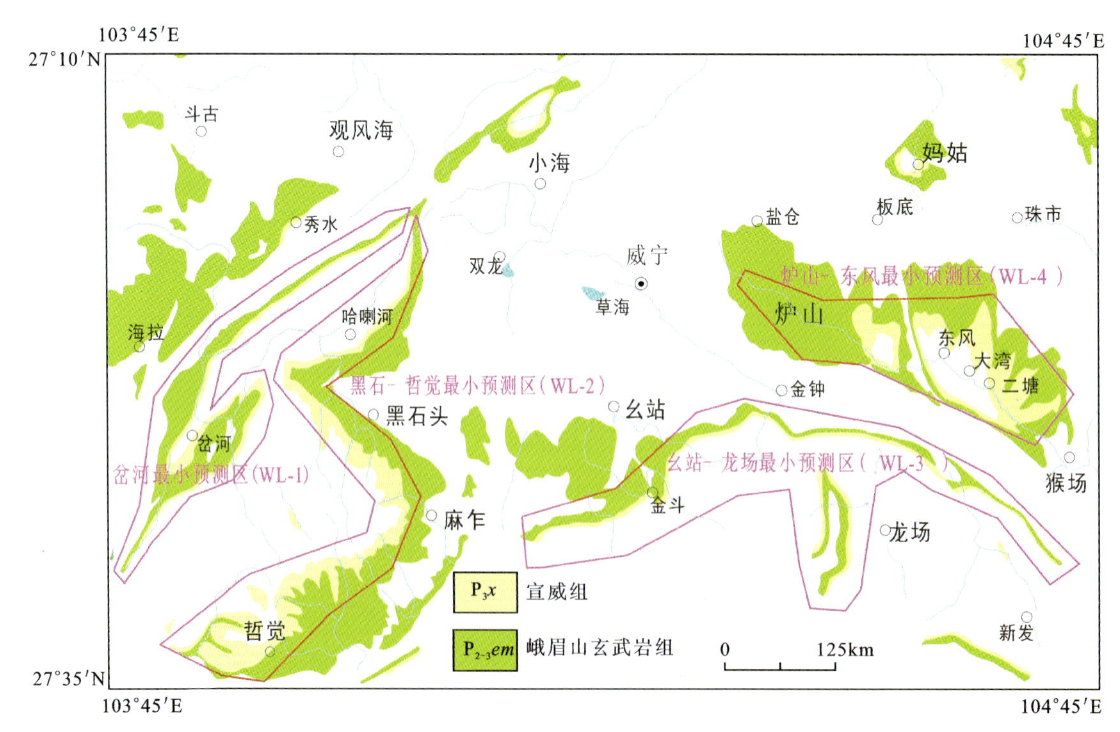

图3-23 威宁地区沉积型稀土矿最小预测区分布图

表 3-12　贵州威宁预测工作区最小预测区资源量估算结果表

最小预测区编号	最小预测区名称	含矿地质体面积/m^2	延深/m	平均倾角/(°)	体积含矿率/$t \cdot m^{-3}$	相似系数
WL-1	岔河最小预测区	25 388 631.72	600	14	0.000 729	0.6
WL-2	黑石-哲觉最小预测区	90 176 353.08	600	11	0.000 729	0.6
WL-3	幺站-龙场最小预测区	31 603 901.86	600	9	0.000 729	0.6
WL-4	炉山-东风最小预测区	74 925 583.90	600	9	0.000 729	0.6

二、湖北稀土资源

1. 地质背景概述

湖北省主体处于扬子板块与华北板块中生代对接带的南侧，仅鄂东北和大别山地区处于中生代对接带的北缘。中生代晚期—新生代滨太平洋构造域叠加在早期构造形迹之上。根据中生代以来的地质构造面貌，湖北省内可以划分为 6 个构造区(图 3-24)。

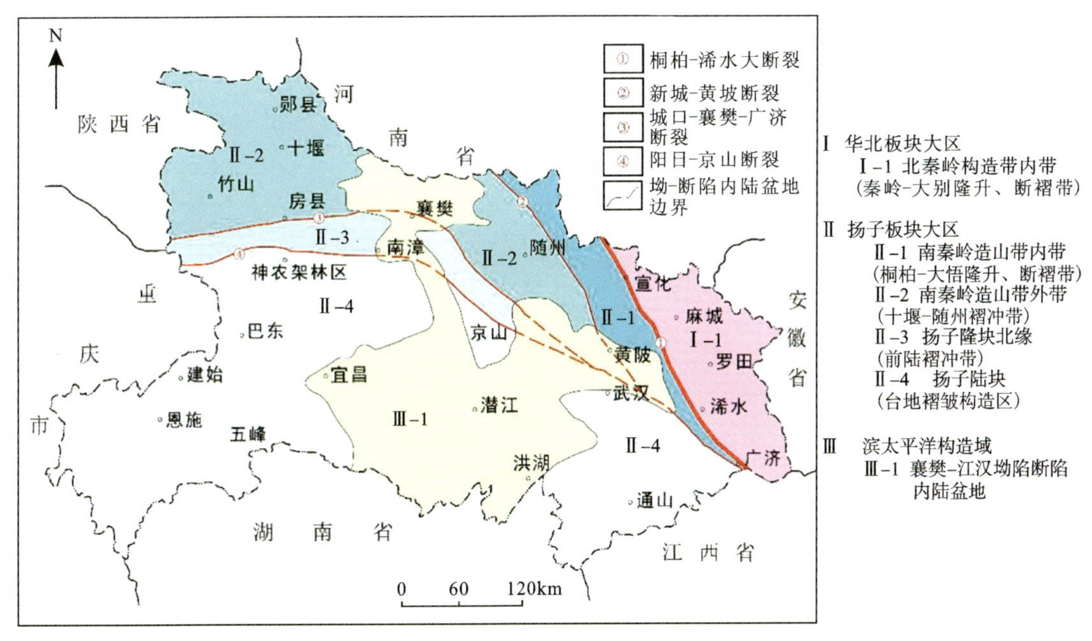

图 3-24　湖北大地构造分区图

湖北省地跨扬子克拉通和秦岭大别山造山带两大地质构造单元，具备较为优越的成矿地质条件。境内出露太古代至新生代的岩石地层，已发现各类岩浆岩侵入体千余个，变质岩分布广泛，境内沉积岩面积占比 61%，变质岩面积占比 32%，岩浆岩面积占比 7%。

湖北省地层包括：①新太古代—中元古代地层，主要分布于北部秦岭地区，由东向西依次出露大别山岩群、红安岩群及武当岩群，为一套中深变质岩；南部扬子地层在神农架和黄陵等地有小面积出露，包括水月寺岩群、崆岭岩群、神农架群和冷家溪群等，为一套中浅变质岩系。其中，红安岩群是变质磷矿和重稀土矿的重要赋存层位；②新元古代地层，在秦岭地区主要为一套变质火山岩和变质沉积泥质岩组合，在扬子地层区主要为一套滨浅海碎屑岩-碳酸盐岩组合；③古生代地层，分布较少，为一套厚度较大的盆地相火山凝灰质和灰泥质沉积岩，岩石普遍发生低绿片岩相变质；④中生代、新生代地层，主要分布于中、新生代坳陷盆地，以江汉盆地分布范围最广。除早—中三叠世地层主要为一套海相碳酸盐岩和碎屑岩沉积外，其余时代地层均为陆相碎屑沉积岩。

湖北省岩浆岩分布也较为广泛，全省共有大小岩体千余个，总面积约 13 000km^2。按形成时期可分为新元古代大别期，中元古代扬子期，早古生代加里东期和中、新生代燕山期—喜马拉雅期等。超基性、基性、中酸性、酸性、碱性岩浆岩及各类变质岩均有出露。其中，酸性岩和中酸性岩占 85%，主要分布于鄂东南、鄂东北和鄂西黄陵背斜核部；基性和超基性岩较少，分布于鄂北及黄陵背斜；碱性岩、偏碱性岩和碳酸岩仅见于竹山-房县、随州-枣阳局部地区。

2. 资源分布情况

多年来，湖北省已查明稀土矿区共 10 处，且均未利用。其中重稀土矿区 1 处，位于广水市；轻稀土矿区（独居石矿砂）9 处，8 处位于郧县、石首和通城县，1 处位于竹山县。湖北省稀土矿成矿条件一般，勘查程度较低。

3. 矿床类型及特征

湖北稀土矿床类型主要为碱性岩-碳酸岩、变质岩型和少量火山岩型。自 20 世纪 80 年代以来，在鄂西北两竹地区（竹溪县和竹山县）陆续发现了庙垭特大型铌、稀土矿床和众多诸如杀熊洞等铌、稀土矿点（图 3-25，表 3-13）。近年来，又在两竹地区勘查发现了岩屋沟-青岩沟和土地岭等铌（钽）矿床或矿点。庙垭铌、稀土矿床探明铌、稀土储量达超大型，铌（Nb_2O_5）储量为 92.9 万 t，伴生轻稀土超百万吨。岩屋沟-青岩沟铌矿床经普查工作初步估算潜在矿产资源，铌（Nb_2O_5）储量为 94.43 万 t。土地岭铌钽矿床经预查工作初步估算潜在矿产资源，钽（Ta_2O_5）储量为 2681 吨、铌（Nb_2O_5）储量为 10.48 万 t，显示出巨大的铌、钽、稀土矿资源潜力（鲁显松等，2021）。

湖北广水-大悟地区稀土矿床类型为变质型。稀土矿床赋存于殷家沟-老虎冲倒转复式向斜核部的黄麦岭岩组上段浅粒岩、变粒岩中，全长大于 17.2km，地表出露宽 60～110m。该地区矿石中所含稀土元素以钇为主，累计查明的 Y_2O_3 储量几万吨，但矿石中的钇含量较低，Y_2O_3 平均含量只有 0.1%左右（李燊毅等，2022）。

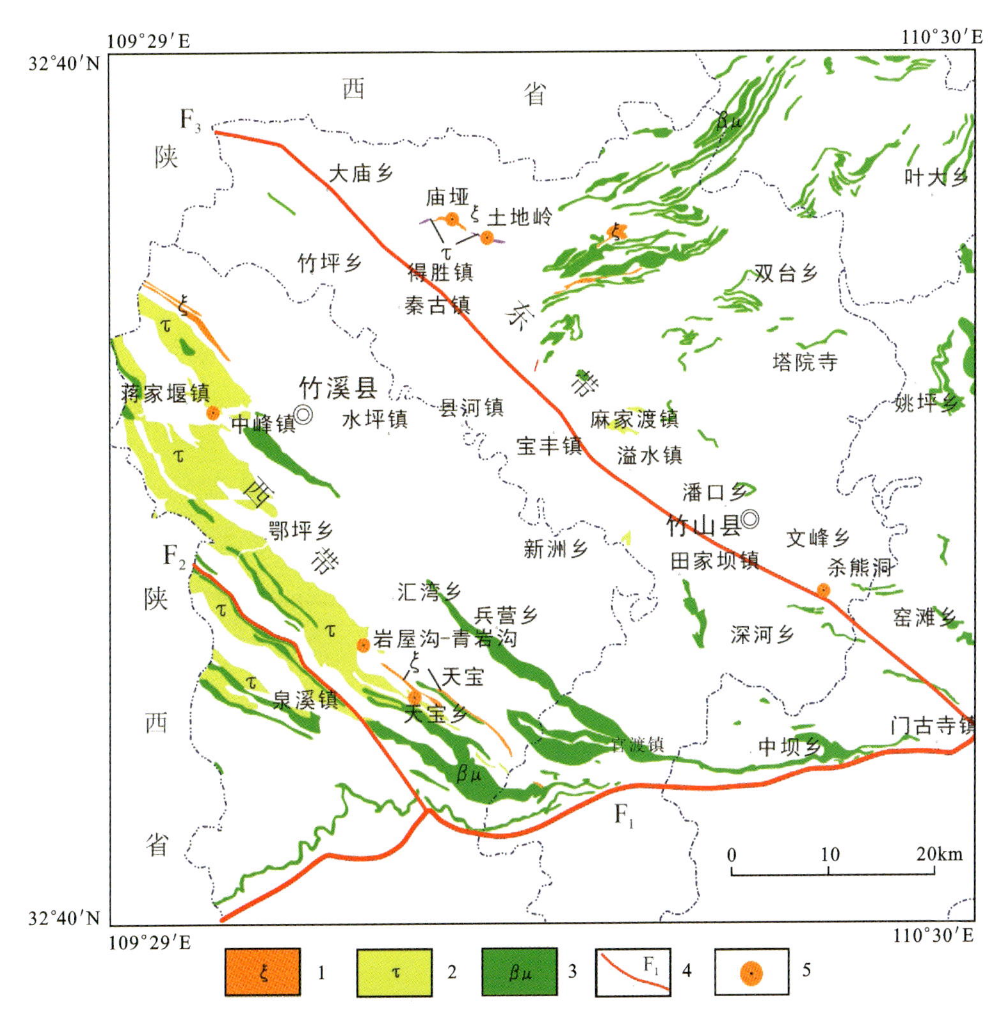

1.正长岩-碳酸岩杂岩体；2.粗面质火山岩；3.基性岩；4.断层；5.铌钽-稀土矿床；F₁.青峰-襄广断裂；F₂.红椿坝-曾家坝断裂；F₃.安康-竹山断裂

图 3-25　鄂西北地区铌钽-稀土矿床分布图（据鲁显松等，2021）

4.远景资源量

根据 2010 年《湖北省稀土矿产资源利用现状调查成果汇总报告》，湖北省累计查明独居石砂矿型稀土储量几万吨，岩浆-热液型轻稀土储量超百万吨，火山沉积型重稀土矿几万吨。湖北省稀土矿区分布于咸宁通城县、十堰竹山县与郧县、随州广水市、荆州石首市等地。根据《湖北省稀土矿资源潜力评价（2010 年）》，预测湖北省潜在稀土资源总量达几百万吨，资源潜力巨大。以岩浆-热液型稀土为主，砂矿型稀土和火山沉积型重稀土都仅有几十万吨。

表 3-13 鄂西北地区典型铌-钽-稀土矿床特征表

矿床	地质简况	主要赋矿岩石类型	主要矿物类型	品位	规模	矿床类型
庙垭铌、稀土矿床	位于安康-竹山断裂北东侧，受近东西向次级断裂控制，碳酸岩-正长岩杂岩体即为矿体，呈近东西向纺锤状产出	正长岩类：正长岩、混染正长岩、混染钠质正长岩、正长斑岩；碳酸岩类：黑云母碳酸岩、方解石碳酸岩、含碳方解石碳酸岩、铁白云石碳酸岩	含铌矿物以铌铁矿、铌金红石、贝塔石、烧绿石、铌钙矿、铌易解石、锰钽铁矿、铌钽铁矿、黑稀金矿等为主，主要的稀土矿物包括独居石、氟碳铈矿、氟碳钙铈矿、褐帘石、磷灰石、羟氟碳铈矿和钇榍石等	Nb_2O_5 品位为 0.11%，REO 品位为 1.02%	探明超大型储量：Nb_2O_5 储量为92.9 万 t、轻稀土氧化物超百万吨	岩浆型
岩屋沟-青岩沟铌矿床	位于红椿坝-曾家坝断裂北东侧，矿体受北西向断裂控制，呈北西向展布，赋矿岩石主要为一套溢流-喷发相火山岩	粗面质熔结凝灰岩、粗面质（熔结）火山角砾岩、粗面岩、粗面质含晶屑岩屑凝灰岩	含铌矿物为易解石、烧绿石、钛铁矿、榍石；稀土矿物以褐帘石为主，含少量兴安石和氟碳铈矿，含微量独居石和氟碳钙铈矿	Nb_2O_5 品位为 0.08%～0.10% Ta_2O_5 品位为 0.004%	岩屋沟-青岩沟矿床初步估算潜在矿产资源：Nb_2O_5 储量为94.43 万 t	火山岩型
土地岭铌钽矿床	位于竹山断裂北东侧，受近东西向次级断裂控制，矿体呈近东西向展布，赋矿岩石为一套火山喷发-沉积岩	粗面岩、粗面质熔岩、粗面质熔结凝灰岩、含钾长石晶屑绢云母千枚岩	含铌钽矿物有铌铁矿、铌金红石、含铌钛铁矿、含铌榍石、硅锆铌钙钠石；含稀土矿物有褐帘石、独居石、锆石等	铌矿体 Nb_2O_5 品位为 0.08%～0.12%；铌钽矿 Nb_2O_5 品位为 0.2%～0.3%，Ta_2O_5 品位为0.012%	初步估算潜在矿产资源：Ta_2O_5 储量为 2681t，Nb_2O_5 储量为10.48 万 t	火山沉积型

注：数据来源于鲁显松等，2021。

第四章　国外稀土资源

第一节　国外稀土资源概述

世界上目前已知的稀土矿床和矿点广泛分布于除南极洲外的世界各大洲，特别是近几年来全球掀起“稀土热”，世界各地新发现的稀土资源层出不穷。目前全球稀土矿床(点)超过3000处，遍布世界五大洲近40个国家和地区，世界稀土资源分布格局正在发生着重大变化。世界各地相继发现的众多稀土资源主要分布在中国、越南、朝鲜、南非、马来西亚、印度尼西亚、斯里兰卡、蒙古国、阿富汗、沙特阿拉伯、土耳其、挪威、格陵兰、尼日利亚、肯尼亚、坦桑尼亚、布隆迪、乌干达、马达加斯加、莫桑比克、埃及等国家或地区(表4-1)。

表4-1　全球稀土资源分布主要国家及地区

序号	洲名	地域名	国家/地区
1	美洲	北美	美国、加拿大、古巴、格陵兰
		南美	巴西
2	欧洲	北欧	俄罗斯、挪威、瑞典、土耳其
3	大洋洲		澳大利亚
4	亚洲	东亚	中国、朝鲜、蒙古国、日本
		东南亚	越南、马来西亚、印度尼西亚
		南亚	印度、斯里兰卡
		西亚	阿富汗、沙特阿拉伯
		北亚	
5	非洲	北非	埃及
		东北	肯尼亚、坦桑尼亚、布隆迪、乌干达、纳米比亚、马达加斯加、安哥拉、摩洛哥、马拉维、赞比亚、毛里塔尼亚
		西非	尼日利亚
		南非	南非、马达加斯加、莫桑比克、加蓬

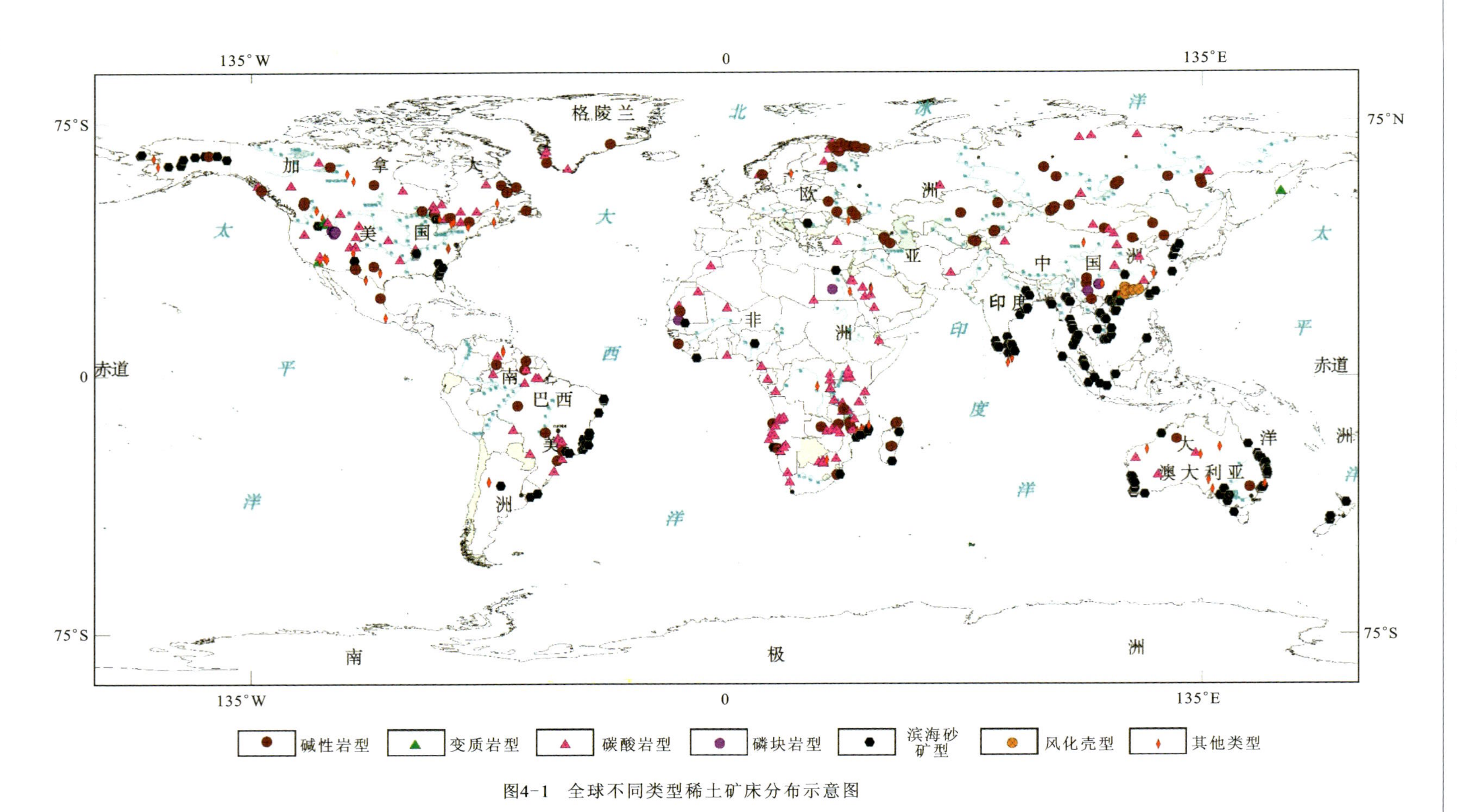

图4-1 全球不同类型稀土矿床分布示意图

公开数据统计表明，全球稀土储量主要集中在亚洲，亚洲稀土储量占到全球稀土储量的50.46%，稀土资源量也是亚洲占比最大，占比达到34.62%。全球稀土储量大于100万t的国家或地区共13个(图4-2)，稀土资源量大于100万t的国家或地区共23个。全球稀土资源和储量相对集中于中国、巴西、瑞典、越南、俄罗斯、印度和澳大利亚等几个国家。

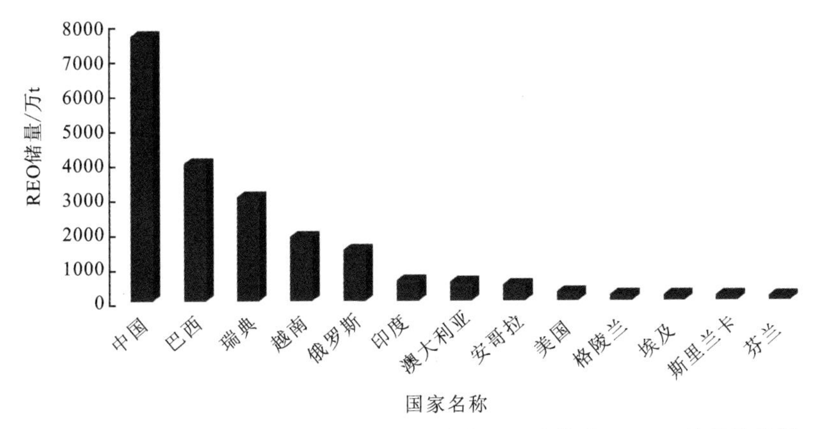

图4-2　全球稀土储量大于100万t的国家或地区及其稀土REO储量柱状图

其中，稀土储量大于1000万t的稀土矿有白云鄂博东矿、Maicuru、白云鄂博西矿、Kiruna和微山5个矿床，稀土资源量大于1000万t的稀土矿有白云鄂博东矿、白云鄂博西矿、白云鄂博都拉哈拉矿、Olympic Dam、Morro Dos Seis Lagos、kringlerne、Etaneno、St. Honor和Tolagnaro这9个矿床。

第二节　北美洲及格陵兰地区稀土资源及特征

一、地质背景概述

(一)地质构造

北美大陆及格陵兰地质构造可分为4个部分：①加拿大地盾和北美地台；②阿帕拉契亚褶皱带；③科迪勒拉褶皱带；④格陵兰地台(图4-3)。各构造单元简述如下。

1. 加拿大地盾和北美地台

加拿大地盾主要由太古宇至元古宇岩石组成，太古宇岩石主要为花岗岩、花岗片麻岩、角闪片麻岩、片麻岩以及由火山岩变质而成的绿岩带，主要分布于苏必利尔区、奴河流域及格陵兰西部等地。北美地台分布于加拿大地盾外侧，东侧以大熊湖—大努湖—温尼伯湖一线为界与加拿大地盾分开，北侧大致在速必利尔湖南段与加拿大地盾为界，北美地台西侧与北美西部大裂谷与科迪勒拉褶皱带相连。

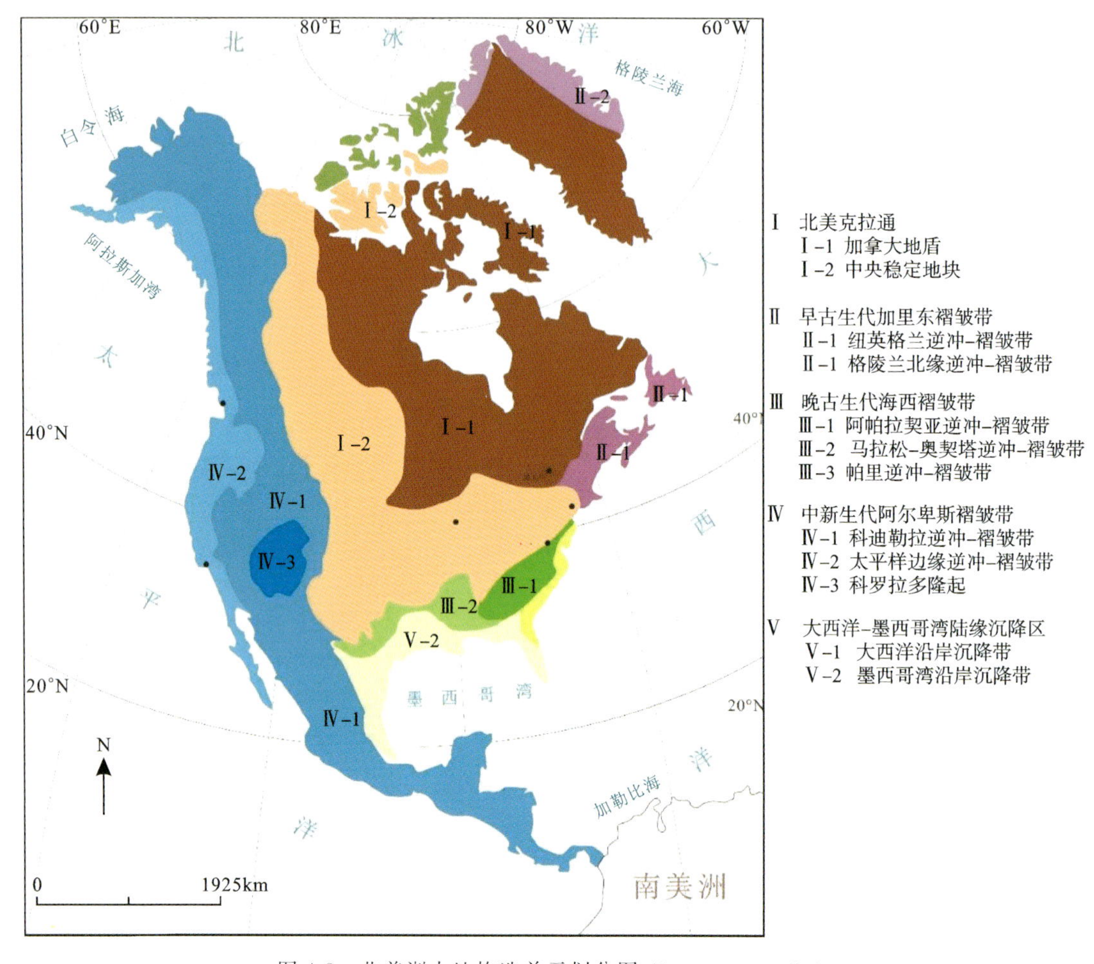

图 4-3　北美洲大地构造单元划分图(据 USGS,2007 修改)

2. 阿帕拉契亚褶皱带

阿帕拉契亚褶皱带属古生代地槽褶皱带,北美大陆东南部,褶皱带的北西部分沉积具有冒地槽性质,南东部分具有优地槽性质。褶皱带内超基性-基性火山岩的主要成分为橄榄岩和辉长岩侵入岩,褶皱带内的变质岩主要有砾岩、石英云母片岩及各种片麻岩,褶皱带内火成岩主要成分为石英二长岩、花岗闪长岩及花岗岩。褶皱内的伟晶岩矿带北东起于加拿大,南西达美国的亚拉巴马州。

3. 科迪勒拉褶皱带

科迪勒拉褶皱带内带沉积具有优地槽性质,在中生代时期,褶皱运动、变质作用及岩浆侵入活动十分强烈,常形成沿褶皱带走向延伸的大花岗岩基。外带沉积具有冒地槽性质,属于中生代晚期及新生代,断裂活动和岩浆喷出活动十分强烈,东部出露大片火山岩,区域内主要成矿伟晶岩矿带延展方向与褶皱带一致,与从阿拉斯加到墨西哥的锡矿带一致。

4. 格陵兰地台

从格陵兰和斯堪的纳维亚半岛太古宙稳定地块(克拉通)到地中海沿岸的年轻火山带,伴随多次大陆碰撞和破碎,出现一系列的陆内裂谷,伴随而来的是碱性岩和碳酸岩的岩浆活动。格陵兰稀土矿床常与碱性-超基性岩和碳酸盐共生,形成于陆内裂谷带,如格陵兰东部的Gardiner新生代杂岩体,包括碱性超基性杂岩体、碳酸岩、正长岩侵入体,赋存有一些稀土富集带(袁忠信等,2012)。

(二)稀土矿化区

北美地区重要稀土矿化区有努河正长岩型稀有稀土成矿区、圣劳伦斯碱性岩-碳酸岩型稀有稀土成矿区和科罗拉多稀土成矿区,以及格陵兰稀有稀土成矿区(袁忠信等,2016)。

1. 努河正长岩型稀有稀土成矿区

该矿区位于加拿大地盾西部,构造走向呈北到北西向,发育太古宙沉积岩及各时期火山岩、花岗岩和正长岩。沉积岩主要为硬砂岩和板岩,局部变质形成瘤状石英云母片麻岩或石英岩;火山岩常见的是粒玄岩及少量安山岩;花岗岩、正长岩包括从花岗岩到闪长岩成分的岩石,分布面积广并形成大杂岩体。花岗岩常形成伟晶岩型稀有金属矿床,正长岩则常发生稀土矿化。代表性稀土矿床为耶罗萘夫城东南的雷神湖(ThorLake)矿床,稀土矿体赋存于正长岩及蚀变正长岩内,在正长岩外接触带的格拉斯湖花岗岩内也有分布,可分出4条矿带,主要表现为钇和铈矿化。稀土矿物有磷钇矿和氟碳铈矿,稀土矿石储量达亿吨。

2. 圣劳伦斯碱性岩-碳酸岩型稀有稀土成矿区

圣劳伦斯碱性岩-碳酸岩型稀有稀土成矿区位于加拿大地盾格林维尔区南部,沿圣劳伦斯河流域呈北东-南西向延伸,向西直到五大湖区。带内碱性岩和超基性岩十分发育,并有碳酸岩共生,构成碱性岩-碳酸岩区。代表性的稀有稀土矿床有魁北克省的圣霍诺雷及奥卡碳酸岩型铌-稀土矿床、安大略省詹姆斯湾碳酸岩型铌-稀土矿床、魁北克省克蓝维尔霞石正长伟晶岩型铌钽矿床。圣霍诺雷矿床的赋矿岩体主要包括碱性岩、碱性超基性岩及碳酸岩,其中,碳酸岩稀土含量较高,白云石碳酸岩中稀土平均品位为4.5%。

3. 科罗拉多稀土成矿区

该成矿区位于北美大裂谷带南段。北美大裂谷从墨西哥北部经美国的新墨西哥、科罗拉多、怀俄明、爱达荷和蒙大拿向北进入加拿大,为一从前寒武纪到近代多次活动的大陆裂谷带。区内及其附近有一些类型迥异的重要稀土金属矿床,代表性的稀土矿床为芒廷帕斯(Mountian Pass)稀土矿。

4. 格陵兰稀有稀土成矿区

格陵兰有莫茨费尔特(Motzfeldt)、克林格勒纳(Kringlerne)、科瓦内湾(Kvanefield)和萨法尔托克(Sarfartoq)碱性岩-碳酸岩型稀土、铌、钽、锆、铀矿床。格陵兰碱性岩包括辉石正长岩、正长石、霞石正长岩、流霞正长岩和异性霞石正长岩等,多分布在格陵兰的南部,碳酸岩主要分布在格陵兰的西部。除上述稀土矿床外,在格陵兰的东部上游有许多小型稀有稀土矿床,包括石英型和砂矿型稀土矿。

二、资源分布情况

北美洲地区稀土资源主要分布于美国、加拿大和格陵兰地区(图 4-4)。

图 4-4 北美洲及格陵兰资源量大于 5 万 t 的稀土矿分布示意图

1. 美国稀土资源

美国稀土资源广泛分布于美国的 19 个州(表 4-2),集中分布在阿拉斯加州、内布拉斯州、加利福尼亚州、科罗拉多州、佛罗里达州、爱达荷州和弗吉尼亚州 7 个州。美国稀土资源以砂矿型稀土矿和碳酸岩型稀土矿为主,砂矿型稀土矿在阿拉斯加州分布较多,碳酸岩型稀土矿主要分布于加利福尼亚州、科罗拉多州、怀俄明州和蒙大拿州。

2. 加拿大稀土资源

加拿大有稀土矿床(点)约 200 多处,主要分布在加拿大南部,包括魁北克省、安大略省、

表 4-2　美国各州稀土矿床分布数量统计表

所在州	矿点总个数/处	部分矿点所在地区(矿点个数)
阿拉斯加州	15	Nome(3)、Southeast Fairbanks(1)、Wade Hampton(1)、Yukon-Koyukuk(8)、Unknow(2)
亚利桑那州	2	Lower Colorado(2)
阿肯色州	1	Hot Spring(1)
加利福尼亚州	3	Riverside(1)、San Bernardino(2)
科罗拉多州	3	Custer(1)、Fremont(1)、Gunnison(1)
佛罗里达州	3	Clay(3)
佐治亚州	2	Camden(1)、Glynn(1)
爱达荷州	27	Bear Lake(1)、Bingham(1)、Boundary(1)、Caribou(12)、Idaho(2)、Lemhi(5)、Valley(5)
伊利诺斯州	1	Saline(1)
蒙大拿州	4	Beaverhead(1)、Chouteau(1)、Mineral(1)、Ravalli(1)
内布拉斯州	1	Johnson(1)
新墨西哥州	5	Lincoln(2)、Otero(2)、Rio Arriba(1)
纽约州	1	Essex(1)
俄勒冈州	1	Lake(1)
南卡罗来纳州	2	Aiken(1)、Beaufort(1)
田纳西州	4	Benton(3)、Carroll(1)
得克萨斯州	2	Hudspeth(1)、Llano(1)
弗吉尼亚州	2	Amherst(2)
怀俄明州	2	Albany(1)、Crook(1)

注：数据来源于 USGS。

不列颠哥伦比亚省、纽芬兰与拉布拉多省、萨斯喀彻温省、新不伦瑞克省、马尼托巴省、新斯科舍省、育空地区、西北地区和努纳武特地区 12 个省(地区)(表 4-3)，尤其在魁北克省和安大略省分布较为集中，北部稀土矿床较少。加拿大稀土矿床类型以碱性岩型为主，少量为碳酸岩型。此外，加拿大还发育与铀伴生的稀土矿床。

3. 格陵兰稀土资源

格陵兰稀土矿主要分布在格陵兰的南部和西部，格陵兰东部和中部仅有少数稀土矿分布(表 4-4)。格陵兰稀土资源以碱性岩型稀土矿为主，少量碳酸岩型稀土矿。代表性碱性岩型稀土矿有 Kringlerne 和 Kvanefjeld，代表性碳酸岩型稀土矿有 Sarfartoq。

表 4-3 加拿大稀土矿床分布表

所在省/地区	矿点总个数/处	部分主要矿点所在地
魁北克省	73	Verchères County、Québec North Shore、Northern Quebec、Waswanipi
安大略省	39	Moose River、Red Lake、Murdochville、Springer Township、Sudbury、Kapuskasing、Hearst、Red Wine、Zeus、Nemegosenda Lake、Elliot Lake、Cardiff and Monmouth Townships
不列颠哥伦比亚省	38	Prince George、Kamloops、Birch Island
纽芬兰与拉布拉多省	21	Churchill Falls、St. Lewis
萨斯喀彻温省	9	northern Saskatchewan
新不伦瑞克省	8	McKeel Lake
马尼托巴省	7	Leaf Rapids
新斯科舍省	4	
育空地区	3	
西北地区	2	Big Spruce Lake、Yellowknife Hay River
努纳武特地区	2	
阿尔伯特省	1	Fort McMurray

表 4-4 格陵兰稀土矿点分布表

所在地	矿点个数/处	矿点名称
格陵兰南部	9	Narsarsuaq、Ilimaussaq、Kringlerne、Motzfeldt Sø、Grønnedal-Ika、Igaliko Complex、Sørensen Deposit、Zone 3、Kvanefjeld
格陵兰西部	5	Qaqarssuk、Sarfartoq、Tikiusaaq、Nassuttooq、Niaqornakavsak
格陵兰东部	3	Gardiner、Milne Land、Bjørnedal
格陵兰中南部	1	Motzfeldt Sø

注：数据来源于 Paulick et al.，2015。

三、主要矿床类型及特点

根据 Keith 等(2010)的研究，并结合李文(1997)从岩浆地球化学结晶演化的角度对碱性岩进行定义，即碱性矿物占多数的火成岩称为碱性岩的观点，将北美洲及格陵兰地区主要稀土矿床划分为以下 7 种类型：碳酸岩型稀土矿、碱性岩型稀土矿、变质岩型稀土矿、砂矿型稀土矿、氧化铁-磷矿型(Iron Oxide-Apatite，简称 IOA 型)稀土矿、伴生型稀土矿(与磷伴生稀土矿、与铀伴生稀土矿、与氟伴生稀土矿)和页岩型稀土矿。

1. 碳酸岩型稀土矿

北美洲及格陵兰地区碳酸岩型稀土矿在美国、加拿大和格陵兰地区均有分布（表 4-5）。碳酸岩型稀土矿床通常形成于大陆裂谷带，是目前稀土元素的主要来源。碳酸岩型稀土矿含有 50%以上的原生碳酸矿物，少于 20%的硅酸盐矿物（辉石、角闪石和橄榄石）和少量磷酸盐矿物。碳酸岩型稀土矿床岩石化学成分变化很大，典型的碳酸岩含有 Cs、Rb、Ba 和少量的 SiO_2，富含 CaO，也有一些碳酸岩富含 Mg、Fe（Gou et al.，2019）。碳酸岩型稀土矿床是目前已知各类稀土矿床中，稀土元素含量较高且轻稀土元素富集度较高的矿床，碳酸岩型稀土矿中 REO 品位可高达百分之几十。碳酸岩型稀土矿中主要稀土矿物包括氟碳铈矿、氟碳钙铈矿、独居石、褐帘石、铈硅石和烧绿石等。

表 4-5 北美洲及格陵兰地区碳酸岩型稀土矿床特征表

矿床（点）名称	REO 品位/%	REO 资源量/储量（规模）	国家	所在洲（省）/地区
Bear Lodge	3.05	资源量（大型）	美国	怀俄明州
Bearpaw Mountains	0.014	资源量（中型）	美国	蒙大拿州
Deep Creek	0.015	资源量（小型）	美国	俄勒冈州
Elk Creek	1.00	储量（中型）	美国	内布拉斯加州
Gem Park	0.35	储量（中型）	美国	科罗拉多州
Hicks Dome	0.42	资源量（中型）	美国	伊利诺斯州
Iron Hill	0.40	资源量（超大型）	美国	科罗拉多州
Mountain Pass	7.98	储量（大型）	美国	加利福尼亚州
North Fork	8.40	—	美国	爱达荷州
Ravalli County	0.42～2.99	—	美国	蒙大拿州
Salmon Bay	0.24	资源量（小型）	美国	阿拉斯加州
Wet Mountains	0.42	储量（中型）	美国	科罗拉多州
Magnet Cove	0.008～0.96	—	美国	阿肯色州
Aley	—	储量（大型）	加拿大	不列颠哥伦比亚省
Wicheeda	2.71	资源量（中型）	加拿大	不列颠哥伦比亚省
James Bay	0.004～0.025	资源量（中型）	加拿大	安大略省
Big Spruce Lake	—	—	加拿大	西北地区
Carb Lake	0.18	—	加拿大	安大略省
Francon Quarry-Orleans	—	—	加拿大	安大略省
Grand Vallee	0.05	储量（大型）	加拿大	安大略省
Springer (Lavergne)	1.16	资源量（中型）	加拿大	安大略省
St. Honor	0.009	资源量（小型）	加拿大	魁北克省

续表 4-5

矿床(点)名称	REO 品位/%	REO 资源量/储量(规模)	国家	所在洲(省)/地区
Venturi Township	0.006	储量(小型)	加拿大	安大略省
Martison Lake	1.59	资源量(大型)	加拿大	安大略省
Narsarsuaq	0.2～1.8	—	丹麦	格陵兰地区
Qaqarssuk	2.40	—	丹麦	格陵兰地区
Sarfartoq	1.50	资源量(中型)	丹麦	格陵兰地区
Tikiusaaq	9.60	—	丹麦	格陵兰地区
Niaqornakavsak	1.36	资源量(中型)	丹麦	格陵兰地区
Motzfeldt Sø	1.08	—	丹麦	格陵兰地区

注:“—”表示未公布或未统计,下同。

2. 碱性岩型稀土矿

碱性岩型稀土矿床在美国、加拿大和格陵兰地区均有分布,但在加拿大分布最广(表 4-6)。北美洲及格陵兰地区碱性岩型稀土矿品位一般相对于碳酸岩型稀土矿品位要低,但碱性岩型稀土矿床通常异常富集重稀土、钇、锆、铌、锶、钡和锂等元素,某些碱性岩型稀土矿还有 Be、Ta 异常富集。碱性岩型稀土矿床是由地幔部分碱性熔融岩浆长时间分离结晶导致稀土元素富集形成的。在岩浆演化晚期形成的碱性岩型稀土矿床中 U、Th 含量较高。碱性岩中稀土矿物除了磷灰石、磷钇矿、氟碳铈矿和独居石等常见矿物之外,还常有异性石、斯坦硅石等特殊含稀土矿物。

表 4-6 北美洲及格陵兰碱性岩型稀土矿床特征表

矿床(点)名称	REO 品位/%	REO 资源量/储量(规模)	国家	所在州(省)/地区
Bokan Mountain	0.61	资源量(小型)	美国	阿拉斯加州
Caballo	0.52	—	美国	新墨西哥州
Wind Mountain	0.30	矿石储量(小型)	美国	新墨西哥州
Dora Bay	0.42	资源量(小型)	美国	阿拉斯加州
Mount Prindle	0.035～0.129	—	美国	阿拉斯加州
Pajarito Mountain	0.347	资源量(小型)	美国	新墨西哥州
Coldwell Complex	1.18	资源量(中型)	加拿大	安大略省
Eden Lake	0.77	—	加拿大	马尼托巴省
Flowers Bay	—	—	加拿大	纽芬兰与拉布拉多省
Kamloops	0.01	资源量(小型)	加拿大	不列颠哥伦比亚省
Kipawa Lake	0.40	资源量(中型)	加拿大	安大略省

续表 4-6

矿床(点)名称	REO 品位/%	REO 资源量/储量(规模)	国家	所在州(省)/地区
Lackner Lake	2.83	资源量(中型)	加拿大	安大略省
Letitia Lake-Mann 1	1.35	—	加拿大	纽芬兰与拉布拉多省
Mount St. Hilaire	0.019	—	加拿大	魁北克省
Nemegosenda Lake	0.028	资源量(小型)	加拿大	安大略省
Red Wine	1.18	资源量(中型)	加拿大	纽芬兰与拉布拉多省
Rexspar	1.03	储量(小型)	加拿大	不列颠哥伦比亚省
Strange Lake	0.895	资源量(超大型)	加拿大	魁北克省
Nechalacho	1.37	储量(超大型)	加拿大	西北地区
Topsails	0.036	—	加拿大	纽芬兰与拉布拉多省
Gardiner	0.043～0.189	—	丹麦	格陵兰地区
Igaliko Complex	0.26	资源量(大型)	格陵兰	格陵兰地区
límaussaq+Zone 3+Kvanefjeld	1.01	资源量(超大型)	丹麦	格陵兰地区
Kringlerne	0.65	资源量(超大型)	丹麦	格陵兰地区
Diamond Creek	1.20	—	美国	爱达荷州
Hall Mountain	0.001～0.197	—	美国	爱达荷州
Llano County	0.014(Y_2O_3)	—	美国	得克萨斯州
Mineral X	0.094	—	美国	亚利桑那州
Petaca District	—	—	美国	新墨西哥州
Pomona Tile	9.75(钛铀矿中)	—	美国	加利福尼亚州
Signal District	0.008 4～0.051	—	美国	亚利桑那州
Wolf Mountain	2.90	—	美国	阿拉斯加州
Atlin-Ruffner	4.755	资源量(小型)	加拿大	安大略省
McKeel Lake	0.527	—	加拿大	新不伦瑞克省
Kwijibo	3.290	资源量(中型)	加拿大	魁北克省
Hoidas Lakes	2.431	资源量(中型)	加拿大	萨斯喀彻温省
Round Top	0.06	资源量(大型)	美国	得克萨斯州

3. 变质岩型稀土矿

变质岩型稀土矿是上述碳酸岩型稀土矿或碱性火成岩型稀土矿在热量、压力和化学活性等环境条件改变时，矿物成分、化学成分及结构构造发生变化而形成的。变质岩型稀土矿在美国分布较多，主要变质岩型稀土矿见表 4-7。

表 4-7　北美洲及格陵兰地区变质岩型稀土矿分布表

矿点名称	REO品位/%	REO资源量/储量(规模)	国家	地点
Indian Creek	0.12	—	美国	爱达荷州
Lemhi Pass	0.51	资源量(中型)	美国	爱达荷州
Mineral Hill	—	—	美国	爱达荷州
Monumental	0.40	资源量(小型)	美国	爱达荷州
Music Valley	8.60	资源量(小型)	美国	加利福尼亚州
Sheep Creek	10.47	—	美国	蒙大拿州

4. 砂矿型稀土矿

北美洲及格陵兰地区砂矿型稀土矿主要分布于美国，加拿大砂矿型稀土矿相对较少。美国砂矿型稀土矿主要分布于南卡罗来纳州、爱达荷州、田纳西州。加拿大安大略省的 Elliot Lake 矿区也有一定量砂矿型稀土矿分布(表 4-8)。北美洲砂矿型稀土矿中通常发育含钛和锆的重矿物，主要的稀土矿物有独居石和磷钇矿，通常与其他重矿物(钛铁矿、金红石、锆英石、硅线石和石榴子石等)共生，独居石和磷钇矿还作为钛、锆的副产品进行回收。

表 4-8　北美洲及格陵兰地区砂矿型稀土矿特征表

矿床(点)名称	主要稀土矿物(REO/%)	REO资源量/储量(规模)	国家	所在州(省)/地区
Brunswick	独居石(0.029)	资源量(大型)	美国	佐治亚州
Cumberland Island	独居石(0.018)	资源量(大型)	美国	佐治亚州
Green Cove	独居石(0.007)	资源量(中型)	美国	佛罗里达州
Hilton Head Island	独居石(0.008)	资源量(大型)	美国	南卡罗来纳州
Kerr-McGee	独居石(0.001)	储量(小型)	美国	田纳西州
Maxville	独居石(0.901～1.203)	—	美国	佛罗里达州
Natchez Trace	独居石(0.001)	储量(小型)	美国	田纳西州
Old Hickory	独居石(3.00)	资源量(大型)	美国	弗吉尼亚州
Trail Ridge	独居石(0.012)	储量(中型)	美国	佛罗里达州
Bear Valley	独居石(0.016)	资源量(大型)	美国	爱达荷州
Big Creek	独居石(0.040)	资源量(大型)	美国	爱达荷州
Chamberlin	褐帘石(0.177)	资源量(大型)	美国	爱达荷州
Eldorado Creek	重矿物(0.029)	储量(小型)	美国	阿拉斯加州
Fortymile	独居石(0.002～0.020)	—	美国	阿拉斯加州
Gold Fork-Little	独居石(0.016)	储量(大型)	美国	爱达荷州

续表 4-8

矿床(点)名称	主要稀土矿物(REO/%)	REO 资源量/储量(规模)	国家	所在州(省)/地区
Horse Creek	独居石(0.041)	储量(中型)	美国	南卡罗来纳州
McGrath	REO (0.680)	储量(大型)	美国	阿拉斯加州
Oak Grove	独居石(0.155)	资源量(大型)	美国	田纳西州
Pearsol Creek	独居石(0.019)	资源量(大型)	美国	爱达荷州
Port Clarence	—	—	美国	阿拉斯加州
Ramey Meadows	REO (0.004)	资源量(小型)	美国	爱达荷州
Ruby Meadows	独居石(0.033～0.044)	储量(大型)	美国	阿拉斯加州
Silica Mine	独居石(0.013)	资源量(中型)	美国	田纳西州
Tolovana	REO(0.003 5～0.035)	—	美国	阿拉斯加州
Bald Mountain	独居石(0.130)	资源量(大型)	美国	怀俄明州
Ray Mountains	REO(1.00～8.00)	—	美国	阿拉斯加州
Elliot Lake	REO(0.145)	资源量(大型)	加拿大	安大略省
Milne Land	磷钇矿(0.030)	—	丹麦	格陵兰地区

5. 氧化铁-磷矿型稀土矿

北美洲及格陵兰地区氧化铁-磷矿型稀土矿主要有美国埃塞克斯县(Essex County)米维尔区的 Mineville 稀土矿和美国密苏里州的 Pea Ridge 铁矿。其中 Mineville 含磷铁矿中稀土储量规模达大型，REO 品位为 1.04%(Wayne and Christiansen，1993)，密苏里州的 Pea Ridge 矿床也是一个含磷的大型铁矿，伴生稀土储量也达大型规模(Kathryn et al.，2020)。氧化铁-磷矿型稀土矿，最初主要是作为铁矿资源被开发利用，如 Mineville 含磷铁矿从 1800 年到现在一直主要作为铁矿资源被开发。矿体中含有大量低钛氧化铁矿物，矿石通常由磁铁矿、磷灰石、独居石、阳起石、斜辉石、石英和方解石等组成。

6. 其他类型稀土矿(与磷伴生的稀土矿)

与磷伴生的稀土矿在北美地区主要分布于磷矿资源较为丰富的美国，尤其集中分布于美国爱达荷州(表 4-9)。稀土以类质同象方式赋存于磷矿中，而且随着磷矿中 P_2O_5 品位的增加，稀土元素含量也增加。这种类型的稀土矿一般不具有单独开发利用的经济价值，通常在磷矿生产磷酸的过程中回收伴生稀土，但磷酸生产最常见的二水法磷酸工艺导致磷矿中 70%～80%的稀土元素迁移到磷石膏中，而半水法磷酸则导致磷矿中 95%的稀土元素迁移至磷石膏中。目前磷矿中大部分的稀土元素在磷酸生产过程中进入磷石膏且难以被回收。

表 4-9 北美洲及格陵兰地区与磷伴生稀土矿特征表

矿床(点)名称	含量/%	REO 资源量(规模)	国家	所在州(省)
Black foot	独居石 0.160	资源量(小型)	美国	爱达荷州
Caldwell	独居石 0.155	资源量(小型)	美国	爱达荷州
Champ	REO 0.118	资源量(小型)	美国	爱达荷州
Conda	REO 0.118	资源量(中型)	美国	爱达荷州
Gay SouthForty	独居石 0.100	资源量(小型)	美国	爱达荷州
Henry	独居石 0.189	资源量(小型)	美国	爱达荷州
Husky	独居石 0.160	资源量(小型)	美国	爱达荷州
Maybe Canyon	独居石 0.160	资源量(小型)	美国	爱达荷州
Mountain Fuel	独居石 0.166	资源量(小型)	美国	爱达荷州
Smoky Canyon	独居石 0.158	资源量(小型)	美国	爱达荷州
Swan Lake	REO 0.014	资源量(小型)	美国	爱达荷州
Trail Cree	独居石 0.159	资源量(中型)	美国	爱达荷州
Wooley Valley	REO 0.129	资源量(大型)	美国	爱达荷州
Cargill	REO 0.007	资源量(小型)	加拿大	安大略省

第三节 南美洲稀土资源及特征

一、地质背景概述

1. 地质构造

南美大陆大部分地区由古老地台构成,包括圭亚那地盾、东巴西地盾、巴塔哥尼亚地块等古老的地质单元,仅西部边缘增生出年轻的褶皱山系——安第斯褶皱带(图 4-6)。地台中花岗岩和花岗片麻岩大量发育,是伟晶岩型稀土矿床的重要产地。地台上相对坳陷的地区形成地台坳陷,如亚马孙坳陷、圣弗朗西斯科坳陷和巴拉那坳陷。在巴拉那坳陷与东巴西地盾两大构造单元之间有南美著名的圣弗朗西斯科断裂带通过并纵贯南美大陆,其南段可能贯穿基底构造层,为一深达地幔的断裂带。沿断裂带发育一条世界著名的巴西碳酸岩-碱性岩稀有稀土金属成矿带,碳酸岩及碱性岩侵入地盾元古宙变质岩系中(袁忠信等,2016)。此外,南美大陆圭亚那地盾北部还发育另外一条重要的伟晶岩型稀有稀土金属成矿带。

2. 稀土矿化区

南美大陆两条重要的稀土成矿带主要特征如下。

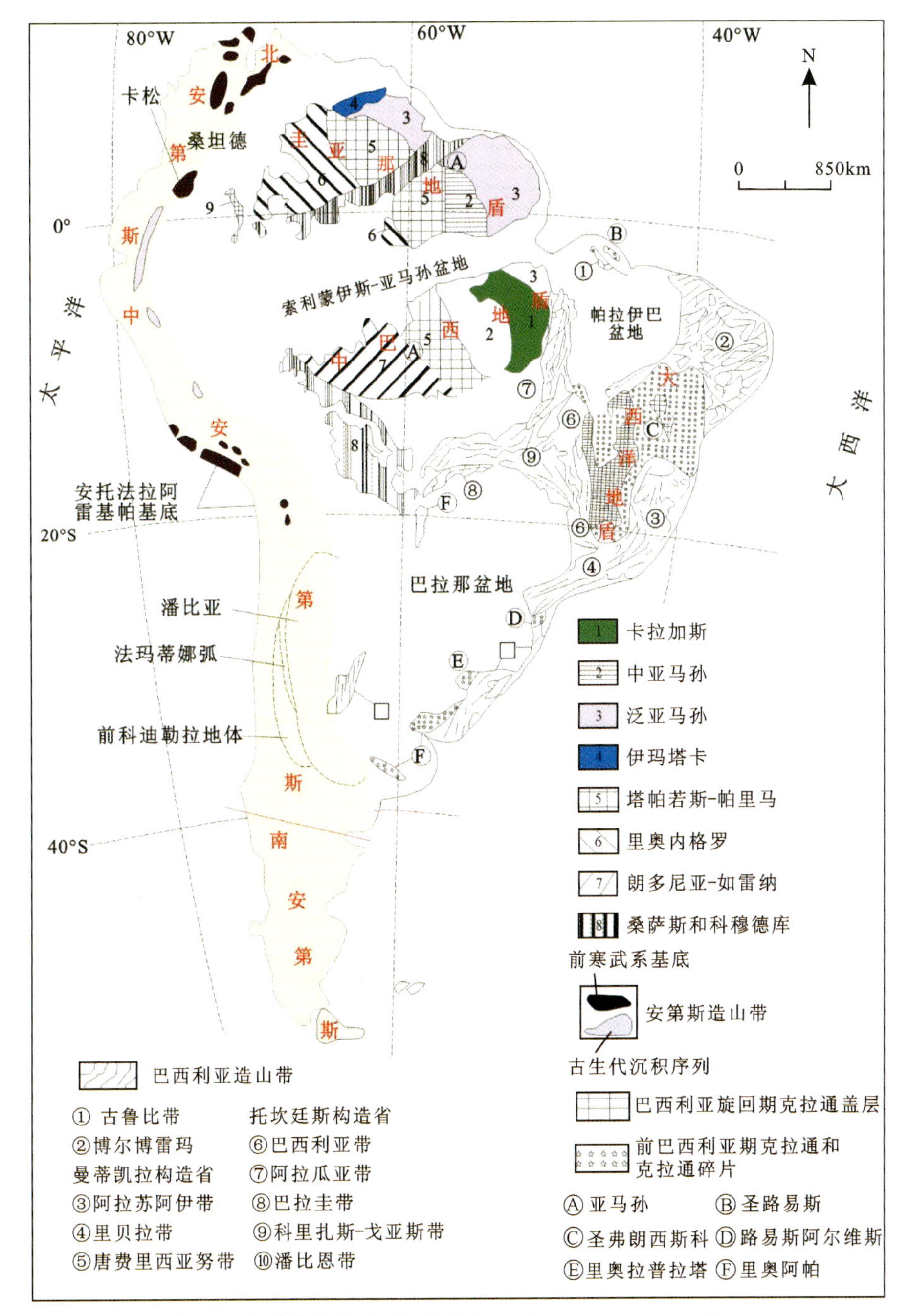

图 4-6 南美洲构造单元划分示意图(据 Chew et al.,2007 修改)

(1)北圭亚那伟晶岩型稀有稀土成矿带。该矿带位于南美洲奎亚那地盾北部苏里南和法属奎亚那境内,北靠大西洋,西到马罗尼河,东到法属圭亚那的卡宴城,呈近东西延伸的带状分布。该区域主要由太古宇和元古宇组成,太古宇岩石分布最广,主要有花岗片麻岩、石英云母片岩、绿泥石化片岩、石英岩、砾岩和碳酸岩。成矿带内代表性矿床为皮廷加碱性花岗岩型Zr、Y、Nb矿床。该矿床位于巴西亚马孙玛瑙斯东北约300km处,矿床成矿物质来源于风化碱性花岗岩，为富 Sn、Nb、Ta 的超大型冲积和残积矿床。冲积砂矿浅而富，Sn 储量 57.7 万 t，Nb_2O_5 储量 30 万 t，Ta_2O_5 储量 3 万 t，但 REO 品位较低。

(2)巴西碱性岩-碳酸岩型稀有稀土成矿带。巴西境内碱性岩和碳酸岩广泛分布，目前所有已知的稀有稀土矿床主要见于巴西南部的米纳斯吉拉斯州、圣保罗州和戈亚斯州。该成矿带分布着世界上储量最大和品位最高的碳酸岩型铌、稀土矿床。巴西碱性岩-碳酸岩型稀有稀土成矿带沿东巴西地盾和巴拉那坳陷的边缘分布，南端走向呈北东向，北端走向呈北西向。成矿带内的地盾一侧，主要出露前寒武纪岩石，最老地层为太古宇，由石英黑云斜长片麻岩和斜长角闪岩组成，局部见大理岩和石英岩。岩石受到强烈而广泛的花岗岩化作用，形成各种片麻状花岗混合岩。

矿带内代表性矿床为阿拉萨含铌稀土矿(Traversa et al.,2001)、米纳斯吉拉斯州磷矿伴生稀土矿 MBAC(Itafos)，矿带内磷矿资源量上千万吨，伴生 REO 品位高达 4.21%(Neumann and Medeiros,2015)。

二、资源分布情况

南美洲稀土资源主要分布在巴西，稀土储量超过 2000 万 t，其他国家如玻利维亚、委内瑞拉、马拉维、圭亚那、苏里南、委内瑞拉、墨西哥、阿根廷和乌拉圭也有少量的稀土资源(图 4-7)，南美洲主要稀土矿点分布情况见表 4-11。巴西稀土资源以碳酸岩型和砂矿型稀土矿为主，含

图 4-7 南美洲 REO 资源量大于 5 万 t 稀土矿床分布示意图

少量碱性岩型和风化壳型(离子吸附型)稀土矿(如 Serra Verde 离子吸附型稀土矿)。巴西碳酸岩型稀土矿主要分布于米纳斯吉拉斯和戈亚斯,REO 品位较高的碳酸岩型稀土矿分布较为集中,如 Araxá(Barreiro)、Catalo(I)和 Maicuru 3 个碳酸岩型稀土矿,其他碳酸岩型稀土矿 REO 品位大多小于 1%。巴西碱性岩稀土矿主要分布在戈亚斯和圣保罗,碱性岩稀土矿中只有 Pocos de Caldas(Morro do Ferro)碱性岩稀土矿 REO 品位较高(约 1.5%),其他碱性岩稀土矿 REO 品位较低。

巴西砂矿型稀土矿主要分布在里约热内卢到北部福塔莱萨长约 643km 的东部海岸带,矿床规模较大(Takehara et al.,2016)。南美洲主要稀土矿点分布情况见表 4-11。

表 4-11　南美洲主要稀土矿分布表

所在国家/地区	矿床(点)总个数	部分主要矿点所在地及个数
圣保罗	3	Itapirapua(1)、Praia dos Sonhos(1)、Parana Basin(1)
巴拉那	1	Ponta Grossa(1)
米纳斯吉拉斯	6	Alto Paranaiba(1)、Araxá(2)、Esperança Basin(1),Sao Gonalo do Sapucai area(1)、Careacu(1)
圣卡塔琳娜州	1	Anitmanpolis(1)
戈亚斯	4	Caiapó Village(1)、CatalãoI(1)、CataloI(2)、Arenópolis(1)
亚马孙	3	Apui(1)、Manaus(1)、Pocos de Caldas(1)
圣埃斯皮里图	6	Anchieta(1)、Aracruz(1)、Guarapari(1)、Itapemirim(1)、Sao Mateus(1)、Serra(1)
塞尔希培	1	Sergipe(1)
里约热内卢	3	Itabapoana(1)、Barra de Sao Joao(1)、Ribeira Bay(1)
北里奥格兰德	1	Barra de Camaratuba (1)
巴伊亚	2	Prado(1)、Coasts of Espírito Santo(1)
帕拉伊巴	1	Mataraca(1)
马托格罗索	2	Almeirim(1)、Matum(1)
玻利维亚	1	Santa Cruz(1)
委内瑞拉	3	Precambrian Cuchivero(1)、Amazonas(1)、Roraima(1)
圭亚那	1	Upper Takutu-Upper Essequibo(1)
苏里南	1	Bakhuis-Kanuku Zone(1)
墨西哥	3	Northeast Mexico(1)、Oaxaca(1),Isla Mujeres (1)
阿根廷	2	Sierra de Valle Fértil(1)、Rio Tercero(1)
乌拉圭	2	Aguas Dulces(1)、Atlantida(1)

三、主要矿床类型及特点

南美洲主要稀土矿床类型为碳酸岩型、碱性岩型、砂矿型及风化壳型(离子吸附型)稀土矿。

1. 碳酸岩型稀土矿

南美洲主要碳酸岩型稀土矿床见表 4-12,南美洲碳酸岩型稀土矿主要分布于巴西,少量分布于委内瑞拉和圭亚纳等。巴西碳酸岩型稀土矿 REO 品位较高的有 Araxá(Barreiro)、Catalo(I)和 Maicuru,尤其是 Maicuru 稀土矿 REO 品位超过 10%,南美洲部分碳酸岩型稀土矿还没有进入详勘阶段,但稀土资源潜力较大。

表 4-12　南美洲碳酸岩型稀土矿特征表

矿床(点)名称	REO 品位/%	REO 资源量/储量(规模)	国家	所在州/地区
Barra do Itapirapua	1.30	储量(小型)	巴西	圣保罗
Itanhaem	0.95	—	巴西	圣保罗
Mato Preto	0.02~2.41	—	巴西	巴拉那
Salitre Ⅰ and Ⅱ	0.25~1.60	矿石储量(超大型)	巴西	米纳斯吉拉斯
Morro Dos	1.50	资源量(中型)	巴西	米纳斯吉拉斯
Anitmanpolis	0.014	储量(中型)	巴西	圣卡塔琳娜州
Araxá(CBMM)	3.25	储量(大型)	巴西	米纳斯吉拉斯
Araxá(Itafos)	4.21	资源量(大型)	巴西	米纳斯吉拉斯
Caiapo	0.01~0.04	—	巴西	戈亚斯
Catalo(Ⅰ)	5.50	资源量(大型)	巴西	戈亚斯
Catalo(Ⅱ)	0.98	资源量(中型)	巴西	戈亚斯
Maicuru	11.15	储量(大型)	巴西	戈亚斯
Maraconai	—	—	巴西	蒙吉杜拉多
Matum	0.004	储量(中型)	巴西	潘塔纳
Serra Negra	1.02	资源量(大型)	巴西	米纳斯吉拉斯
Tapira	0.03	资源量(小型)	巴西	米纳斯吉拉斯
Cerro Manomo	1.45	—	玻利维亚	玻利维亚
Cerro Impacto	0.88	资源量(大型)	委内瑞拉	圣克鲁斯
Bauxite-Guyana Aluminum Mine	0.013	—	圭亚那	Upper Takutu-Upper Essequibo

2. 砂矿型稀土矿

南美洲砂矿型稀土矿主要分布于巴西的里约热内卢到北部福塔莱萨的沿海地区，主要砂矿型稀土矿见表4-13。

表4-13　南美洲砂矿型稀土矿特征表

矿点名称	品位/%	REO资源量/储量(规模)	国家	所在州/地区
Alcobaça	独居石 0.47	资源量(小型)	巴西	巴伊亚
Anchieta	独居石 0.71	储量(小型)	巴西	圣埃斯皮里图
Aracruz	独居石 1.05	储量(小型)	巴西	圣埃斯皮里图
Brejo Grande	—	储量(中型)	巴西	塞尔希培
Buena	独居石 0.83	储量(大型)	巴西	里约热内卢
Camaratuba	独居石 0.55	资源量(中型)	巴西	北里奥格兰德
Cumuruxatiba	—	储量(中型)	巴西	巴伊亚
Guarapari	独居石 0.15	储量(大型)	巴西	圣埃斯皮里图
Itapemirim	REO 0.01～0.03	—	巴西	圣埃斯皮里图
Mataraca	独居石 0.95	—	巴西	帕拉伊巴
Sao Joao de Barra	—	储量(小型)	巴西	里约热内卢
Sao Mateus	—	—	巴西	圣埃斯皮里图
Sepetiba	REO 0.08	—	巴西	里约热内卢
Serra(Jacareipe)	独居石 0.80	储量(小型)	巴西	圣埃斯皮里图
Vitoria District	—	—	巴西	巴伊亚、圣灵
Pitinga	REO 0.001	储量(小型)	巴西	亚马孙
Sao Gonalo do	独居石 0.07	—	巴西	米纳斯吉拉斯
Careacu	—	资源量(小型)	巴西	米纳斯吉拉斯
Aguas Dulces	独居石 0.60	—	乌拉圭	—
Atlántida	独居石 3.20	—	乌拉圭	—
Rio Tercero	独居石 0.02	资源量(小型)	阿根廷	—

3. 风化壳型(离子吸附型)稀土矿

全球除中国外，在东南亚、东非和南美洲也发现了风化壳型(离子吸附型)稀土矿。巴西投入勘探的Serra Verde风化壳型(离子吸附型)稀土矿资源潜力较大，矿床位于巴西戈伊亚斯(Goias)，距离Minacu城西约25km，稀土矿石资源量近千万吨，REO品位较高(品位达0.12%)，目前由坦塔罗斯公司开发(Verbaan et al.,2015)。

第四节　非洲稀土资源及特征

一、地质背景概述

非洲大陆大部分地区属前寒武纪地台，北部地中海地带发育特提斯-阿尔卑斯-阿特拉斯褶皱带，南部发育古生代褶皱带。地台区由卡普瓦尔地盾、津巴布韦地盾、赞比亚地盾、坦桑尼亚地盾、西尼罗地盾、开赛地盾、加蓬地盾、埃布尔地盾 8 个长期稳定地块-地盾构成。基底岩石大部分由花岗岩或花岗片麻岩组成，最老岩石年龄 3500 Ma，见于开普瓦尔地盾（图 4-8）。在太古宙和元古宙时期，非洲大陆经历多次造山运动，形成了一系列不同时期的前寒武纪褶皱带。

非洲地台元古宙以后不止一次活化，由于深断裂和裂谷作用，尤其在大陆东部表现最明显，主要在中生代、新生代发育一条几乎横贯整个大陆的深断裂带（东非裂谷带）。受断裂控制，东非裂谷带上碱性岩、超基性岩和碳酸岩杂岩体及火山岩十分发育，是世界上重要的碳酸岩型稀有稀土矿集中产地。非洲大陆的东南段也发育有碱性岩、超基性岩和碳酸岩杂岩体，如南非的帕拉波罗、斯匹次科普和玛格内特海茨等。其中，帕拉波罗碳酸岩杂岩体的同位素地质年龄为 2060Ma。该岩体除含有稀有稀土外，主要产铜，是南非最大的露天铜矿。非洲大陆北部、北非地台的南缘，还有一条著名的稀有金属花岗岩带。该稀有金属花岗岩带是为尼日利亚乔斯高原含铌、钽、锡、锌的“年轻花岗岩带”，受北非地台裂谷系控制。与尼日利亚花岗岩体性质近似的环状杂岩体在苏丹、索马里等地也有出露。在撒哈拉沙漠中部，这类花岗岩分布也较广。

非洲大陆重要的稀有稀土成矿区（带）有：①尼日利亚乔斯高原含铌铁矿锡石花岗岩型稀有金属成矿带；②东非裂谷带碳酸岩型稀有稀土成矿带；③基巴里德伟晶岩型稀有金属成矿带；④津巴布韦伟晶岩型稀有金属成矿区。尼日利亚乔斯高原含铌铁矿锡石花岗岩型稀有金属成矿带分布在北非地台南缘。东非裂谷带碳酸岩型稀有稀土成矿带分布在东非裂谷带的中段。基巴里德伟晶岩型稀有金属成矿带大致相当于基巴里德褶皱带范围。津巴布韦伟晶岩型稀有金属成矿区位于津巴布韦地盾的东部边缘。此外，南部的卡普瓦尔地盾也有伟晶岩型稀有金属矿分布。

二、资源分布情况

非洲稀土资源主要分布于南非、纳米比亚、马达加斯加、安哥拉、肯尼亚、摩洛哥、坦桑尼亚、加蓬、埃及、莫桑比克、马拉维、乌干达、赞比亚和毛里塔尼亚等国家（图 4-9）。非洲稀土资源丰富，稀土 REO 储量超 800 万 t（图 4-10），资源量超 8000 万 t（图 4-11）。其中，储量以安哥拉最大，约占据非洲稀土总储量的一半，其次是埃及、坦桑尼亚、肯尼亚和南非。资源量则是纳米比亚最大，占非洲总资源量的 24%，其次是马达加斯加、南非加蓬、坦桑尼亚、肯尼亚和安哥拉。非洲稀土矿床以小型为主，大、中型稀土矿床仅有 13 处（表 4-14）。

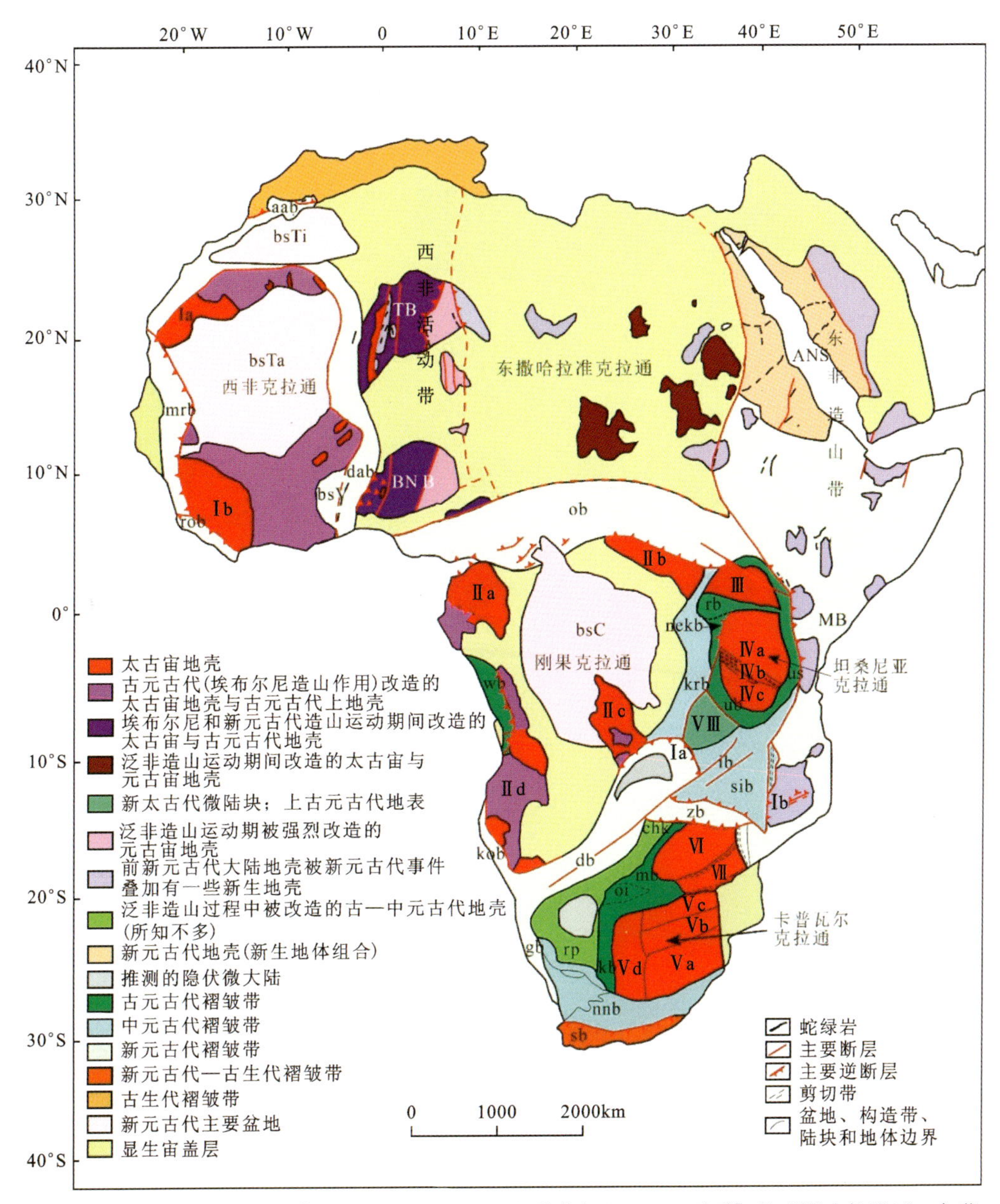

克拉通和微大陆：Ⅰ. 西非克拉通[Ⅰa. Reguibat Shield；Ⅰb. 曼莱奥(Man-Lèo)地盾]；Ⅱ. 刚果克拉通(Ⅱa. 加蓬-卡梅伦地盾；Ⅱb. 博穆-基巴利地盾；Ⅱc. 开赛地盾；Ⅱd. 安哥拉地盾)；Ⅲ. 乌干达克拉通；Ⅳ. 坦桑尼亚克拉通(Ⅳa. 北部地体、Ⅳb. 南部地体、Ⅳc. 多多马地体)；Ⅴ. 卡普瓦尔克拉通(Ⅴa. 南部地体、Ⅴb. 中部地体、Ⅴc. 皮尔斯堡地体、Ⅴd. 西部地体)；Ⅵ. 津巴布韦克拉通；Ⅶ. 林波波地块；Ⅷ. 班加韦卢地块；Ⅸ. 东撒哈拉准克拉通。西非活动带：TB. 图阿雷格地块；BNB. 贝宁-尼日利亚地块。东非造山带：ANS. 阿拉伯-努比亚地盾；MB. 莫桑比克造山带。古元古代褶皱带：ub. 本汀；us. 乌萨迦兰；rb. 鲁文佐里；kb. 海斯；oi. 奥夸构造窗；mb. 马贡迪；wb. 中非西部；nekb. 基巴兰东北部。古中元古代地区：rp. 罗波思。中元古代褶皱带：krb. 基巴兰；ib. 伊鲁米；sib. 南伊鲁米；chk. 乔莫-科洛莫；nnb. 纳马夸-纳塔尔。新元古代褶皱带：zb. 赞比西；la. 卢菲利弧；db. 达马拉；kob. 考克；gb. 加里坡；ob. 乌班吉德斯；aab. 小阿特拉斯山；phb. 法鲁斯；dab. 达哈梅彦；rob. 洛克里德斯；mrb. 毛里塔尼亚；lb. 卢里奥(Lurio)；sb. 萨尔达尼亚。新元古代盆地：bsC. 刚果；bsTa. 陶德尼；bsTi. 廷杜夫；bsV. 沃尔特

图 4-8 非洲部分地区基岩地质图及地壳分区示意图(据 Begg et al.,2009)

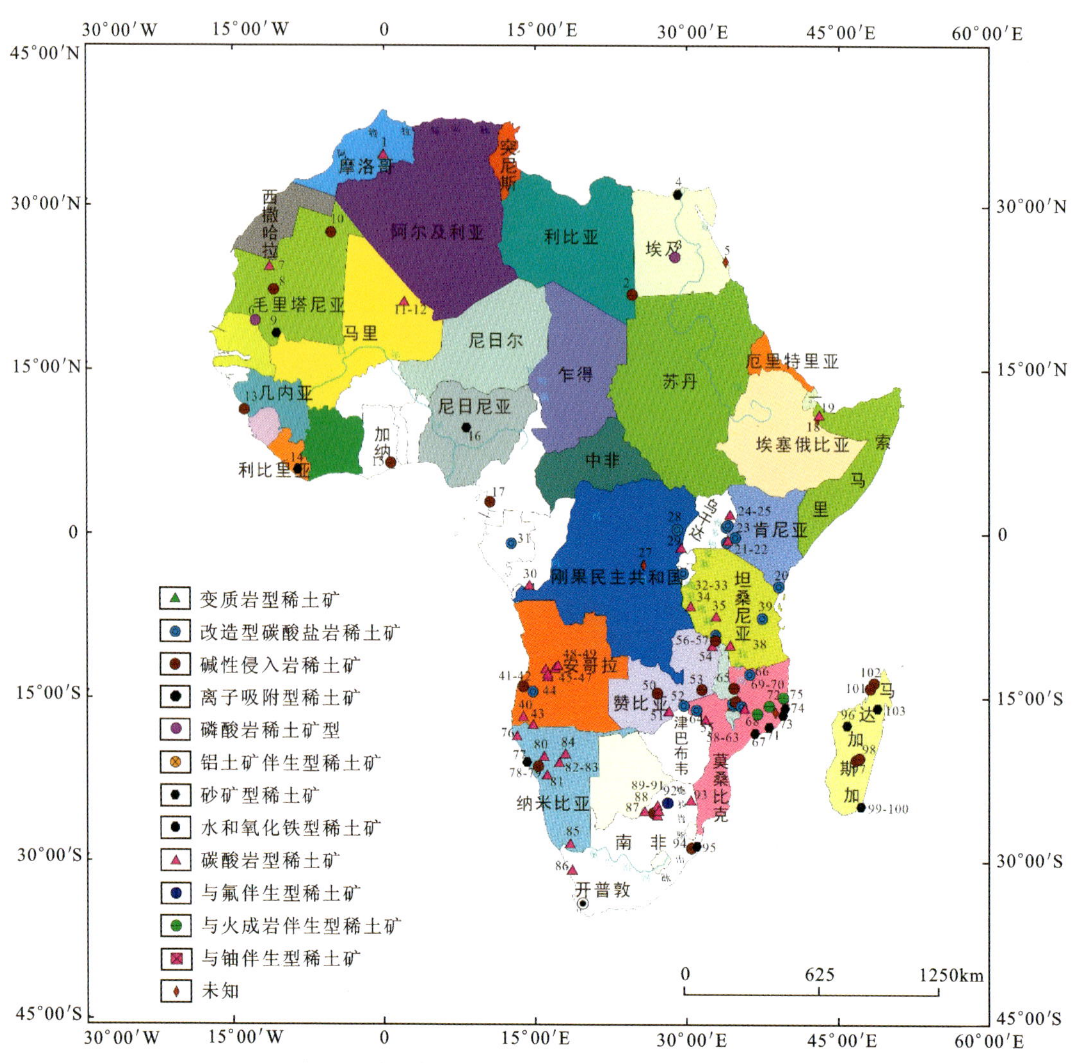

图 4-9　非洲部分地区不同类型稀土矿分布示意图

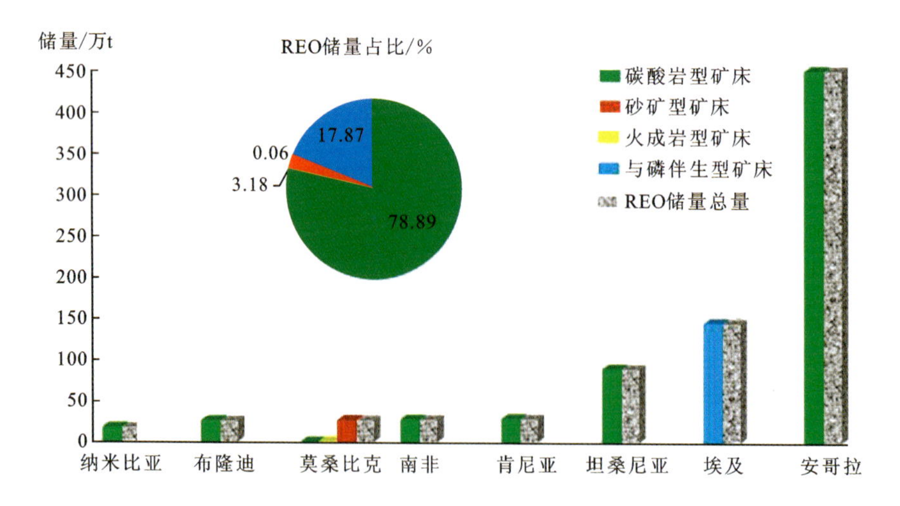

图 4-10　非洲各国稀土矿储量图

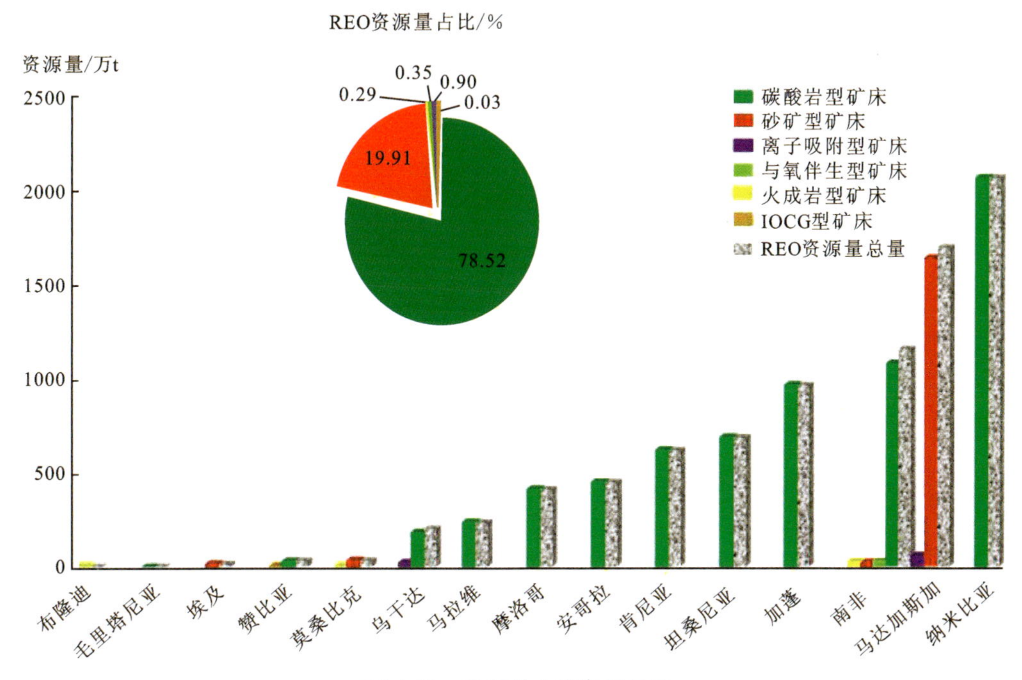

图 4-11 非洲稀土矿资源量图

表 4-14 非洲国家大中型稀土矿床分布一览表

序号	矿床名称	所在国家/地区	矿床类型	储量规模
1	Ngualla Peak	东非大裂谷	碳酸岩型	大型
2	Mrima Hill	肯尼亚(Mombasa)	碳酸岩型	大型
3	Tantalus	马达加斯加	碱性岩型	大型
4	Zandkopsdrift	南非(Archaean Kaapvaal Craton)	碳酸岩型/碱性岩型	大型
5	Makuutu	乌干达	离子吸附型	中型
6	Kangankunde	马拉维	碳酸岩型	中型
7	Songwe Hill	马拉维(Chilwa Alkaline)	碳酸岩型	中型
8	Xiluvo	莫桑比克(Sofala)	碳酸岩型	中型
9	Lofdal	纳米比亚	碳酸岩型	中型
10	Glenover	南非(Limpopo)	碳酸岩型	中型
11	Steenkampskraal	南非(Western Cape)	碳酸岩型	中型
12	Wigu Hill Twiga	坦桑尼亚	碳酸岩型	中型
13	Nkombwa Hill	赞比亚	碳酸岩型	中型

三、主要矿床类型及特点

非洲稀土矿床类型主要为碳酸岩型、碱性岩型、砂矿型及与磷矿伴生型等。非洲稀土以轻稀土为主，重稀土矿仅有一处。碳酸岩型稀土矿是非洲稀土矿的主要类型，主要分布于东非大裂谷周边国家，如坦桑尼亚、马拉维、莫桑比克、赞比亚、肯尼亚、乌干达和安哥拉、纳米比亚等沿海地区。碱性岩型与碳酸岩型稀土矿相伴出现，东非大裂谷周边的坦桑尼亚、莫桑比克、马拉维、赞比亚等国家除了碳酸岩型外，也有碱性岩型。此外，西南部的安哥拉和纳米比亚，南部的南非，东部的马达加斯加等国家也有碳酸岩型和碱性火成岩型稀土矿分布。砂矿型稀土矿主要分布在莫桑比克、纳米比亚和马达加斯加沿海地区。其他还有一些磷矿伴生型稀土，如埃及中部地区主要以与磷矿伴生为主。马达加斯加的稀土矿主要为砂矿型和碱性火成岩型，矿床分布在马达加斯加的海滨地区。此外西北非地区也有碱性火成岩型和碳酸岩型稀土矿产出（陈秀法等，2013）。对于非洲地区，应重点关注东非大裂谷周边国家，以寻找碳酸岩型稀土矿为重点。

第五节　大洋洲稀土资源及特征

大洋洲稀土资源主要分布在澳大利亚，仅少量滨海砂矿型稀土分布于新西兰。澳大利亚稀有稀土金属矿床数量上不是很多，但规模较多，如澳大利亚的格林布什稀土矿床和东、西沿海的滨海砂矿型稀有稀土金属矿床。

一、地质背景概述

稀土元素的富集与不同地质环境下形成的岩浆岩、沉积岩和变质岩有关，在澳大利亚的重矿物砂矿、碳酸岩侵入体、氟磷灰石脉、伟晶岩、河流相砂岩、不整合型铀矿和褐煤中均有稀土元素富集。澳大利亚稀土矿床是重矿物砂矿，重矿物砂矿含有不同含量的独居石、磷钇矿、锆石和钽矿物。在海滩、高沙丘和远离浅海环境的重矿物砂矿床一般形成于新生代，如澳大利亚西南部的沿海地带，而河道重矿物砂矿床则可追溯到中生代。澳大利亚东部地区有与显生宙超基性-基性岩有关的含钪红土和寒武纪含稀土元素的磷块岩。中生代碱性火山岩省中粗面岩及相关的碱性杂岩体是低品位多金属矿床发育的主要区域。北领地的诺兰矿床中氟磷灰石也被认为来源于碳酸岩或碱性岩浆。澳大利亚西部碳酸岩杂岩体中发育稀土矿床，如伊尔岗地块（韦尔德山矿床）、Capricorn 地块（Yangibana 矿床）、Halls Creek 地块（Cummins Range 矿床）。其中，韦尔德山矿床残余红土中的矿化发生在中生代晚期至新生代早期。总之，澳大利亚稀土矿不仅分布范围广，成矿时代上跨度也较大，从西部地区约 2890Ma（太古宙）的伟晶岩稀土矿到东部地区的新生代晚期残余红土矿床和重矿物砂矿，各个时代均有分布。其中，元古宙稀土矿产资源量比重最大，占所有成矿时代资源量总和的 89.7%（Jaireth et al.，2011）。

二、资源分布情况

大洋洲稀土资源主要分布于澳大利亚，澳大利亚稀土矿床类型主要包括砂矿型、碳酸岩型花岗伟晶岩型、碱性火成岩型、氧化铁-铜-金型(IOCG 型)及与铀伴生型。大洋洲澳大利亚稀土储量或资源量大于 5 万 t 的稀土矿分布见图 4-12。澳大利亚稀土矿集区有：①从新南威尔士州的戈斯福德延伸至昆士兰州的罗克汉普顿北边，及澳大利亚南部和西部的尤里克(Eucla)盆地和墨累盆地(Murray)的砂矿型稀土矿；②澳大利亚北领地的 Charley Creek Alluvial砂矿型稀土矿；③澳大利亚西部的碳酸岩型稀土矿；④澳大利亚的北领地碳酸岩型稀土矿；⑤昆士兰州 Brightlands Milo IOCG 型稀土矿；⑥南澳大利亚州 IOCG 型稀土矿；⑦新南威尔士州 Cataby 砂矿型稀土矿；⑧维多利亚 Fingerboards 砂矿型稀土矿。

图 4-12　大洋洲稀土储量或资源量大于 5 万 t 稀土矿床分布简图

大洋洲稀土种类多，资源丰富，最著名的是西澳大利亚伊尔岗地块韦尔德山碳酸岩型稀土矿，REO 储量规模为大型，REO 品位 7.90%。大洋洲稀土资源量最大的矿床是南澳大利亚州奥林匹克坝(Olympic Dam)氧化铁-铜-金型(IOCG 型)稀土矿，REO 资源量达千万吨，但是品位较低(REO 品位 0.42%)。此外，大洋洲砂岩型稀土矿也广泛分布。

大洋洲 REO 储量和资源量见图 4-13 和图 4-14。大洋洲 REO 资源量几千万吨，以砂矿型、IOCG 型和碳酸岩型稀土矿为主。其中，砂矿型稀土矿 REO 资源量近 3000 万 t，占大洋洲稀土 REO 资源量总量的 67%以上。

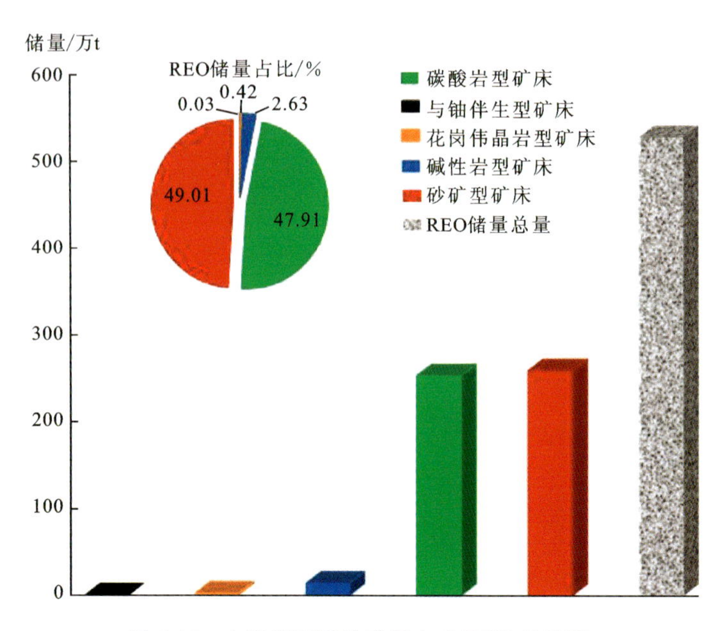

图 4-13　大洋洲不同类型稀土矿 REO 储量图

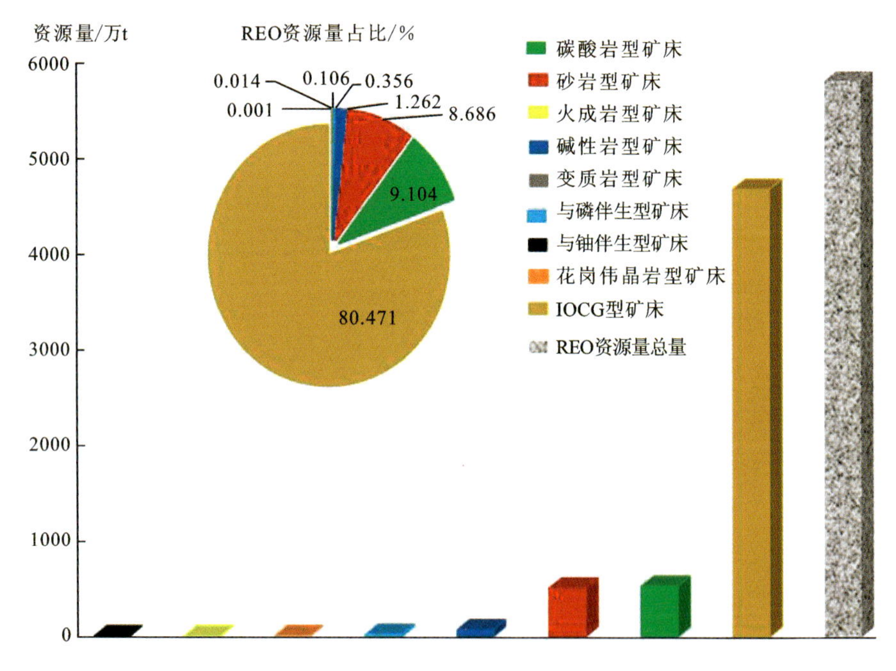

图 4-14　大洋洲不同类型稀土矿 REO 资源量图

三、主要矿床类型及特点

根据澳大利亚地球科学局分类方法(Jaireth et al. ,2014),对澳大利亚稀土矿产从成因类型和地质特征方面进行划分(表 4-15),主要分为 4 种成矿类型:①与岩浆活动有关的碱性岩、碳酸岩、花岗伟晶岩、矽卡岩、磷灰石/萤石脉、铁氧化物角砾杂岩中的稀土矿床;②与近代河流和滨海砂矿有关的海滩、高沙丘、浅海潮汐和潮汐环境中的重矿物砂矿稀土矿床;③与沉积盆地有关的磷块岩、褐煤、不整合面相关型稀土矿床；④与碳酸岩、超基性/基性岩表生风化作用有关的稀土矿床（张婷等，2014）。

表 4-15　澳大利亚稀土矿产成因类型表

矿床类型		矿床规模	处	分布地区	成矿时代	代表性矿床
与岩浆岩活动有关	与碱性火成岩有关	中型、大型	3	塔斯曼造山带、Halls Creek 地块	元古宙、古生代、中生代	Brockman、Toongi 和 Narraburra 矿床
	含稀土的碳酸岩	—	3	Halls Creek 地块、Capricorn 地块	古元古代	Ponton Creek、Cummins Range
	含稀土的伟晶岩	—	2	Pinga Creek 花岗伟晶岩区	太古宙	Cooglegong、Pinga Creek 矿床
	磷灰石/萤石脉	小型、大型	3	Arunta 区、Halls Creek 地块	元古宙	Nolans Bore、John Galt 矿床
	含稀土的铁氧化物角砾杂岩	中型-超大型	3	Stuart 和 Mount Painter 地区	晚太古代，其中Olympic Dam 为元古宙	Ernest Henry 矿床、Olympic Dam 及其东部 Mount Painter-Olary 地区的元古宙矿床
	矽卡岩型	大型	2	芒特艾萨	元古宙	Elaine Dorothy、玛丽莲凯瑟琳矿床
与近代河流和滨海砂矿有关	海滩重矿物砂矿	小型、中型、大型	129	澳大利亚西南沿海、新南威尔士北部沿海、昆士兰南部沿海、墨累（Murray）盆地中心的内陆古海岸线、南澳和西澳的尤克拉盆地	中生代—新生代	Capal、Yoganup、Happy Valley
	沙丘重矿物砂矿					昆士兰州东海岸系列矿床
	近海浅滩重矿物砂矿（WIM 型）					WIM 矿床
	河道冲积重矿物砂矿					Calypso 矿床
与沉积盆地有关	与磷块岩有关	稀土矿化点	20	Georgina 盆地	中寒武世	Koreffa、Sherrin Creek
	与砂岩中的褐煤有关		1	尤克拉盆地	晚始新世	Mulga Rock 矿床
	不整合面相关型		2	Birrindudu 盆地	中元古代	Killi Killi Hills 铀-稀土远景区

续表 4-15

矿床类型		矿床规模	处	分布地区	成矿时代	代表性矿床
与表生风化作用有关	与碳酸岩有关的残余红土型	超大型	1	伊尔岗地块	晚中生代—早新生代	Mount. Weld 矿床
	与超基性-基性岩有关的含钪红土型	小型	7	Greenvale 区、拉克兰地区东部	可能为中新生代	Lake Innes、Greenvale 矿床

与岩浆有关的稀土矿床，成矿时代从太古宙到中生代均有分布，时代最老的稀土矿床为岩浆成因。铁氧化物角砾岩型稀土矿床的资源量较大，主要来自 Olympic Dam 矿床及东部 Curnamona 省 Mount Painter-Olary 地区的元古宙矿床。磷灰石/萤石脉型矿床和与碱性岩有关的稀土矿床，其资源量分别占澳大利亚资源量的 1.4%和 1.1%(Jaireth et al.,2014)。

第六节　亚洲稀土资源及特征

一、地质背景概述

1. 地质构造

亚洲由欧亚古陆与多个源自南地球冈瓦纳大陆的陆块拼合而成，可分成 6 个地台和 4 条夹持其间的巨型造山带(图 4-15)。

地台自北向南分别为：①西伯利亚地台，基底由太古宙地层组成，古元古代出现最早地台盖层的前寒武纪克拉通；②中朝地台，基底由太古宇—古元古界地层组成，古元古代吕梁运动后形成克拉通，中元古代、新元古代发育坳拉谷，普遍缺失晚奥陶世、早石炭世沉积；③塔里木地台，以塔里木盆地为中心，晋宁运动后固结，构造演化历史与扬子地台关系较为密切；④扬子地台，是晋宁运动后形成的地台，晚二叠世有大面积溢流玄武岩喷发；⑤阿拉伯地台，位于非洲大陆的东北边缘，新元古代通过一系列的岛弧向东侧增生而形成；⑥印度地台，东冈瓦纳大陆的一部分，南部地盾区出露太古宇深变质杂岩，其中印度半岛东侧东高止造山带中的孔兹岩系被认为是当时的古风化壳。

造山带自北向南分别有：①北极造山带，位于西伯利亚地台北侧，从泰梅尔半岛向东延伸到楚科奇半岛，是晚中生代才最终拼接的欧亚大陆与美洲大陆之间的碰撞造山带；②乌拉尔中亚造山带，夹持在东欧地台、西伯利亚地台与塔里木地台、中朝地台之间，记录了古亚洲洋的演化历史；③阿尔卑斯喜马拉雅造山带，从高加索经科佩特山脉和兴都库什延伸到青藏高

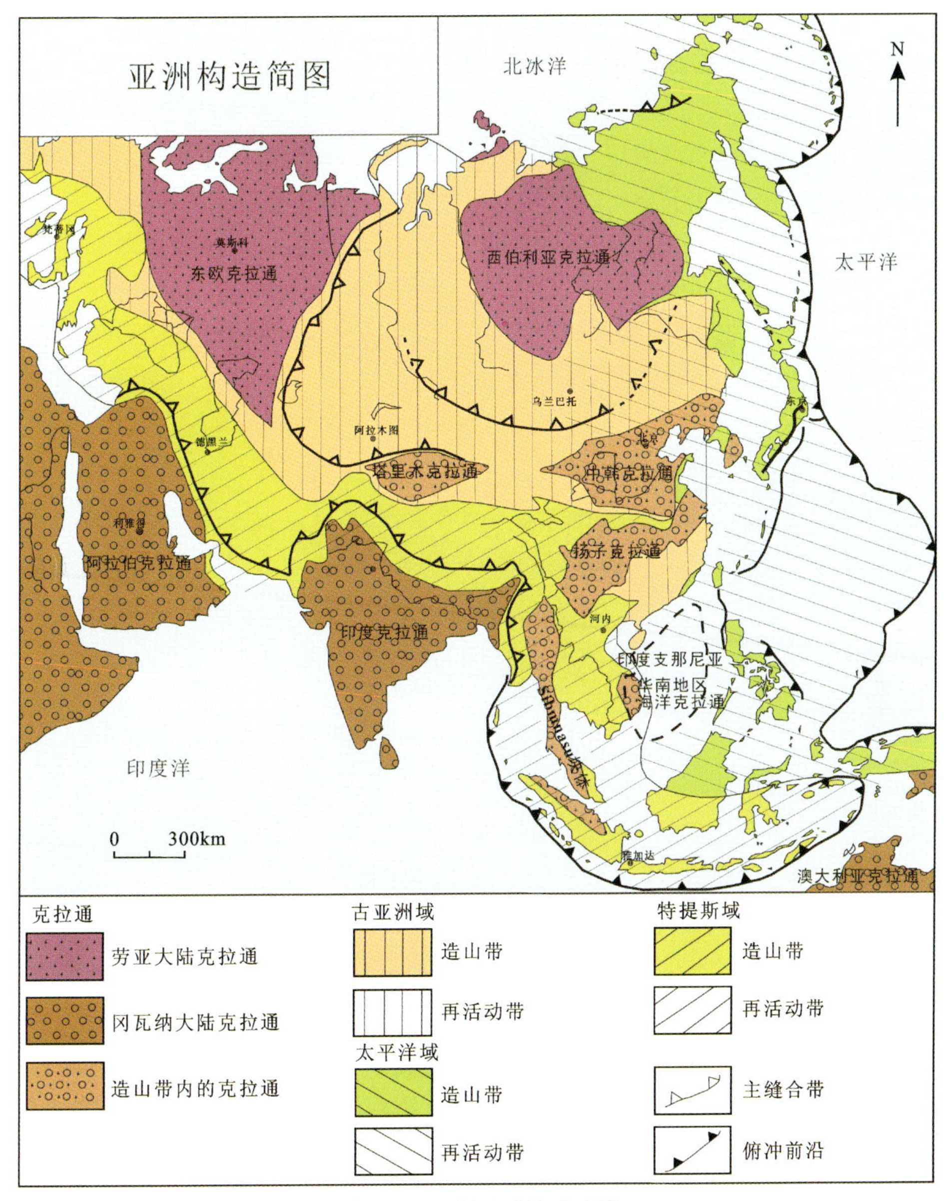

图 4-15 亚洲地质构造略图

原南侧，包含古特提斯和新特提斯两个世代洋盆的演化；④环太平洋构造活动带，是晚中生代以来因库拉板块等古大洋板块向欧亚大陆东缘之下消减而发展起来的现代沟弧盆系，呈北东向从科里亚克山脉向南经锡霍特山脉、朝鲜半岛东南、中国浙闽沿海到越南南部，与大陆边缘平行而斜截下伏不同时代的老构造单元。

2. 稀土矿化区

亚洲重要稀土矿化区(带)有中国内蒙古白云鄂博矿化区、山东济宁微山湖矿化区、四川冕宁-德昌矿化带和南方5省矿化带、朝鲜平壤炯居矿化区、越南莱州省弄色矿化区、东堡东堡矿化区、蒙古木苏盖-胡达格矿化区、阿富汗赫尔曼德省瑞基斯坦汉涅辛矿化区，以及印度尼西亚板卡矿化区等。

中国内蒙古白云鄂博碳酸岩型铁、铌稀土多金属矿床，现已发现 71 种元素，以 175 种不同矿物形式存在。朝鲜平壤炯居(Jongju)稀土矿床，公开资料显示储量巨大，其数据可信度有待进一步查证。越南莱州省(Nam Xe)稀土矿，南、北两段原生矿均为氟碳铈矿-氟碳钙铈矿-重晶石-萤石组合，其中南段 REO 平均品位 10.6%，已证实的 REO 储量为近百万吨，北段 REO 平均品位为 1.4%，REO 总储量达几百吨。越南莱州省东堡稀土矿，矿带产于古近纪正长岩体边缘剪切带内，其中 3 号矿体 REO 品位达 3.0%～10.7%，储量也达几百万吨；印度尼西亚板卡和百里屯地区的砂岩型稀土，含独居石和磷钇矿，储量达几千万吨。蒙古国科布多哈尔赞-布雷格提(Khaldzan-Buregtey)过碱性花岗岩型锆、铌、稀土矿床，其 ZrO_2 的资源储量为 400 万 t，Nb_2O_5 的资源储量为 60 万 t，Y_2O_3 的资源储量为 100 万 t，Ta_2O_5 的资源储量为 3.5 万 t，伴生稀土 REO 上百万吨。蒙古国中南部木苏盖-胡达格碳酸岩-粗面岩型稀土矿床发育粗面岩和碳酸岩、磁铁矿-磷灰石及氟碳铈矿这 3 类矿石。阿富汗赫尔曼德省瑞基斯坦汉涅辛(Khanneshin)碳酸岩型轻稀土矿床，其杂岩体赋存的稀土氧化物资源量也有上百万吨，主要以轻稀土为主。

二、资源分布情况

亚洲地区除中国外，印度、越南、马来西亚、哈萨克斯坦、蒙古国、老挝、缅甸、斯里兰卡、朝鲜、印度尼西亚、阿富汗、吉尔吉斯斯坦、泰国和土耳其等国家均有稀土资源分布。

1. 印度

印度稀土矿类型主要为砂矿型，且开采历史悠久，主要位于南部西海岸的恰瓦拉和马纳范拉库里奇。特拉范科稀土矿床是印度著名的大型砂矿型稀土矿，在 1911—1945 年间的稀土产量占全球的一半，目前仍然是重要的稀土产地。矿石中独居石占 5%～6%，钛铁矿占 65%，金红石 3%，锆英石 5%～6%，石榴石 7%～8%，其中独居石中钍含量高达 8%。此外，印度还有少量碳酸岩型稀土矿床(Amba Dongar 矿床)和 IOCG 伴生稀土矿床(Jharkhand 矿床)。

2. 越南

越南是东南亚地区探明稀土储量最多的国家，以越南莱州(Lai Chau)和安沛(Yen Bai)两省的 Nam Xe、Muong Hum 和 Yen Phu 地区稀土资源最为丰富，Dong Pao 地区也有储量不小的稀土矿。越南稀土矿类型主要为碳酸岩型、碱性岩型和砂矿型。

3. 马来西亚

马来西亚主要从锡矿的尾矿中回收独居石、磷钇矿和铌钇矿等稀土矿物，曾一度是世界重稀土和钇的主要来源。马来西亚锡矿资源丰富，其储量居世界第二位，主要分布在马来西亚西部地区除槟榔屿州外的其他各州。稀土资源主要集中在马来西亚西部的锡矿区。

4. 哈萨克斯坦

哈萨克斯坦主要从铀矿中提取稀土。哈萨克斯坦铀资源丰富，其储量占全球的25%，居世界第二位。稀土资源主要集中在哈萨克斯坦南部楚河-萨雷苏河铀矿区、锡尔河铀矿区和北部铀矿区。该国还有大量苏联时期留下的铀矿残渣，预计可回收稀土的数量非常可观。哈萨克斯坦的伊尔特斯克化学冶金工厂曾是苏联最大的轻稀土冶炼厂，其稀土原料是俄罗斯科拉半岛洛伏谢尔斯克采选公司的铈铌钙钛矿精矿。

5. 蒙古国

蒙古国的稀土矿类型主要是碱性岩型、碳酸岩型及其他伴生矿。如该国阿尔泰地区碱性岩型稀土矿，东戈壁省内的碳酸岩型稀土矿，东南部的苏赫巴托尔省内阿林努尔铜钼矿和西部科布多省米彦嘎德县境内的哈尔赞布雷特矿也发现有稀土矿点。

6. 老挝

老挝目前还没有公开的稀土资源数据，但老挝中部川圹省、华潘省、琅勃拉邦、波里坎塞邦省分布有面积巨大的花岗岩体，可风化形成风化壳型稀土矿。稀土含量最大为775×10^{-6}～1003×10^{-6}，风化壳中LREE/HREE值为3.59～14.9，元素配分属于中重稀土，经济价值巨大，老挝很可能成为全球离子吸附型稀土的热点地区。

三、主要矿床类型及特点

亚洲内生稀土矿床类型主要有碱性岩-碳酸岩型和花岗岩型稀土、铌、钽矿床。外生稀土矿床主要有与沉积型与风化作用有关的冲积-残积砂矿型、离子吸附型矿床(图4-16)。

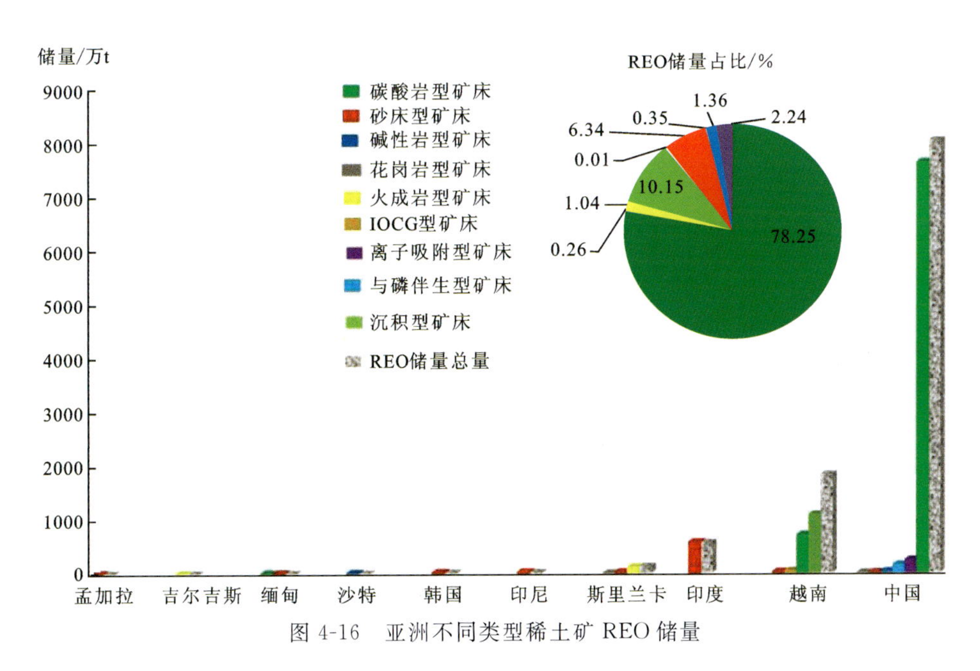

图4-16　亚洲不同类型稀土矿REO储量

亚洲稀土资源主要分布于中国、越南、印度、斯里兰卡等国家。中国稀土储量和资源量分别占到亚洲稀土总储量和稀土总资源量的76%和92.4%左右。亚洲稀土资源类型以碳酸岩型稀土矿为主，其次是砂矿型、沉积型变质岩型、碱性岩型和离子吸附型稀土矿。亚洲稀土矿中碳酸岩型稀土矿储量和资源量分别占亚洲稀土总储量和稀土总资源量的78.25%和94.07%左右，此外亚洲有大量的离子吸附型稀土矿，主要分布在中国、缅甸、老挝和马来西亚(图4-16)。

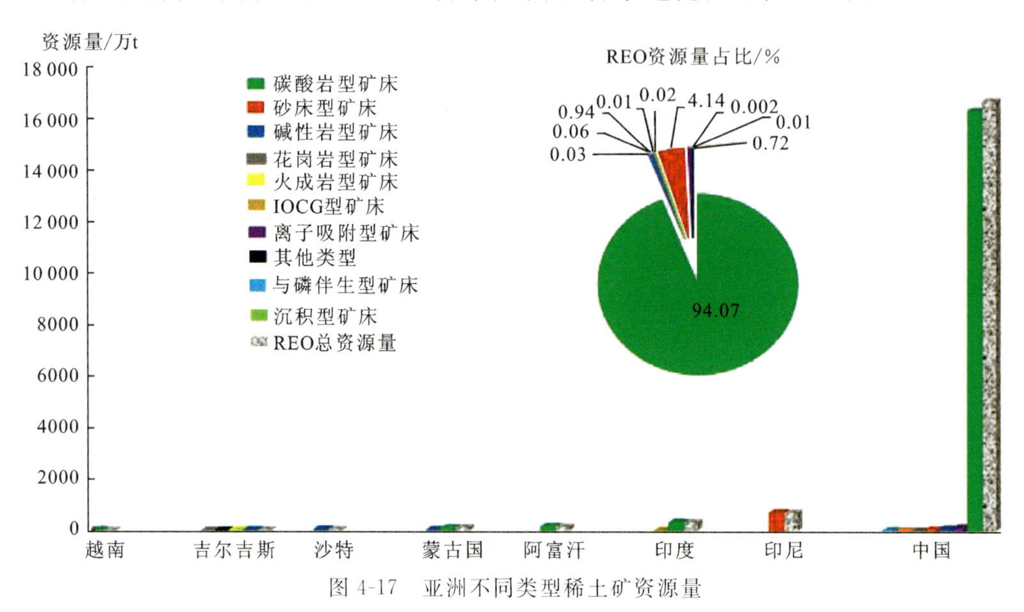

图4-17　亚洲不同类型稀土矿资源量

第七节　欧洲稀土资源及特征

一、地质背景概述

欧洲具有长期和复杂的地质演化历史，从格陵兰和斯堪的纳维亚半岛太古宙稳定地块(克拉通)到地中海沿岸的年轻火山带，伴随多次大陆碰撞和离散，并出现一系列陆内裂谷，伴随而来的是碱性岩和碳酸岩的岩浆活动，如芬兰的Silingjarri碳酸岩。欧洲主要的稀土成矿区都与伸展构造和富集地幔熔体侵入有关(图4-18)，如瑞典南部多次活化和伸展的绿泥花岗岩带，这个地区目前有先进的稀土勘探项目。

在加里东和海西造山带，北欧也有许多地方发育裂谷带和碱性岩浆活动，最有名的是俄罗斯科拉半岛碱性岩省。这一地区含有许多碱性-超基性岩、正长岩和碳酸岩杂岩体，它们横跨俄罗斯科拉半岛并进入芬兰。芬兰最有名的Sokli磁铁橄榄岩-碳酸岩杂岩体目前在大量开发磷酸盐(磷灰石)。裂谷活动和碱性岩浆作用也见于英国、挪威以及法国北部，时代主要为石炭纪和二叠纪。挪威奥斯陆内裂谷既发育碱性火山岩，也发育碱性侵入岩，其中一些岩体富集稀土。

中生代晚期和新生代是欧洲裂谷发展的主要时期，许多地方都发育有碱性岩浆侵位。格陵兰东部的Gardiner新生代杂岩体，包括碱性超基性杂岩体、碳酸岩和正长岩侵入体，含有一

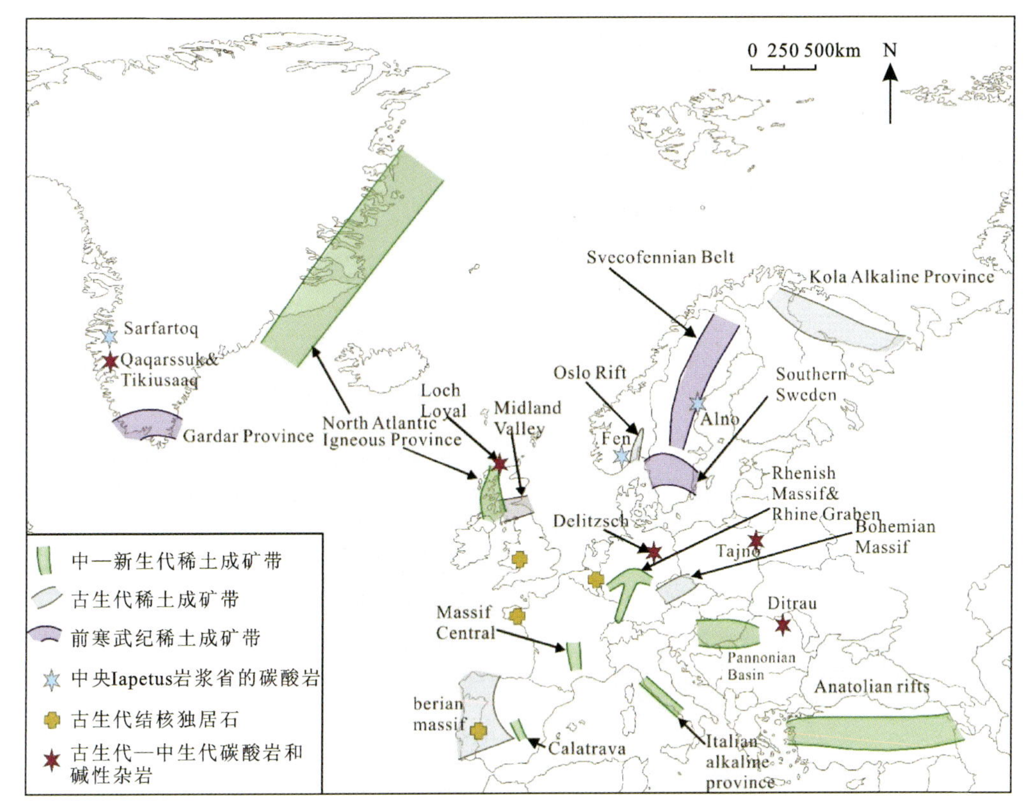

图 4-18 欧洲主要稀土成矿带的分布范围图

些稀土矿化带。在英国也产出有类似年代的花岗岩侵入体,但仅有少量的稀土富集。此外,在依伯利安半岛(Iberian),晚白垩世(94～72Ma)碱性岩浆作用,产生了很多正长岩侵入体,构成依伯利安碱性岩省。

在欧洲,新元古代和早古生代也有裂谷活动,但有关碱性岩浆活动报道极少,格陵兰和斯堪的纳维亚半岛的碳酸岩和煌斑岩侵入体是例外。挪威的 Fen 碳酸岩杂岩体和瑞典的碱性碳酸岩杂岩体含有铌、稀土、锆富集带,成矿年龄约 565Ma。

从中生代三叠纪到新生代古近纪,阿尔卑斯碰撞带北部和地中海边缘发育局部裂谷和碱性岩浆活动。稀土矿床也可能与远离陆内裂谷带的其他构造环境中的岩浆和热液活动有关。最引人注目的是瑞典的古元古代柏格斯拉根省,包括首次发现轻稀土的巴斯滕斯矿床。这些矿床被认为是通过碳酸盐岩与来自俯冲相关岩浆的流体反应形成的(Holtstam et al.,2014)。欧洲还有许多地区,碱性岩浆作用在造山旋回末期发生,例如加里东造山带,这些地区也可能有局部稀土元素富集(Walters et al.,2013)。

目前,欧洲还没有发现具有高吨位和高品位的次生稀土矿床,但在一些地方经侵蚀和风化作用形成了低品位的稀土矿化,由于这些稀土矿化相对容易加工,因此具有经济开发潜力。其中包括重矿物砂矿,特别是沿地中海海岸线的重矿物砂矿,以及南欧许多地区的铝土矿。

二、资源分布情况

欧洲稀土资源主要分布于瑞典、俄罗斯、土耳其、芬兰和挪威等国家，集中分布于俄罗斯的科拉半岛。欧洲稀土矿集中区有：①瑞典基律纳卢基矿业公司开采的 Kiruna 含磷铁矿和 Malmberget 铁矿中伴生型稀土矿，两个矿区 REO 储量有几千万吨，但 REO 品位较低（平均品位约 0.99%）。②俄罗斯科拉半岛集中分布几个储量达几百万吨的碱性岩型稀土矿，如 Lovozero 稀土矿，REO 储量规模为超大型，REO 品位为 1.12%；Khibina 稀土矿，REO 储量规模为超大型，REO 品位为 0.40%；Umbozero 稀土矿，REO 资源量规模为超大型，REO 品位为 1.05%。③俄罗斯西伯利亚也分布有储量达几百万吨的碳酸岩风化壳型铌稀土矿床，如雅库特托姆托尔（Tomtor）碳酸岩风化壳型铌稀土矿床，该矿床 REO 资源量规模为超大型，REO 品位高达 10.60%；Chuktukon 稀土矿，REO 资源量规模为超大型，REO 品位为7.32%。④土耳其东南部 eskisehir 省的 Kizilcaören 碳酸岩型稀土矿，REO 资源量规模为中型，REO 品位 2.78%。

欧洲稀土储量、资源量统计结果见图 4-19 和图 4-20。欧洲稀土 REO 储量和资源量均超过 4000 万 t，目前欧洲稀土 REO 储量最大的国家是瑞典，REO 资源量最大的国家是俄罗斯。

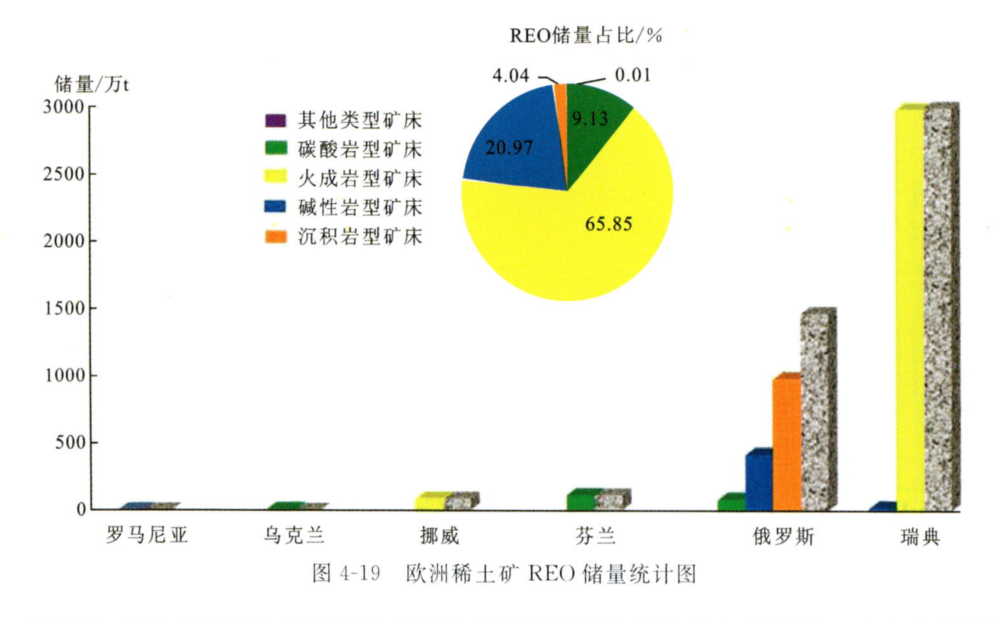

图 4-19　欧洲稀土矿 REO 储量统计图

在欧洲，最重要的稀土潜力区分布于北大西洋克拉通边缘和包括纳维亚山在内的斯堪纳维亚地盾边缘。这些地区含有大量已探明的铌、稀土、锆矿床。然而，自前寒武纪以来，多次造山旋回，在东欧和南欧也发育了类似的岩石层圈，为这一地区新生代碱性岩浆活动奠定了基础。在东欧和南欧新生代碱性岩浆活动地区，类似地表火山岩的深成侵入体很少见到。

欧洲稀土资源最初主要集中在瑞典 Riddarhyttan-Bastnäs 地区（Williams-Jones et al.，2012）。欧洲主要稀土资源/矿床信息见表 4-16，但更广泛的稀土矿资源仍有待确认。

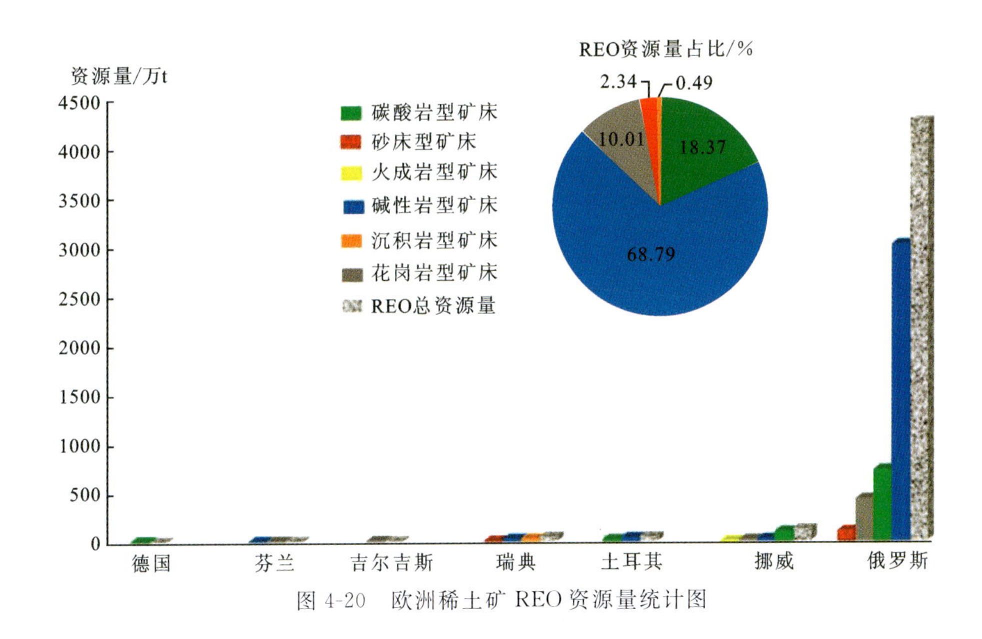

图 4-20　欧洲稀土矿 REO 资源量统计图

表 4-16　欧洲主要稀土资源/矿床信息表(不包括俄罗斯)

产地	国家	类型	矿床分类
Aksu Diamas	土耳其	砂矿型	资源
Alnö	瑞典	碳酸岩型	矿点
Arran,Skye,Mourne Mountains	英国	花岗岩型、伟晶岩型	矿点
Biggejavri	挪威	热液型	矿点
Delitzsch (Storkwitz)	德国	碳酸岩型	资源
Ditrău	罗马尼亚	碱性岩型	矿床
Fen	挪威	碳酸岩型	资源
Galiñeiro	西班牙	碱性岩型	矿床
Grängesberg-Blötberget	瑞典	火成岩型	副产品(铁矿)
Halpanen	芬兰	碳酸岩型	矿点
Høgtuva	挪威	热液型	矿点
Iivaara	芬兰	碱性岩型	矿点
Jämtland	瑞典	碱性岩型	矿点
Kaiserstuhl	德国	碳酸岩型	矿点
Katajakangas	芬兰	碱性岩型	矿床
Kiruna-Malmberget	瑞典	火成岩型	副产品(铁矿)
Kizilcaören	土耳其	热液型	矿床

续表 4-16

产地	国家	类型	矿床分类
Kodal	挪威	碱性岩型	副产品(磷灰石)
Korsnäs	芬兰	碳酸岩型	矿床
Krušné hory	捷克共和国	碱性岩型	矿点
Lamujärvi	芬兰	碱性岩型	矿点
Loch Loyal	英国	碱性岩型	矿点
Mediterranean bauxites	意大利、希腊、土耳其	铝土矿型	副产品(铝)
Misværdal	挪威	碱性岩型	矿床
Naantali	芬兰	碳酸岩型	矿点
Nea Peramos, Strymonikos Gulf	希腊	砂矿型	矿点
Nettuno	意大利	砂矿型	矿点
Norberg	瑞典	热液型	矿床
Norra Kärr	瑞典	碱性岩型	资源
Olserum	瑞典	热液型	资源
Palaeozoic nodular monazites	英国、比利时、法国、葡萄牙	沉积岩型	矿点
Petäiskoski/Juuka	芬兰	碳酸岩型	矿点
Riddarhyttan-Bastnäs	瑞典	热液型	矿床
Sæteråsen	挪威	碱性岩型	矿点
San Venanzo, Polino, Cupaello and Monte Vulture	意大利	碳酸岩型	矿点
Siilinjärvi	芬兰	碳酸岩型	副产品(磷灰石)
Sofular	土耳其	碳酸岩型	矿床
Sokli	芬兰	碳酸岩型	矿床
Svecofennian pegmatites	瑞典、芬兰	花岗岩和伟晶岩型	矿点
Sveconorwegian pegmatites	挪威、瑞典	花岗岩和伟晶岩型	矿点
Tajno	波兰	碳酸岩型	矿点
Třebíč	捷克共和国	碱性岩型	矿点
Tysfjord	挪威	碱性岩型	矿点
Västervik	瑞典	砂矿型	矿点

注:本表中提到的重要地点,分别归类为资源(指具有符合 JORC 或 NI-43-101 报告代码的正式 REO 资源估算值的地区);矿床(指可能存在经济价值并可能在未来的勘探中确定的矿床);矿点(指稀土元素富集但不太可能具有经济价值的地区);副产品(指稀土元素可能作为另一种商品的副产品,在经济上开发是可行的)。

三、主要矿床类型及特点

欧洲稀土REO储量以火成岩型和碱性岩型稀土矿为主,其他类型稀土矿REO储量均较少。欧洲火成岩型稀土资源REO储量占欧洲稀土REO总储量的65%以上,以瑞典的基律纳型铁矿伴生的稀土矿为主。欧洲碳酸岩型稀土矿相对较少,碳酸岩型稀土矿中REO储量和资源量在欧洲REO总储量和总资源量中占比分别为9.13%和18.37%左右。

第八节 国外主要国家稀土项目简介

一、美国

(一)概述

美国稀土REO储量几百万吨,资源量有上千吨,分别占世界稀土总储量的1.12%和总资源量的3.5%。美国利用的稀土产品主要为氟碳铈矿和独居石,此外还有黑稀金矿、硅铍钇矿和磷钇矿等在选矿时作为副产品被回收利用。位于加利福尼亚州圣贝纳迪诺县的芒廷帕斯矿是世界上最大的单一氟碳铈矿,稀土品位为5%~10%,稀土氧化物储量达几百万吨。该矿山曾是世界稀土市场的主要供应商。位于怀俄明州东北部的贝诺杰矿床也含有磷锶铝矿、氟碳铈矿和氟磷钙铈矿等矿物,主要是轻稀土,其中稀土氧化物储量几十万吨。美国独居石资源有东南海岸砂矿、西北河床砂矿及大西洋大陆架沉积矿等,储量也相当可观。尽管现代稀土行业起源于"二战"期间开发原子弹的曼哈顿项目,但是在之后的30多年时间里,美国稀土消费量的80%以上依赖于从中国进口。为了改变这种状况,美国通过《国防生产法案》为矿山和加工厂提供资金,恢复稀土产业。目前美国主要的稀土企业有以下几家。

(1)芒廷帕斯材料公司:该公司拥有美国唯一在产的芒廷帕斯(Mountain Pass)稀土矿,目前稀土出售给总部位于中国的企业进行进一步加工。2020年该公司计划斥资2亿美元重新启动封存的冶炼设备,有望在2023年实现首个钕、镨分离生产。

(2)美国蓝线公司(Blue Line Corp):美国蓝线公司与总部位于澳大利亚的稀土生产企业莱纳斯(Lynas)公司合作密切。2018年12月,这两家公司申请了用于加工重稀土的资金,计划从稀土矿中提取分离用于武器制造不可缺少的重稀土元素;2019年,两家公司签署了一项在得克萨斯州建立稀土加工厂的协议,莱纳斯公司成为大股东。

(3)Texas Mineral Resources Corp and USA Rare Earth:这两家公司计划开发位于得克萨斯州埃尔帕索市西南的圆顶(Round Top)稀土矿。美国稀土公司(USA Rare Earth)拥有圆顶稀土项目80%的股权。

(4)涅克发展有限公司(NioCorp Developments Ltd.):该公司正在开发内布拉斯加州的埃尔克里克(Elk Creek)铌矿,该矿床有潜力成为北美最富集的铌和钪矿项目。Elk Creek矿是美国最大的稀土矿之一,仅次于芒廷帕斯稀土矿床。

(5)铀克瑞稀有金属公司(UCore Rare Metals Inc.):该公司正在计划开发阿拉斯加州的博坎(Bokan)稀土矿,并建造稀土加工厂。阿拉斯加州政府承诺为该项目提供1.45亿美元的支持。根据该公司2013年1月发布的初步经济评价,按重量计,约40%的稀土元素为重稀土元素。

(6)美国能源燃料公司(Energy Fuels Inc.):美国能源燃料公司(Energy Fuels Inc.)是美国领先的铀综合生产商,这家铀生产商正在考虑重组部分设备以研究加工稀土的方法,但该公司主要为其他稀土企业加工稀土矿,提取战略矿物。

(二)美国稀土项目

美国处于活动状态的稀土项目见表4-17(包括在产稀土项目、勘探稀土项目和研究阶段稀土项目3类)。美国处于活动状态稀土项目共12个,包括1个在产项目、5个进入研究阶段项目、6个处于勘探阶段项目。其中,碳酸岩型稀土矿项目4个,其他类型稀土矿包括火成岩型稀土矿、碱性岩型稀土矿、氧化铁-磷矿型稀土矿和与氟伴生型稀土矿。

表4-17 美国稀土项目统计表

矿床名称	REO品位/%	REO储量/资源量(规模)	LREO/HREO	重稀土占比/%	矿床类型	活动状态
Mountain Pass	7.98	储量(大型)	8.87:0.03	0.34	碳酸岩型	在产阶段
Round Top	0.06	资源量(大型)	0.017:0.043	71.67	火成岩型	研究阶段
Bear Lodge	3.05	资源量(大型)	3.00:0.50	1.64	碳酸岩型	研究阶段
Bokan Mountain	0.06	资源量(小型)	0.017:0.043	71.67	火成岩型	研究阶段
La Paz	0.04	资源量(小型)	0.018:0.022	55.00	碱性岩型	研究阶段
Elk Creek	1.00	资源量(大型)	0.892:0.108	10.80	碳酸岩型	研究阶段
Thor	2.60样品	—	—	—	碱性岩型	勘探阶段
North Fork	8.40样品	—	—	—	碳酸岩型	勘探阶段
Pea Ridge	12.00	储量(小型)	—	—	氧化铁-磷矿型	勘探阶段
Diamond Creek	1.20	资源量(小型)	0.97:0.23	19.17	火成岩型	勘探阶段
Gallinas Mountains	3.47	资源量(小型)	2.88:0.07	2.46	与氟伴生型	勘探阶段
Ray Mountains	—	—	—	—	砂矿型	勘探阶段

注:HREO指的是Gd_2O_3-Y_2O_3。

1.目前正在生产稀土项目

芒廷帕斯(Mountain Pass)稀土项目:Mountain Pass稀土矿位于美国加利福尼亚州芒廷帕斯山,为碳酸岩型稀土矿,是美国目前在产的稀土矿,也是北美地区主要在产稀土矿。资源量上千百万吨,REO品位为7.98%,露天开采。目前主要通过选矿生产稀土精矿,稀土精矿

图 4-21　美国稀土项目分布示意图

几乎全部运输到中国进行冶炼分离，选冶生产主要工艺为磨矿—浮选—氟碳铈矿精矿—氧化焙烧—浸出—萃取分离，2020 年 REO 产量为 3.8 万 t。

2. 可行性研究阶段稀土项目

圆顶(Round Top)稀土项目：圆顶稀土矿位于美国得克萨斯州哈得斯佩斯县圆顶山。该稀土矿与氟伴生，USA Rare Earth LLC. 持有 80%矿权，Texas Mineral Resources持有 20%矿权，REO 资源量规模为大型，REO 品位较低(0.06%)，露天开采。2019 年初步可行性研究报告采用堆浸-溶剂萃取的方法分离提取稀土，设计矿石处理能力 730 万 t/年，预计 REO 年产量 2212t，碳酸锂产量 8956t。

Bear Lodge 稀土项目：Bear Lodge 稀土矿位于美国怀俄明州东北部贝诺杰山的中北段。贝诺杰山位于近南北向的东落基山脉碱性火山岩带上，是美国重要的黄金产区，在 20 世纪初期曾被当作金矿勘查的潜力区域。该区稀土矿床于 1949 年被发现，1972 年，第瓦尔公司(Duval)开始在贝诺杰地区开展勘查活动，勘探目标是斑岩型铜钼矿床，但在后期却发现了具有经济价值的稀土矿床。1987—1991 年，赫克拉矿业公司(Hecla)在该区的勘探工作中发现稀土资源量巨大，稀土平均品位为 1.79%。2003 年，稀有元素资源公司(Rare Elements Resources Ltd.)获得该稀土项目 100%的矿权。该稀土矿 REO 储量为中型规模，REO 品位为2.78%;REO资源量为大型规模。该稀土项目于2014年完成初步可行性研究,确定为露天开采方式,采用磨矿—磁选—酸浸—沉淀—混合REO工艺提取稀土,设计初始矿石处理能力17.5万t/年,后续矿石处理能力35万t/年,预计年产REO资源量9433t。

Bokan Mountain稀土项目:Bokan Mountain稀土矿位于美国阿拉斯加州凯契坎(Ketchikan)西南60km处,为碱性岩型稀土矿。Ucore Rare Metals Inc. 持有该矿100%矿权,该矿矿石资源量规模为小型,REO品位为0.60%,采用地下开采方式。2013年初步可行性研究采用矿石破碎—X射线抛尾—浸出—RapidSX™工艺,设计矿石处理能力1500t/天,预计年产REO资源量为2250t、氧化钇515t、氧化镝95t和氧化铽14t。

La Paz稀土项目:La Paz稀土矿位于美国亚利桑那州拉巴斯县的拉巴斯,为碱性岩型稀土矿。American Rare Earth Limited持有该矿100%矿权。2011年报告显示控制的矿石资源量上亿吨,REO品位为0.037%;推断矿石资源量千万吨,REO品位为0.037%。2012年完成稀土矿物赋存状态研究及稀土赋存矿物分离富集实验,2021年开展冶金实验研究和初步可行性研究。

Elk Creek稀土项目:Elk Creek稀土矿位于美国内布拉斯州林肯(州首府)东南部75km,奥马哈(Omaha)以南约110km处为碳酸岩型稀土矿。NioCorp Developments Ltd. 持有该矿100%矿权。REO储量规模为中型,REO品位为1%,采用地下开采方式,设计开发利用工艺为高压辊磨破碎—筛分—盐酸浸出—转炉工艺,产出铌铁(FeNb)金属,预计年产Nb_2O_5 1400万t,Sc_2O_3 3237t,TiO_2 3500万t。

3. 勘探阶段稀土项目

Thor稀土项目:Thor稀土矿位于美国内华达州南部,拉斯维加斯以南约76km,加利福尼亚州Mountain Pass稀土矿以东28km处。Elissa Resources Ltd. 持有该矿100%矿权。2010年的勘探结果表明在Thor稀土矿区发现碱性花岗岩和正长岩稀土矿化,3个稀土矿化点分别为Lopez Trend、Black Butte和NED。127件钻探岩石样本中22件样品的总稀土元素含量在1.3%~10.6%之间,其中重稀土含量占比较高。

North Fork稀土项目:North Fork稀土矿位于爱达荷州,为碳酸岩型稀土矿。U. S. Rare Earths Inc. 持有该矿100%矿权,2013年对两个钻孔深度为2m的样品进行化验分析,结果表明,样品REO品位分别为10.3%和8.4%。

Pea Ridge稀土项目:Pea Ridge稀土矿位于密苏里州东南部沙利文附近,为氧化铁-磷矿型(IOA型)稀土矿。Pea Ridge稀土矿被称为豌豆岭矿,过去是一个铁矿,铁矿中的角砾岩含有独居石、磷钇矿、少量氟碳铈矿和硒磷灰石。REO储量规模为小型,REO品位为12%。Wings Enterprises持有该矿70%的矿权,其余矿权被MFC Industrial Ltd. 和Alberici Constructors持有,该矿目前处于关闭状态。

Diamond Creek稀土项目:Diamond Creek稀土矿位于美国爱达荷州莱姆哈伊县,为火成岩型稀土矿,New Jersey Mining Company持有该矿100%矿权。该矿最初是一个金矿,REO资源量规模为小型,REO品位为1.2%。目前已知的含稀土矿脉至少有8条,矿脉宽0.15~7.60m。

Gallinas Mountains 稀土项目：Gallinas Mountains 稀土矿位于美国新墨西哥州林肯县，为与氟伴生的稀土矿。Saskatchewan-Strategic Resources Inc. 持有该矿 100%矿权，REO 资源量规模为小型，REO 品位为 3.47%。

Ray Mountains 稀土项目：Ray Mountains 稀土矿位于美国阿拉斯加州中部 Ray Mountains 的北面，为砂矿型稀土矿。Ucore Rare Metals Inc. 持有该矿 100%矿权，2014 年初步勘探样品的 REO 品位在 1%～8%之间，重稀土占 20%～30%。

二、俄罗斯

（一）概述

俄罗斯是一个稀土资源大国，稀土 REO 储量 1000 多万 t，资源量 4000 多万 t，分别占世界稀土总储量的 6.93%和总资源量的 8.24%，储量和资源量排名均位于世界第五。俄罗斯虽然有丰富的稀土资源，但是稀土资源基本位于开发环境欠佳的偏远地区，开采难度较大，所以俄罗斯稀土资源主要依靠进口。俄罗斯稀土分布区域主要在科拉半岛，主要是与其他矿床伴生，赋存于碱性岩中，主要从磷灰石中回收稀土，此外还可回收铈铌钙钛矿。俄罗斯稀土储量丰富但品位较低，且很多矿点位于没有进行基础设施建设的地区，开采条件不足（王路等，2022）。目前俄罗斯主要有 8 家从事稀土和稀有矿产的企业和 9 个稀土矿床及矿产地。

（二）俄罗斯稀土企业

（1）洛沃泽罗（Lovozero）采矿和加工厂有限责任公司

洛沃泽罗（Lovozero）采矿和加工厂有限责任公司位于摩尔曼斯克州西北联邦区的 Revda 村（网站：http://lovozero-gok.rf/）。它已经运行了 65 年，拥有洛沃泽罗（Lovozero）矿床的矿石开采许可证，开采方式为地下采矿（每年 120 万 t）。矿石加工在浓缩厂进行，生产的商品为 95%的铁矿精矿。精矿的唯一消费者是索利卡姆斯克（JSC Solikamsk）镁厂。

（2）索利卡姆斯克镁厂

索利卡姆斯克镁厂位于索利卡姆斯克市的彼尔姆地区伏尔加联邦区（网站：http://www.zavodural.ru），运营超过 80 年，主要从洛沃泽罗（Lovozero）的铁精矿中提炼钛（每年最多 60t）和铌（每年最多 855t），以及混合镧系元素的碳酸盐和氧化物（就 REE 氧化物而言每年最多 3600t）。

（3）切佩茨克机械厂

切佩茨克机械厂位于格拉佐夫市 UdMurtia 的伏尔加联邦区（网站：http://www.chmz.net/about/），运营超过 70 年，主要产品是基于天然铀的核燃料，副产物是金属锆、金属钛、二氧化锆和四氯化物。

（4）基洛沃-切佩茨克（JSC Kirovo-Chepetsk）工厂

基洛沃-切佩茨克工厂位于基洛沃-切佩茨克市的基洛夫地区伏尔加联邦区（网站：http://www.uralchem.ru/about/contacts/），运营超过 80 年，主要产品是矿物肥料，生产的肥料多达 10 个品牌，副产物为碳酸锶。

(5)俄罗斯混合有限责任公司(Intermix Met LLC.)

俄罗斯混合有限责任公司位于勒蒙托夫市 Stavropol 地区的北高加索联邦区(网站:http://intermixmet.com/ru/about),运营超过 14 年,主要产品是含有稀土和稀有金属的铝合金。

(6)阿克伦(PJSC Akron)公司

阿克伦公司位于诺夫哥罗德州西北联邦区大诺夫哥罗德市(网站:http://www.acron.ru/),运营超过 50 年,主要生产氮、磷、钾复合肥料。

(7)俄铝联合公司(UC RUSAL)

俄铝联合公司位于 Kamensk-Uralsky 市的斯维尔德洛夫斯克州乌拉尔联邦区(网站:http://www.rusal.ru/),运作了 78 年,主要产品是铝金属。自 2016 年以来,它一直在整合钇和锆相关的提取技术,并正在研发生产含有稀有金属和稀土元素铝合金的技术。

(8)达斯公司(Dalur)

达斯公司(Dalur)位于 Uksyanskoye 村 Kurgan 地区 Dalmatovsky 区的 Ural 联邦区(网站:http://www.dalur.armz.ru),经营了 16 年,主要产品是铀。自 2016 年以来,该公司开始生产稀土元素。

(三)俄罗斯稀土项目

俄罗斯处于活动状态的稀土项目见表 4-18(包括在产稀土项目和研究阶段稀土项目两类)。俄罗斯正在生产的稀土项目有 12 个,处于研究阶段的项目有 3 个。

表 4-18 俄罗斯稀土项目统计表

矿床名称	REO品位/%	REO储量/资源量(规模)	LREO/HREO	钆-钇占比/%	矿床类型	活动状态
Khibina	0.36	资源量(大型)	0.35∶0.01	2.78	碱性侵入岩型	在产阶段
Kovdor	0.12	储量(小型)	0.009 7∶0.000 3	3.00	碱性侵入岩型	在产阶段
Lavrent'yevskaya	0.30	资源量(小型)	0.29∶0.01	3.33	碱性侵入岩型	在产阶段
Lovozero	1.12	储量(大型)	0.76∶0.02	2.56	碱性侵入岩型	在产阶段
Apatity	0.37	资源量(中型)	0.33∶0.04	10.81	碱性岩型	在产阶段
Koashvinskoe	0.41	资源量(大型)	0.38∶0.03	7.32	碱性岩型	在产阶段
Kukisvumchorr	0.25	储量(大型)	0.247∶0.003	1.20	霞石正长岩型	在产阶段
Nyorkpakhk	0.37	资源量(中型)	0.355∶0.025	6.50	碱性岩	在产阶段
Oleniy Ruchey	0.30~0.40	储量(大型) 资源量(大型)	0.36∶0.02	5.26	霞石正长岩型	在产阶段
Partomchorr	0.30~0.40	储量(大型)	0.19∶0.01	5.00	碱性岩型	在产阶段
Rasvumchorr	0.41	资源量(大型)	0.36∶0.05	12.20	霞石正长岩型	在产阶段
Yukspor	0.39	资源量(大型)	0.36∶0.03	7.69	碱性岩型	在产阶段

续表 4-18

矿床名称	REO 品位/%	REO 储量/资源量(规模)	LREO/HREO	钆-钇占比/%	矿床类型	活动状态
Tomtor	7.00～12.00	储量(中型) 资源量(大型)	11.88∶0.12	1.00	改造型 碳酸岩型	研究阶段
Chuktukon	4.58	资源量(大型)	—	—	碱性岩型	研究阶段
Murmansk	0.47	资源量(中型)	—	64	霞石正长岩型	研究阶段

1. 俄罗斯在产稀土项目

Lovozero 稀土项目：Lovozero 稀土矿位于俄罗斯西北部的科拉半岛的 Kontozero-Khibina 地堑，为碱性岩型稀土矿。Lovozerskiy GOK 持有该矿 100%的矿权，REO 品位为 1.12%，REO 储量规模为大型，目前主要产出铈铌钙钛矿精矿。Lovozero 杂岩体是世界上最大的层状过碱性侵入体，含有大量的 Zr、Hf、Nb、轻稀土和重稀土矿物，可以从铈铌钙钛矿中提取稀土。矿石赋存于磷霞岩-流霞岩-异霞正长岩中，异性石异霞正长岩中含有大量的 Zr 和 Y，围岩主要有异霞正长岩、磷霞岩、流霞正长岩和霞石正长岩，部分稀土矿也出现在碱性伟晶岩和热液脉中。

Apatity 稀土项目：Apatity 稀土矿位于俄罗斯科拉半岛摩尔曼斯克(Murmansk)中部的阿帕季特(Apatity)，距离卡西宾(Khibiny)矿区 35km，为碱性岩型稀土矿。PhosAgro 持有该矿 100%的矿权，REO 品位为 0.37%，REO 资源量规模为中型，目前主要产出磷矿。

Kukisvumchorr 稀土项目：Kukisvumchorr 稀土矿位于俄罗斯科拉半岛摩尔曼斯克的卡西宾南面 9km，为碱性岩型稀土矿。PhosAgro 持有该矿 100%的矿权，REO 品位为 0.25%，REO 储量规模为大型，目前主要产出磷矿。

Lavrent′yevskaya 稀土项目：Lavrent′yevskaya 稀土矿位于俄罗斯拉夫伦特耶夫格勒，为碱性岩型稀土矿。Kovdor Mining and Screening Enterprises 公司持有该矿 100%的矿权，REO 品位为 0.3%，REO 储量规模为中型，目前主要产出斜锆石和 Sc_2O_3。

Nyorkpakhk 稀土项目：Nyorkpakhk 稀土矿位于俄罗斯科拉半岛，为碱性岩型稀土矿。PhosAgro 持有该矿 100%的矿权，REO 品位为 0.37%，REO 储量规模为中型，目前主要产出磷精矿和霞石精矿。

Oleniy Ruchey 稀土项目：Oleniy Ruchey 稀土矿位于俄罗斯科拉半岛摩尔曼斯克，邻近卡西宾磷矿点东南面，距离基洛夫斯克镇 20km，为碱性岩型稀土矿。North-Western Phosphorous Company 持有该矿 100%的矿权，REO 品位在 0.3%～0.4%之间，REO 储量规模为大型，目前主要产出磷精矿。

Partomchorr 稀土项目：Partomchorr 稀土矿位于俄罗斯科拉半岛摩尔曼斯克，邻近卡西宾磷矿点东南面，距离基洛夫斯克镇 20km，为碱性岩型稀土矿。North-Western Phosphorous Company 持有该矿 100%的矿权，REO 品位在 0.3%～0.4%之间，REO 储量规模为大型，目前主要产出磷精矿。

Rasvumchorr稀土项目：Rasvumchorr稀土矿位于俄罗斯科拉半岛希比纳(Khibina)的Rasvumchorr山，为碱性岩型稀土矿。PhosAgro持有该矿100%的矿权，REO品位为0.41%，REO储量规模为大型，目前主要产出磷精矿。

2. 研究稀土项目

托姆托尔(Tomtor)稀土项目：Tomtor稀土矿为碱性岩型稀土矿，位于俄罗斯西伯利亚北部阿纳巴尔(Anabar)地盾和Olenyoc Upliftto东部之间，REO品位为10.6%，REO资源量规模为大型。托姆托尔矿床是一个世界级铌、稀土矿床，也是俄罗斯最大的一个稀土项目。Tomtor钪-稀土-铌多金属矿床面积为250km^2，是俄罗斯最有前景的碳酸岩型稀土矿之一。该矿床蕴藏着丰富的稀土资源，包括大量Nb、Y、Sc、Tb等，具有巨大的经济价值。该矿床的稀土储量和品位超过了世界上所有已知的同类型矿床，稀土氧化物的平均品位可达8.0%～12.0%，包括最有价值的钇(Y)氧化物。Tomtor矿还含有高品位的铌(达7%)。

楚克图孔(Chuktukon)项目：楚克图孔矿床稀土品位为4.58%，还富含钪、铌等稀有金属。目前稀土氧化物资源量规模为大型，还含有Sc_2O_3 0.34万t，Y_2O_3 98.9t，Nb_2O_5 44.3万t。远景资源丰富，稀土品位高，原矿价值大，值得进一步调查与研究。

三、加拿大

(一)概述

加拿大稀土REO储量只有几十万吨，但是资源量有几千万吨，分别占世界稀土总储量的0.27%和总资源量的7.13%，资源量世界排名第6位。加拿大稀土资源主要为铀矿中伴生的稀土。位于安大略省布来恩德里弗地区的铀矿，矿石矿物主要由沥青铀矿、钛铀矿、独居石和磷钇矿组成。在湿法提铀时可把稀土也提练出来。此外，在魁北克省的奥卡地区赋存的烧绿石矿，也是一个很大的稀土潜在资源。还有纽芬兰和拉布拉多省境内的Strange Lake矿，也含有钇和重稀土。加拿大目前拥有许多正在勘探的稀土项目，但还没有形成有效产能。最新的勘探报告显示，加拿大的稀土资源非常丰富，Strange Lake、Nechalacho、Foxtrot等稀土矿床储量都很丰富，具有很高的开采价值。稀土开发商Vital Metals已与加拿大当地的公司签署了一份采矿协议，已经在Nechalacho矿开展采矿前的准备工作了(王路等，2022)。

(二)加拿大稀土项目

加拿大处于活动状态的稀土项目见表4-19，共25个，以碱性岩型稀土矿居多。加拿大是世界产铀大国，部分处于勘探阶段的稀土项目为与铀伴生型稀土矿。加拿大25个稀土项目中，有一个在产稀土矿床(Cargill矿床)，目前主要产出磷矿，进入研究阶段的稀土项目有12个，处于勘探阶段的稀土项目有12个(图4-19)。

表 4-19　加拿大稀土项目

矿点名称	品位(%)	REO储量/资源量(规模)	重稀土占比(%)	矿床类型	活动状态
Cargill	0.01	储量(小型)	17.14	改造型碳酸岩型	在产阶段
Hoidas Lakes	2.43	资源量(中型)	3.17	与火成岩伴生型	研究阶段
Nechalacho	1.37～2.38	储量(中型) 资源量(中型)	26.28	碱性侵入岩型	研究阶段
Strange Lake	0.90	资源量(大型)	37.32	碱性侵入岩型	研究阶段
Ashram	1.89	资源量(大型)	3.50	碳酸岩型	研究阶段
Kwijibo	3.29	资源量(中型)	30.09	与火成岩伴生型	研究阶段
FOXTROT	1.01	资源量(中型)	20.40	碱性岩型	研究阶段
Kipawa Lake	0.41	储量(中型) 资源量(中型)	36.00	碱性侵入岩型	研究阶段
Montviel	1.45	资源量(大型)	1.31	碳酸岩型	研究阶段
Buckton	0.03	资源量(大型)	23.33	沉积型页岩型	研究阶段
Aley	0.17	储量(中型) 资源量(大型)	8.90	碱性岩型	研究阶段
Wicheeda	2.90	资源量(中型)	0.73	碳酸岩型	研究阶段
Elliot Lake	0.15	资源量(中型)	7.59	砂矿型	研究阶段
Eden Lake	0.77	—	5.32	碱性侵入岩型	勘探阶段
Kamloops	0.01	储量(小型) 资源量(小型)	10.00	碱性侵入岩型	勘探阶段
Lackner Lake	1.35	—	9.63	碱性侵入岩型	勘探阶段
Letitia Lake	1.35	—	9.63	碱性侵入岩型	勘探阶段
Nemegosenda Lake	0.03	资源量(小型)	73.02	碱性侵入岩型	勘探阶段
Red Wine	1.18	资源量(大型)	6.02	碱性侵入岩型	勘探阶段
Rexspar(Birch Island)	1.03	储量(小型)	6.99	碱性侵入岩型	勘探阶段
Topsails	0.04	—	30.56	碱性侵入岩型	勘探阶段
Agnew Lake	0.33	资源量(小型)	6.33	与铀伴生型	勘探阶段
Bancroft-Haliburton Area	0.20～4.70	—	60.50	与铀伴生型	勘探阶段
McArthur River	0.01～0.10	储量(小型) 资源量(小型)	80.00	与铀伴生型	勘探阶段
Clay Howells	0.73	资源量(中型)	8.90	碳酸岩型	勘探阶段

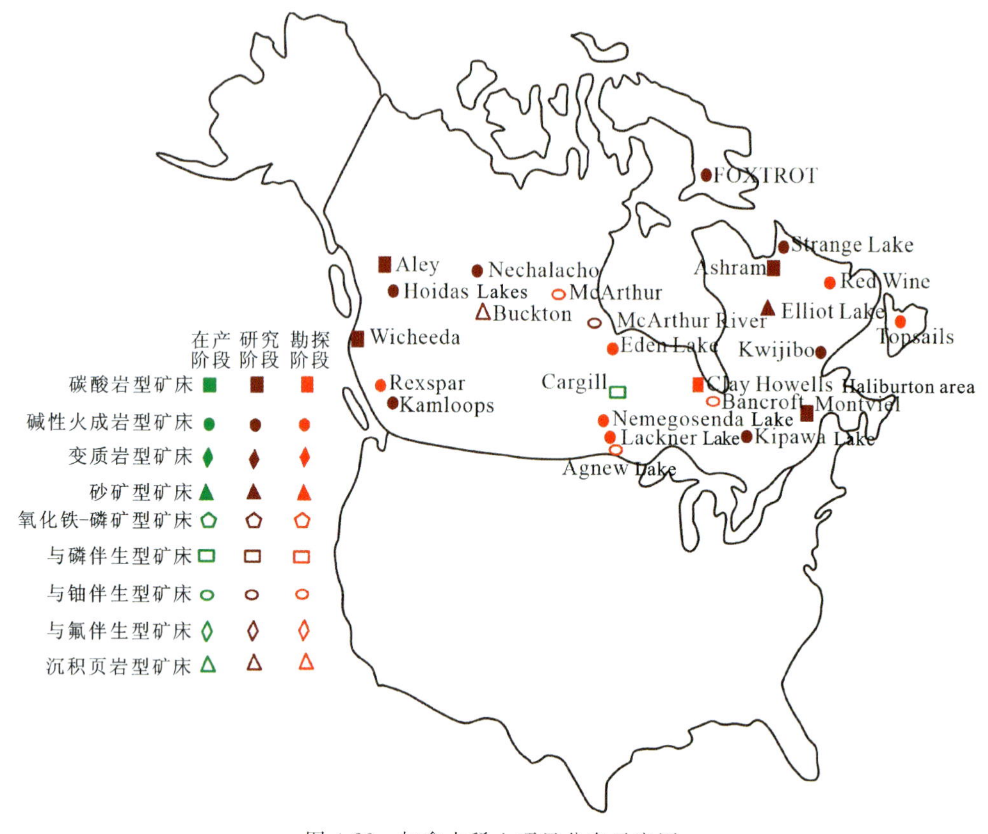

图 4-22 加拿大稀土项目分布示意图

1. 生产阶段稀土项目

Cargill 稀土项目：Cargill 稀土矿位于加拿大安大略省卡普斯卡辛(Kapuskasing)西南方向 32km 处，为与磷矿伴生型稀土矿。Agrium Inc. 持有该矿 100%的矿权，REO 资源量规模仅小型，REO 品位为 0.01%，该矿从 1999 年开始开采磷矿，目前仍在开采生产。

2. 可行性研究阶段稀土项目

Hoidas Lakes 稀土项目：Hoidas Lakes 稀土矿位于加拿大萨斯克彻温省东北方向 60km 处，为火成岩型稀土矿。Great Western Minerals Group 持有该矿 100%的矿权，REO 资源量规模为中型，REO 品位为 2.43%。2012 年初步经济评估(PEA)采用磁选—浮选—硫酸焙烧—复盐沉淀—碱转—酸溶—碳酸铵沉淀工艺提取稀土。

Nechalacho 稀土项目：Nechalacho 稀土矿位于加拿大西北领地耶洛奈夫东南方向 100km 处，为碱性岩型稀土矿。Avalon Rare Metals 持有该矿 100%的矿权，REO 储量规模为中型(REO 品位为 1.37%)，REO 资源量规模为中型(REO 品位为 2.38%)，采用地下开采的方式。2013 年初步可行性研究采用磨矿—浮、磁联合选矿—硫酸焙烧浸出—溶剂萃取分离工艺回收稀土，设计矿石处理量 73 万 t/a，REO 年产量 9286t，ZrO_2 年产量 19 763t，Nb_2O_5 年产量

2230t，Ta_2O_5年产量 243t。

Strange Lake 稀土项目：Strange Lake 稀土矿位于加拿大拉布拉多拿因城西面 125km 处，为碱性岩型稀土矿。Quest Rare Minerals Ltd. 持有该矿 100%的矿权，REO 资源量达几百万吨，REO 品位为 0.90%，为露天开采。2014 年初步可行性研究采用磨矿—浮选—硫酸焙烧浸出—溶剂萃取分离工艺回收稀土，设计矿石处理能力 153.8 万 t/年，REO 产量1 万 t/年。

Ashram 稀土项目：Ashram 稀土矿位于加拿大魁北克省努那维克(Nunavik)库巨尔克(Kuujjuaq)南面 130km 处，为碳酸岩型稀土矿。Commerce Resources Corp. 持有该矿 100%的矿权，REO 资源量达几百万吨，REO 品位为 1.89%，为露天开采。2015 年初步可行性研究采用磨矿—浮选—酸浸除杂—磁选—次选精矿硫酸焙烧浸出—溶剂萃取工艺回收稀土，设计矿石处理能力 4000t/天，REO 年产量 1.7 万 t。

Kwijibo 稀土项目：Kwijibo 稀土矿位于加拿大魁北克北岸和拉布拉多铁路以东 25km 处，为火成岩型稀土矿。Focus 持有该矿 50%的矿权，SOQUEM Inc. 持有该矿 50%的矿权，REO 资源量规模为中型，REO 品位为 3.29%。2018 年初步可行性研究采用磨矿—磁选—盐酸浸出—萃取分离工艺回收稀土，设计矿石年处理量 38.7 万 t，REO 年产量约 9500t。

FOXTROT 稀土项目：FOXTROT 稀土矿位于加拿大拉布拉多霍普辛普森港(Hope Simpson)东南偏东约 36km，距离圣刘易斯港大约 10km，为碱性岩型稀土矿。Search Minerals Inc. 持有该矿 100%的矿权，REO 资源量规模为中型，REO 品位为 1.01%，经历了 8 年露天开采，6 年地下开采。2012 年初步可行性研究采用磨矿—重选—磁选—酸焙烧浸出—萃取分离工艺回收稀土，矿石处理能力 144 万 t/年，REO 年产量约 3300t。

Kipawa Lake 稀土项目：Kipawa Lake 稀土矿位于加拿大魁北克省的 Temiscaming 镇以东 50km，Rouyn-Noranda 镇以南 140km 处，为碱性岩型稀土矿。Matamec Explorations Inc. 持有该矿 100%的矿权，REO 储量规模为中型(REO 品位 0.41%)，REO 资源量规模为中型(REO 品位为 0.31%)，为露天开采。2012 年初步可行性研究采用磨矿—磁选—硫酸浸出—中和沉淀除杂工艺回收稀土，设计矿石年处理量 130 万 t，年产混合 REO 产品 3653t。

Montviel 稀土项目：Montviel 稀土矿位于加拿大魁北克省的 Canadian 地盾的中心，在魁北克勒贝尔(Lebel-sur-Quévillon)以北约 97km 处，为碳酸岩型稀土矿。GéoMéga Resources 持有该矿 100%的矿权，REO 资源量有几百万吨，REO 品位为 1.45%，地下开采。2013 年初步可行性研究采用磨矿—浮选—浸出—沉淀除杂—再溶解再沉淀工艺回收稀土，设计 Nd_2O_3 年产量达 2000t。

Buckton 稀土项目：Buckton 稀土矿位于加拿大阿尔伯塔省(Alberta)东北部麦克默里堡(McMurray)以北 120km 处，为沉积型页岩稀土矿。DNI Metals Inc. 持有该矿 100%的矿权，REO 资源量上百万吨，REO 品位 0.03%，露天开采。2013 年初步可行性研究采用堆浸工艺回收稀土，设计年矿石处理量 7200 万 t，REO 年产量 5505t。

Aley 稀土项目：Aley 稀土矿位于加拿大不列颠哥伦比亚省(British Columbia)北部，麦肯齐(Mackenzie)以北 140km 处，为含铌碳酸岩型稀土矿。Taseko Mines Limited 持有该矿 100%的矿权，REO 储量规模为中型(REO 品位为 0.17%)，REO 资源量规模为大型(REO 品位为0.17%)。稀土赋存矿物为铌钙矿,Taseko Mines Limited公司主要针对其中的铌进行开发。

Wicheeda稀土项目:Wicheeda稀土矿位于加拿大不列颠哥伦比亚省,为碳酸岩型稀土矿。Defense Metals Corp.持有该矿100%的矿权,REO资源量规模为中型(REO品位为2.90%)。2019年完成30t样品实验研究工作,采用浮选—氧化焙烧浸出—溶剂萃取提取稀土。

Elliot Lake稀土项目:Elliot Lake稀土矿位于加拿大安大略省埃利奥特湖镇(Elliot Lake)以北约3km处,为碱性岩型稀土矿。Appia Energy持有该矿100%的矿权, REO资源量规模为中型,REO品位为0.15%,2012年完成初步经济评估(PEA)研究。

3.勘探阶段稀土项目

Eden Lake稀土项目:Eden Lake稀土矿位于加拿大马尼托巴省西部的Leaf Rapids镇西北20km处,为碱性岩型稀土矿。Medallion Resource持有该矿65%的矿权,Rare Element Resources Ltd.持有该矿35%的矿权,REO品位为0.77%。

Kamloops稀土项目:Kamloops稀土矿位于加拿大不列颠哥伦比亚省Kamloops西南方向约25km处,为碱性岩型稀土矿。Nicola Mining Inc.持有该矿100%的矿权,REO储量规模仅为小型(REO品位为0.01%),REO资源量规模仅为小型(REO品位为0.01%),品位较低。该稀土项目主要以回收铜为主,2020年进行铜矿选铜和选磁铁矿实验研究工作。

Lackner Lake稀土项目:Lackner Lake稀土矿位于加拿大安大略省萨德伯里区的Me Naught和Lackner镇,为碱性岩型稀土矿。Rare Earth Metals Inc.持有该矿100%的矿权,REO品位为1.35%。

Letitia Lake稀土项目:Letitia Lake-Mann稀土矿位于加拿大拉布拉多丘吉尔东北约110km处,为碱性岩型稀土矿。Zimtu Capital Corp.持有该矿100%的矿权,2009年勘探样品的REO品位为1.35%。

Nemegosenda Lake稀土项目:Nemegosenda Lake稀土矿位于加拿大安大略省Chapleau via社区东北约30km,为碱性岩型含铌稀土矿。Indo Global Exchange(s) Pte, Ltd.持有该矿100%的矿权,REO资源量规模仅为小型,REO品位0.03%,Nb_2O_5品位为0.35%。

Red Wine稀土项目:Red Wine稀土矿位于加拿大拉布拉多邱吉尔(Churchill)瀑布东北120km处,为碱性岩型稀土矿。Medallion Resource持有该矿100%的矿权, REO资源量规模为中型,REO品位为1.18%。

Rexspar(Birch Island)稀土项目:Rexspar(Birch Island)稀土矿位于加拿大不列颠哥伦比亚省卡姆卢斯(Kamloops)以北大约130km,Birch Island镇以南5km处,为碱性岩型稀土矿。Aldershot Resources Ltd.持有该矿100%的矿权,REO储量规模为小型,REO品位为1.03%。

Topsails稀土项目:Topsails稀土矿位于加拿大纽芬兰Hinds Lake区域,为碱性岩型稀土矿。JNR Resources Inc.持有该矿50%的矿权,Altius Resources Inc.持有该矿50%的矿权,Sheffield Lake South Prospect矿点REO品位为0.21%,New Long Range Mountain

Prospects 矿点 REO 品位为 1.4%。

Agnew Lake 稀土项目：Agnew Lake 稀土矿位于加拿大安大略省萨德伯里（Sudbury）以西 80km 处，为与铀伴生稀土矿，21C Metals Inc 持有该矿 100%的矿权，REO 资源量仅小型，REO 品位为 0.33%。

Bancroft-Haliburton Area 稀土项目：Bancroft-Haliburton Area 稀土矿位于加拿大安大略省东部，距离贝尔维尔（Belleville）北面 100km 处，为与铀伴生稀土矿。El Nino Ventures Inc 持有该矿 100%的矿权，2005 年 El Nino Ventures Inc 公司进行勘探，矿区内勘探样品 REO 品位在 0.2%～4.7%之间。

McArthur River 稀土项目：McArthur River 稀土矿位于加拿大萨斯喀彻温省北部，为与铀伴生稀土矿。Cameco 持有该矿 100%的矿权，目前在产出铀矿，伴生 REO 储量为小型（REO 品位为 0.01%），REO 资源量小型（REO 品位为 0.01%）。

Clay Howells 稀土项目：Clay Howells 稀土矿位于加拿大安大略省北部卡普斯卡辛镇（Kapuskasing）东北偏北约 50km，距离圣刘易斯大约 10km，为碳酸岩型稀土矿。Canada Rare Earth Corporation 持有该矿 100%的矿权，REO 资源量达中型，REO 品位为 0.73%。

四、澳大利亚

（一）概述

澳大利亚稀土 REO 储量有几百万吨，资源量达几千万吨，分别占世界稀土总储量的 2.51%和总资源量的 11.24%，储量和资源量世界排名分别为第 7 位和第 2 位。2020 年澳大利亚稀土产量 1.7 万 t，占世界稀土产量的 6.99%，是世界第四大稀土生产国。

20 世纪 90 年代初，澳大利亚曾是世界上最大的独居石精矿生产国。1993 年，澳大利亚独居石产量为 6500t，占全球独居石总产量的 30%。1994 年澳大利亚政府因独居石副产品放射性氧化钍处理的相关问题，停止了独居石的生产，自此澳大利亚没有生产过稀土矿物。

澳大利亚稀土矿床具有“类型多样，各区均有”的特征，但不同类型矿床所占的资源量并不均衡。与岩浆有关的 6 种矿床，其资源量占澳大利亚资源量的 89.9%。重矿物砂矿型稀土矿床资源量占澳大利亚资源量的 6%。与表生风化作用有关的稀土矿床资源量占澳大利亚资源量的 3.1%。与沉积盆地有关的稀土矿床可分为磷块岩、褐煤和不整合面相关型 3 种类型，其资源量不足澳大利亚资源量的 1%。其中，具有经济开采价值的独居石资源主要位于澳大利亚西部，而东海岸含有丰富的潜在独居石资源，但 50%的资源位于自然公园或者类似的保护区，无法开发利用。

（二）澳大利亚稀土项目

澳大利亚处于活动状态的稀土项目见表 4-20，目前处于活动状态的稀土矿共 22 个，在产稀土项目 7 个，处于可行性研究阶段的稀土项目 12 个，处于勘探阶段的稀土项目 3 个。除韦尔德在产碳酸岩型稀土矿外，澳大利亚在产稀土项目多为砂矿型稀土矿，还包括一个碱性岩型稀土矿和一个 IOCG 型稀土矿，但 IOCG 型稀土矿没有稀土产品，目前主要产出铜。进入可行性研究阶段的稀土项目主要是砂矿型稀土矿和碳酸岩型稀土矿，碱性岩型稀土矿只有 2 个（图 4-23）。

表 4-20 澳大利亚稀土项目

矿床名称	品位/%	REO 储量/资源量（规模）	重稀土占比/%	矿床类型	活动状态
Mount Weld	7.90	储量（大型） 资源量（大型）	6.08	改造型碳酸岩型	在产阶段
Browns Range	0.68	储量（小型） 资源量（小型）	86.83	碱性岩型	在产阶段
Olympic Dam	0.11	资源量（大型）	9.09	IOCG 型	在产阶段
Cooljarloo	0.12	—	0.83	砂矿型	在产阶段
Eneabba	19.00	储量（中型）	3.33	砂矿型	在产阶段
Cataby	0.68	资源量（大型）	4.97	砂矿型	在产阶段
Wonnerup	0.01	—	8.33	砂矿型	在产阶段
Nolan's Bore	2.62	储量（大型） 资源（大型）	2.87	碳酸岩型	研究阶段
Yangibana	1.17	资源量（中型）	4.10	改造型碳酸岩型	研究阶段
Brockman	0.21	资源量（中型）	81.90	碱性侵入岩型	研究阶段
Dubbo	0.74	储量（中型） 资源量（大型）	23.11	碱性侵入岩型	研究阶段
Wimmera	0.12	储量（大型） 资源（大型）	22.22	砂矿型	研究阶段
Cummins Range	1.13	资源量（中型）	3.72	碳酸岩型	研究阶段
Brightlands Milo	0.06	资源量（中型）	40.00	IOCG 型	研究阶段
Charley Creek Alluvial	0.03	资源量（中型）	20.00	砂矿型	研究阶段
Avonbank	0.04	储量（中型） 资源量（中型）	—	砂矿型	研究阶段
Dongara	0.60	储量（中型）	3.33	砂矿型	研究阶段
Donald Mineral	0.03	—	4.00	砂矿型	研究阶段
Swan	1.51	—	—	磷酸盐型	勘探阶段
Mary Kathleen	0.32	—	11.88	与铀伴生型	勘探阶段
Jurien Bay	0.60	—	3.33	砂矿型	勘探阶段

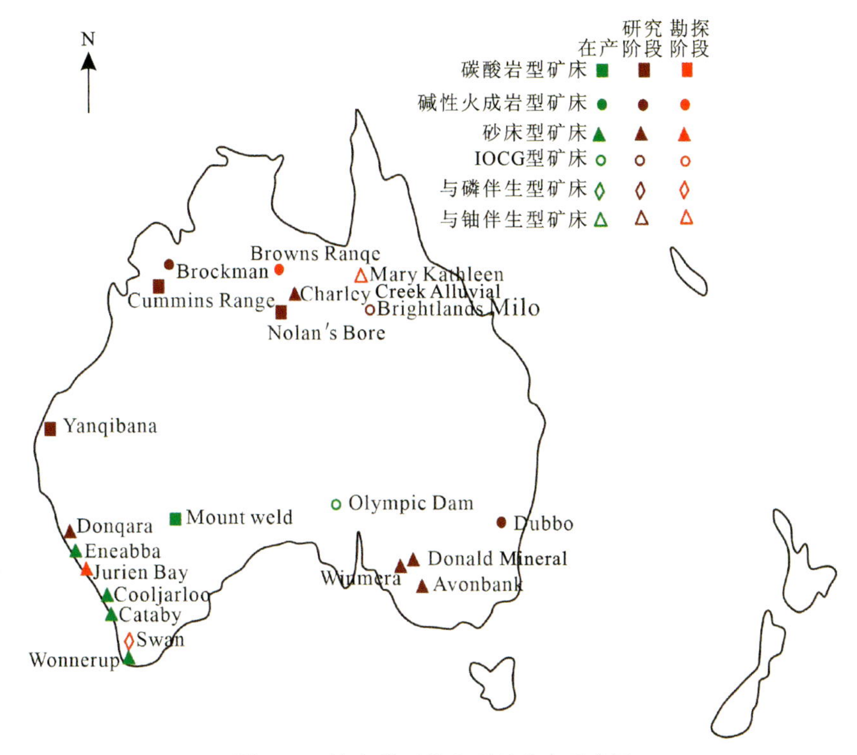

图 4-23　澳大利亚稀土项目分布示意图

1. 在产稀土矿

韦尔德山(Mount Weld)稀土矿:韦尔德山(Mount Weld)稀土矿位于西澳大利亚州拉沃顿镇南 35km 处,由王冠多金属矿区和中央稀土矿区两个矿体组成。矿体中稀土矿物主要为独居石,稀土配分与目前已开采的其他氟碳铈矿和独居石相似,但铕含量相对较高。除含稀土外,矿体中还富含铌、钽、磷等资源,是一个品位高且储量巨大的含稀土、铌、钽及磷灰石的综合性矿床。目前探明 REO 储量上百万吨,规模达到大型,稀土品位 7.9%。此外,还有几十万吨控制储量(品位 5.5%)和近百万吨推断储量(品位 3.6%)。澳大利亚莱纳斯(Lynas)公司拥有韦尔德山稀土矿 100%的矿权,该公司负责韦尔德山稀土矿的开发和生产运营。目前稀土生产工艺主要采用与中国相似的浮选技术,生产 REO 品位为 40%的独居石精矿。独居石精矿采用硫酸焙烧工艺生产碳酸稀土,再对碳酸稀土进行冶炼分离,获得不同类型的稀土产品。

布朗斯山(Browns Range)稀土矿:布朗斯山(Browns Range)稀土矿位于西澳大利亚东部金伯利地区霍尔斯克里克东南 160km 处,横跨北领地(Northern Territory)边界的金伯利(Kimberley)地区。该矿床 2010 年首次被勘探发现,矿体中主要稀土矿物为磷钇矿,是一个中重稀土配分较高的稀土矿床,其中镝含量突出。该稀土项目由澳大利亚北方矿业有限公司(Northern Minerals Limited)全资控股开发,已经发现了不少于 7 个独立的矿段,包括金刚狼

(Wolverine)、金牌(Gambit)、独眼巨人(Cyclops)和女狼(Banshee)等矿床。布朗斯山控制+推断矿石储量近千万吨，稀土总量品位较低(控制储量平均品位0.71%，推断储量平均品位0.68%)，但关键稀土品位较高(氧化镝品位0.06%，氧化铽品位为0.01%)。澳大利亚北方矿业有限公司针对该项目采用的生产工艺，为原矿经破碎、选矿作业后，获得磷钇矿稀土精矿，精矿经烘干后采用硫酸焙烧工艺，后经湿法冶金生产碳酸稀土，混合碳酸稀土产品将用卡车运往达尔文港或温德姆港，出口到国际市场下游加工，生产各种类型的稀土产品。

奥林匹克坝(Olympic Dam)稀土矿：该稀土矿为IOCG型稀土矿，位于阿德莱德(Adelaide)北面560km处，年产铜20万t，同时产出金和铀。研究表明，单一产出稀土不经济，初始工艺设计在铜电解精炼过程回收稀土副产物，但目前实际生产中没有公布是否产出稀土产品信息。

库尔加罗(Cooljarloo)稀土矿：该矿床为砂矿型稀土，稀土矿物主要为独居石，独居石含量0.2%。该矿由Tronox公司持有，年产重矿物精矿770 000t，重矿物精矿运送至Chandala工厂加工，年产出金红石36 000t，人造金红石220 000t，锆石70 000t，白钛石26 000t，粗略估计年产独居石副产品3～4万t。

卡特比(Cataby)稀土矿：该稀土矿位于珀斯(Perth)北部150km处，砂矿型稀土矿，由Iluka公司持有。2018年矿石储量12 000万t，矿山寿命8.5年，矿石处理量1100t/小时。矿石重矿物平均含量5.7%，年产50 000t。根据Iluka公司年度报告中的产品产量和矿石组成，粗略推测年独居石产量可能达到105 000t。

2.研究项目

诺兰孔(Nolan's Bore)稀土矿：诺兰孔(Nolan's Bore)稀土矿床位于澳大利亚北领地州艾利斯斯普林斯城北130km处。该矿床不仅含稀土矿，还伴生磷和铀。该矿为露天矿，矿体产在变质的花岗岩体中，平面上呈扁平状，倾向北西，倾角65°～90°，厚75m。该矿床由澳大利亚上市公司阿拉弗拉资源有限公司(Arafura Resource Ltd.)持有。探明REO储量十几万吨，稀土品位为3.2%，P_2O_5品位为13.0%，稀土氧化物中钕和镨含量为26.1%。另外还有近百万吨控制储量(品位为2.7%)和推断储量(品位为2.3%)。

杨戈博纳(Yangibana)稀土矿：该矿位于澳大利亚西部加斯科因(Gascoyne)地区，属于露天矿床。矿石中主要稀土矿物为独居石，其次为氟碳铈矿。该稀土矿由澳大利亚海斯廷科技金属有限公司负责生产运营，该公司拥有杨戈博纳矿70%的股权，英国的伦敦稀土矿业公司占30%的股权。杨戈博纳矿床含有丰富的钕、镨、镝和铕资源，其中钕+镨配分达40%左右。截至2019年10月，探明+控制+推断REO储量几十万吨，属于中型矿床，其中探明储量品位1.17%，且氧化钕+氧化镨含量为0.43%。澳大利亚海斯廷科技金属有限公司拟采用的采矿方式为露天开采，采用选矿工艺对稀土矿物进行富集后，再采用湿法冶金等工艺生产混合碳酸稀土和稀土氧化物产品。

布罗克曼(Brockman)稀土矿：该稀土矿位于东金伯利区的霍尔斯东南方向18km处。该矿床为碱性侵入岩型稀土矿，原岩为含氟、铌、钽、锆、稀土的流纹岩。Hastings Technology Metals Limited持有该矿床100%的矿权，试验研究采用原矿直接硫酸焙烧水浸的冶金技术，稀土回收率为75%，锆和铌的回收率为70%。

杜博(Dubbo)稀土矿:该稀土矿位于澳大利亚新南威尔士,为碱性侵入岩型稀土矿,由Alkane Resources公司持有。矿石中铈铌钙钛矿采用原矿直接焙烧浸出工艺处理,预计年矿石处理量100万t,设计矿山寿命20年,年产出铌1967t,REO混合物4908t。

康明斯(Cummins Range)稀土矿:该矿床位于澳大利亚东金伯利区的霍尔斯西南方向130km处,为碳酸岩型稀土矿。由Kimberley Rare Earths Limited公司持有,2012年初步可行性研究预计年产3000t混合稀土氧化物,设计矿山寿命16年,REO选冶总回收率70.33%。

亮地(Brightlands Milo)稀土矿:该矿床位于昆士兰西北部,为IOCG型稀土矿。由GBM Resources Limited持有,设计矿山寿命11年,采用新浮选铜、钼、金和银硫化物,然后浮选磷矿,磷精矿磁选尾矿浸出提取铀,磁性产品再次进行磨矿磁选,再磁选非磁性产品,得到非磁性产品稀土精矿。设计矿石年处理量10 100万t,稀土精矿REO回收率60%。

沙利河冲积(Charley Creek Alluvial)稀土矿:由Crossland Strategic Metals公司持有55%的矿权,Pancontinental Uranium Corporation持有45%的矿权。

3.勘探项目

天鹅(Swan)稀土矿:该矿床位于韦尔德矿区,为与磷伴生型稀土矿。该矿由莱纳斯公司持有,为铌、钽、钛、锆、稀土多金属矿,莱纳斯公司2010年已经完成对该矿的储量勘探工作,资源量规模为大型,REO品位为1.51%。

玛丽凯瑟琳(Mary Kathleen)稀土矿:该矿床是澳大利亚昆士兰西北地区一个铀矿开采形成的尾矿,为与铀伴生型稀土矿,由China Yunnan Copper Australia Limited公司持有,含金、铜和稀土,储量较小,资源量仅几万吨,轻稀土占比88%,2011年完成储量勘探工作。

朱利安湾(Jurien Bay)稀土矿:该矿床为砂矿型稀土矿。由Tronox公司持有,矿权在2010年到期后又延期21年,该矿从1994年之后就没有开采,一直封存。

五、印度

(一)概述

印度稀土REO储量和资源量都有几百万吨,分别占世界稀土总储量的2.72%和总资源量的0.63%,储量世界排名第6位。印度的稀土资源主要赋存于海滩冲积砂矿的独居石矿物中,据印度原子能部公布的数据,印度独居石资源量(包括控制资源、推断资源和预测资源)达1021亿t,其中蕴藏REO几百万吨,主要分布在安德拉邦(约占总资源量的36.5%),其次为泰米尔纳德邦、奥里萨邦和喀拉拉邦,约占总资源量的18.1%、17.8%和13.4%。有名的独居石矿区是位于西南海岸的恰瓦拉和马纳范拉库里奇的特拉范科矿床,是目前世界上重要的稀土产地之一。印度独居石矿以轻稀土为主,其中镧、铈、镨和钕4种元素占稀土总量约92.5%。

印度的主要稀土资源是富含独居石的滨海砂矿。印度稀土公司(India Rare Earths Limited,简称为IREL)及喀拉拉邦金属矿产公司(KeralaMinerals & Metals Ltd,简称为KMML)负责进行滨海砂矿开采。印度稀土公司在曼瓦拉克鲁奇(Manwalakuruchi)的独居石矿采选厂的生产能力为每年6000t,喀拉拉邦金属矿产公司在萨瓦拉(Chavara)的生产能力为每年240t。

滨海砂矿(独居石)是印度现有的唯一经济可采的稀土资源,但独居石中的稀土资源量仅占世界总稀土资源量的很小一部分。印度地质调查局(Geological Survey ofIndia,简称为GSI)和原子能矿产分局(Atomic Mineral Division,简称为AMD)正在积极寻找除独居石矿物外的其他原生型稀土矿。

(二)印度稀土项目

印度有9个在产稀土项目,1个研究稀土项目。9个在产稀土项目基本为砂矿型稀土矿,在产的IOCG型稀土矿并不产出稀土,主要产铜(表4-21)。

表4-21 印度稀土项目统计表

矿床名称	品位/%	REO储量/资源量(规模)	重稀土占比/%	矿床类型	活动状态
Andhra Pradesh	0.12	储量(大型)	≤8.333	砂矿型	在产阶段
Jharkhand	0.12	资源量(中型)	≤8.571	IOCG型	在产阶段
Kerala	0.10	储量(大型)	3.000	砂矿型	在产阶段
Chatrapur	0.12	储量(大型)	8.333	砂矿型	在产阶段
Puri	0.23	—	4.348	砂矿型	在产阶段
Chavara	—	—	—	砂矿型	在产阶段
Tamil Nadu	0.56	储量(大型)	0.820	碳酸岩型	在产阶段
Manavalakuruchi	1.37	—	4.286	砂矿型	在产阶段
Gaya	独居石 REO 55.87%	—	10.005	砂矿型	在产阶段
Visakhapatnam	0.91	储量(中型)	8.602	砂矿型	研究阶段

1.在产稀土项目

安得拉邦(Andhra Pradesh)稀土矿:该矿位于印度安德拉邦,为砂矿型稀土矿。该矿由Uranium Corporation of India Ltd.开采。2021年该公司预计将砂矿处理能力从每年90万t提高到每年135万t。

贾坎德邦(Jharkhand)稀土矿:该矿位于焦达讷格布尔高原(Chota Nagpur Plateau),为IOCG型稀土矿。该稀土矿同样由Uranium Corporation of India Ltd.开采,主要提取铀,该矿区包含7个矿段(Jaduguda Mine、Bhatin Mine、Turamdih Mine、Bagjata Mine、Narwapahar Mine、Banduhurang Mine、Mohuldih Mine)和2个提取铀的加工厂(Jaduguda Mill和Turamdih Mill),与印度核工业铀相关,目前没有公开相关数据。

喀拉拉邦(Kerala)稀土矿:该矿为砂矿型稀土矿,由印度Indian rare earth Ltd.开采。目前Indian rare earth Ltd.主要产品为重矿物钛铁矿,产能约60万t。除此之外,还包括其他如金红石、锆石、独居石、硅线石和石榴子石产品，独居石产量没有公开相关数据。

马纳瓦拉库鲁奇(Manavalakuruchi)稀土矿：该矿位于印度西南海岸线，在科摩林角北方向25km处，为砂矿型稀土矿。该矿也是印度稀土公司(Indian Rare Earths Ltd.)在开采，年产钛铁矿90 000t，金红石3500t，锆石10 000t，石榴子石10 000t和独居石3000t。

加雅(Gaya)稀土矿：该矿位于比哈尔邦(Bihar)，距离巴特那100km。该矿独居石中的铀储量上万吨，零星公开资料表明，印度Uranium Corporation of India Ltd.在开采该矿区的铀矿。

2.处于研究阶段的稀土项目

维萨卡帕特南(Visakhapatnam)稀土矿：该矿位于印度安得拉邦，距离Atchutapuram镇35km，为砂矿型稀土矿。

六、巴西

(一)概述

巴西稀土资源十分丰富，REO储量和资源量都达几千万吨，分别占世界稀土总储量的18.72%和总资源量的9.19%，储量和资源量世界排名分别为第2位和第4位。巴西的稀土矿主要集中在东部沿海地区，矿床规模较大，品位较高。Araxá稀土矿是以碱性岩-碳酸岩为主的轻稀土矿床，是巴西最大的稀土项目，稀土品位4%，年产稀土氧化物约700t。巴西矿业公司塞拉贝尔德(Serra Verde)已投资1.5亿美元在戈亚斯州的米纳苏市建设了一座稀土选矿厂，主要生产重稀土产品。

(二)巴西稀土项目

巴西有6个处于活动状态的稀土项目(表4-22)，其中4个在产，2个进入研究阶段，但巴西在2019年稀土产量只有1000t。Catalo Ⅰ碳酸盐岩型稀土矿主要产出磷矿，Pitinga砂矿型稀土主要产出锡矿和铌钽矿，Mataraca砂矿型稀土矿主要产出钛和锆产品。Serra Verde离子吸附型稀土矿和MBAC碳酸岩型稀土矿已经进入研究阶段。

表4-22　巴西稀土项目统计表

矿床名称	REO品位/%	REO储量/资源量(规模)	钆-钇占比/%	矿床类型	活动状态
Catalo Ⅰ	5.50	储量(大型)	2.00	碳酸盐岩型	在产阶段
Mataraca	0.54	储量(中型)	—	砂矿型	在产阶段
Pitinga	0.001	资源量(中型)	—	砂矿型	在产阶段
Araxá	2.13	资源量(大型)	—	碳酸岩	在产阶段
Serra Verde	0.12	资源量(大型)	23.00	离子吸附型	研究阶段
MBAC	4.22	资源量(大型)	2.30	碳酸岩型	研究阶段

1. 在产稀土项目

卡塔洛(Catalo Ⅰ)稀土项目：卡塔洛稀土矿位于巴西中南部的戈亚斯，为碳酸盐岩型稀土矿。The Mosaic Company 持有该矿 100%的矿权，REO 储量几百万吨，REO 品位为5.5%。该矿主要开采磷，露天开采，开采年限到 2033 年。

马塔拉卡(Mataraca)稀土项目：马塔拉卡稀土矿位于巴西帕拉伊巴(Paraíba)的 Mataraca 镇，为砂矿型稀土矿。Tronox 公司持有该矿 100%的矿权，REO 储量十几万吨，主要产出钛和锆。

皮廷加(Pitinga)稀土项目：皮廷加矿位于巴西西北部的 Amazonas 州，砂矿型稀土矿。REO 资源量 20 多万 t，同时蕴藏丰富锡、钽、铌等元素，SnO_2 品位为 0.20%，锡储量 57.5 万 t。2008 年秘鲁的 Minsur 公司收购了巴西本土的采矿企业取得了皮廷加锡矿的开采经营权。2016 年，锡年产量 25 445t，钽铌产量达 2170t。

2. 可行性研究阶段稀土项目

塞拉(Serra Verde)稀土项目：塞拉稀土矿位于巴西戈伊亚斯(Goias)，距离 Minacu 城西面 25km，为离子吸附型稀土矿。该矿是世界近年来发现的大型离子吸附型稀土矿，其中 REO 储量几十万吨(REO 品位为 0.15%)，REO 资源量上百万吨(REO 品位为0.12%)。主要采用振动筛选—离心浸出—框式过滤 ALF 工艺以及创新公司 Innovation Metals Corp 的 RapidSX solvent-extraction 快速萃取分离技术进行稀土的萃取分离工艺回收稀土，预计年产 REO 量 1 万 t。

MBAC 稀土项目：MBAC 稀土矿位于巴西米纳斯吉拉斯，距离 Araxá 镇南面 5km，碳酸岩型稀土矿。Itafos 持有该矿 100%的矿权。REO 资源量上百万吨，REO 品位为 4.22%，露天开采。可行性研究采用酸浸—溶剂萃取工艺回收稀土，设计矿石处理能力 38.5 万 t/年。

3. 勘探阶段稀土项目

巴西稀土资源分布较为集中，主要稀土资源类型为碳酸岩型稀土矿和砂矿型稀土矿，只有少量的碱性岩型稀土矿，碱性岩稀土矿品位一般较低。除少数进行初步勘探的碱性岩型稀土矿外，巴西没有出现新的稀土勘探项目。

七、南非

(一)概述

南非稀土 REO 储量几十万吨，但资源量上千万吨，分别占世界稀土总储量的 0.12%和总资源量的 2.23%，资源量世界排名第 10 位(表 4-23)。南非是非洲地区重要的独居石生产国。位于开普省斯廷坎普斯克拉尔(Steenkampskraal)磷灰石矿伴生有独居石，是世界上唯一的单一脉状型独居石稀土矿。此外，在东海岸查兹贝的滨海砂矿中也含有稀土，在布法罗萤石矿中也伴生有独居石和氟碳铈矿。目前南非没有正在开采稀土元素的矿山。

表 4-23　南非主要稀土矿床

矿床名称	储量/资源量(规模)	原矿品位(REO)/%	活动状态
Zandkopsdrift	资源量(大型)	2.23	待开发
Glenover	资源量(中型)	2.13	待开发
Steenkampskraal	资源量(中型)	14.40	待开发

(二)南非稀土项目

北开普省(Zandkopsdrift)稀土项目:北开普省稀土矿位于南非北开普省的 Namaqualand 地区以北 450km 加里镇西南处,稀土资源储量近百万吨,REO 品位为2.23%,稀土矿物主要为独居石,以轻稀土为主。北开普省稀土项目由 Frontier 稀土有限公司主导开发,该公司拥有该项目 85%的所有权。北开普省稀土项目设计的选矿工艺采用浮选法获得独居石精矿,稀土分离采用的是硫酸化焙烧—水萃—盐酸分解—萃取/反萃工艺。稀土氧化物平均年产量为 2 万 t,平均冶炼回收率为 67%。

格来诺弗尔(Glenover)稀土项目:格来诺弗尔稀土矿位于南非林波波省 Thabazimbi 以北 88km 处,资源量达中型规模,原矿稀土(REO)平均品位为 2.13%,主要稀土矿物为独居石,含少量的氟碳铈矿和氟碳钙铈矿,以轻稀土为主,但关键元素镨和钕占比达到了 25%以上。

斯廷坎普斯克拉尔(Steenkampskraal)稀土项目:斯廷坎普斯克拉尔稀土矿位于开普敦北部约 350km 处,被认为是世界上品位最高的稀土矿山,目前由斯廷坎普斯克拉尔控股有限公司(Steenkampskraal Holdings Limited)控制。稀土矿资源量达中型,稀土氧化物平均品位为 14.40%,其中钕品位为 2.58%,镨品位为 0.74%,镝品位为 0.14%,铽品位为 0.03%。稀土矿物主要为独居石,含有少量的氟碳铈矿,此外还伴生有铜资源。斯廷坎普斯克拉尔稀土矿于 1949 年被发现,1952 年至 1963 年间英美资源集团(Anglo American)在此开发钍资源。2010 年,加拿大上市公司大西部矿业集团收购南非 Rareco 公司,拥有了该稀土矿 74%的股权。矿山设计稀土氧化物年产能为 2700 吨,其中钕 480t,镨 138t,镝 25t,铽 5t。目前采用的选矿工艺为优先浮选铜,其次浮选回收独居石。稀土精矿 REO 品位 60%～63%,回收率 65%～70%。稀土冶炼则采用传统的独居石冶炼工艺,即硫酸焙烧法。

八、马来西亚

(一)概述

早期马来西亚稀土资源主要从锡矿的尾矿中回收独居石、磷钇矿和铌钇矿等稀土矿物。马来西亚曾经一度是重稀土和钇的主要来源。马来西亚锡矿资源丰富,其储量居世界第二位，主要分布在西马地区除槟榔峪州外的其他各州，但没有详细的稀土储量数据。值得注意的是，澳大利亚矿业巨头莱纳斯矿业公司在马来西亚工业港口关丹北部郊区投资2.3亿美元建设的稀土冶炼厂，冶炼采自澳大利亚的稀土，是目前除中国之外全球唯一的主要稀土生产商，控制着全球10%以上的稀土市场。

近年来，在马来西亚发现丰富的离子型稀土矿资源，且潜力巨大，吸引着全球矿业的目光。该离子型稀土矿在马来西亚东部和西部均有分布，主要分布在吉打州、霹雳州、彭亨州、森美兰州和沙巴州。

（二）马来西亚稀土项目

吉打州稀土项目：吉打州稀土主要分布在钟村、华玲北、薛坡东和居林等地。这些稀土矿主要赋存在角斑状花岗岩风化壳中，矿层厚度8～10m，估算潜在资源约几万吨。

霹雳州稀土项目：霹雳州稀土主要分布在宜力西、和丰、玲珑等地，稀土矿仍然赋存在角斑状花岗岩风化壳中，矿层厚度9～12m，估算潜在资源约二十几万吨。

彭亨州稀土项目：彭亨州稀土项目主要分布在甘帮北等地区，估算潜在资源有几万吨。

森美兰州稀土项目：森美兰州稀土项目主要分布在森北，估算潜在资源约几十万吨。

沙巴州稀土项目：沙巴州稀土项目在沙巴州南部和北部都有分布，估算潜在资源约几十万吨。

逸昆宁(Ayer Kuning)稀土矿：位于马来西亚霹雳州，主要稀土矿物为独居石，属于马来西亚特罗娜·米纳斯公司。

九、埃及

（一）概述

埃及主要从钛铁矿中回收独居石。埃及矿床位于尼罗河三角洲地区，属于河滨沙矿，矿源由上游风化的冲积砂沉积而成，独居石储量约20万t。此外埃及Abu Tartar磷酸盐矿中也伴生有稀土。

（二）埃及稀土项目

阿布·塔塔(Abu Tartar)稀土矿：该矿位于埃及东南新河谷省会El Kharga城西面50km，属于磷伴生型稀土矿。PhosPhate Misr持有该矿25%的矿权，Egyptian Marketing Company for Phosphate and Fertilizers持有该矿20%的矿权。目前该矿正在建设，REO品位为0.14%，REO资源量超百万吨，投产后预计磷酸年产能达到500万t，其中200万t可出口。

十、缅甸

（一）概述

缅甸目前是中国最大的稀土进口来源国，2018年中国从缅甸进口的中重离子型稀土矿约

2.6万t,约占国内中重稀土矿全年消费总量的一半。另据海关数据统计,2018年12月混合碳酸稀土进口量1452t,其中缅甸进口量1079t,占12月总进口量的74.3%。2018年混合碳酸稀土进口量总计30 298t,其中缅甸进口量25 829t,占中国全年混合碳酸稀土进口总量的85.3%。

(二)缅甸稀土项目

缅甸拥有丰富的镝和铽稀土元素矿藏,镝和铽是高端(钕铁硼)磁铁的重要组成成分。在缅甸北部的克钦邦有100多个大大小小的离子风化型稀土矿,这些稀土矿的归属权与缅甸武装军事组织(Tatmadaw)密切相关,控制这些矿产的边境警卫队是所谓的"停火组织",他们在10年前就与缅甸军方达成了和平协议,"停火组织"经常与地区军事指挥官合作开展各种商业活动,包括采矿。

缅甸是目前世界上最重要的中重稀土资源供应国之一,但由于缅甸稀土矿一般为私人开采,详细数据较难统计(王路等,2022),这里简要叙述几个典型矿床特征。

肖标贡稀土项目:肖标贡稀土矿区位于缅甸北部实皆省境内,高林镇东部,地处肖标贡。矿区海拔在200～300m之间,主要利用堆浸法进行稀土开采,是缅甸为数不多的具有完整采矿流程的矿区。

桑卡稀土项目:该矿区位于克钦邦西部,实皆省北部。矿区海拔在250～400m之间,主要采用堆浸法进行开采。

卢贝稀土项目:该矿区位于克钦邦东部,卢贝、绍朗、辛孔的交界处,临近中缅边境。矿区海拔在1800～2000m之间,采用原地浸矿法进行开采。

辛孔稀土项目:该矿区位于克钦邦东部,辛孔西北部,临近中缅边境。矿区海拔在1900～2000m之间,采用池浸法进行开采。

内八莫稀土项目:该矿区位于缅甸北部克钦邦境内,内八莫东部,临近中缅边境。矿区海拔在1300～1500m之间,采用池浸法进行开采。

第五章　稀土综合利用

第一节　稀土综合利用概述

人类发现稀土已有200余年的历史，有关稀土理化性能与具体作用的研究可追溯到20世纪50年代，离子交换和有机萃取工艺在化工行业成熟后，人类掌握了稀土氧化物分离技术，并在冶金、石油、化工、玻璃和农业等各领域发现了稀土的用途。现在，稀土已是工业体系中不可或缺的元素，在高精尖行业中的地位也愈发重要。目前人类仍未发掘出稀土的全部用途与功效，未来很长一段时间稀土都将作为我国至关重要的战略资源，对稀土资源进行合理的开发与高效的利用是每个稀土从业工作者所肩负的行业使命。

我国一直很重视稀土资源的开发，“二五”期间（1958—1962年）我国便将白云鄂博地区的稀土资源纳入“占领全部有色金属领域”计划。20世纪80年代在四川攀西地区、山东微山地区相继发现了大型稀土矿床，广东和江西地区的离子型重稀土矿更是国家的稀土重器。在40余年的发展历程中，中国在稀土资源整合、矿山开发、材料加工和市场开拓等领域均取得了很大的成就。资源方面，中国的稀土资源已整合完备，稀土开采量、加工量均在国家政策指导下进行；技术方面，在进行采矿、选矿、冶炼等作业时，废石处理、尾矿排放和废物废气排放等问题基本得到解决；材料方面，全国涉及稀土产业加工的厂家已有上千家，可生产催化剂、发光材料、磁材和特种钢材等绝大部分的稀土材料。

发展至今，我国的稀土采选水平已达到世界领先水平，稀土冶炼加工水平也做到了世界一流，这些成就离不开稀土从业者几十年的付出。中国现在已经从稀土大国转变为稀土强国，在世界稀土市场已经有了举足轻重的地位。

第二节　稀土选矿方法及效果

选矿是利用矿物间物理化学性质差异，使有用组分富集的过程。选矿可以起到提高产品档次，扩大矿物工业应用范围的作用。因此选矿技术的发展，直接关系到中国矿产的开发利用。稀土矿物的分选一般依据稀土与伴生矿物之间的物理性质差异选用不同的选矿方法，其中浮选、重选和磁选是比较常用的选矿工艺。

一、浮选法

浮选法是利用稀土矿物与脉石矿物表面润湿性的差异，通过在矿浆中添加浮选药剂，借助气泡的浮力使稀土矿物与脉石矿物分离的方法。目前浮选法是富集稀土矿物（尤其是氟碳铈矿）的主要选矿方法，适用于细粒矿物分选（罗家珂等，2002）。

白云鄂博选矿厂从投产开始，前后提出了10多种开发利用方案，意在实现资源的高效利用。1965年采用混合浮选—优先浮选和混合浮选—重选流程，在弱碱性条件下以氧化石蜡皂为捕收剂反浮选稀土，得到的稀土精矿品位只有15%。1970年对原工艺流程进行改良，采用弱磁选—混合浮选—优先浮选流程，生产的稀土精矿品位亦只有15%。随着浮选药剂的发展，稀土选矿技术得到了突破性的发展。1990年后随着羟肟酸、苯甲酸等螯合类捕收剂应用于稀土浮选领域，极大的提高了稀土浮选精矿的质量。1991年，包钢集团设计研究院，采用H205为稀土捕收剂，抑制剂采用水玻璃，经1粗2精浮选工艺，获得了品位为55.62%、回收率为52.20%的稀土精矿。近年来稀土浮选方面取得的成果主要在脉石抑制剂与氟碳铈独居石浮选分离两个方面。宋常青（1993）对氟碳铈矿和独居石分离的研究结果表明，在分选过程中以明矾为独居石抑制剂，邻苯二甲酸为氟碳铈矿捕收剂，经过一粗两精两扫流程，最终REO品位为68.81%的氟碳铈矿精矿，矿物纯度达95.04%，独居石精矿中REO品位为58.55%，矿物纯度为95.34%，实现了两种稀土矿物的有效分离。

浮选法能够有效解决较细粒稀土矿物回收利用率低这一问题。但是，浮选过程中需要细磨原矿实现矿物解离，且需要添加不同种类的药剂，选矿成本较高还可能会对环境造成污染。

二、重选法

重选法是在一定的流体介质中，基于矿物密度差异实现分离的工艺。重选工艺在中国早期稀土开发中被广泛应用，尤其是在小型稀土选矿厂中。该方法适用于氟碳铈矿嵌布粒度较粗的矿石，通常将原矿磨细或使用打砂机将原矿简单破碎至约2mm后，使用摇床进行粗选，粗选尾矿再次经过摇床进行扫选，扫选精矿和粗选精矿作为最终精矿，可以得到REO含量为60%～65%的粗粒稀土精矿（熊述清，2002）。由于重选法仅对粒度较粗的氟碳铈矿具有较好的分选性，且回收率较低，随着矿石开发程度的提高，嵌布粒度趋细，重选法的应用范围逐渐缩小。

三、磁选法

通常来讲稀土矿物具有一定弱磁性，而常见的伴生矿物和脉石矿物，如萤石和石英则为非磁性矿物，因此可以利用矿物间磁性差异实现稀土矿物的富集。牦牛坪稀土选矿厂曾采用磁选方法处理原矿石，可以从REO品位约2%的原矿中富集得到REO品位接近10%的稀土富集物，该方法成功实现了稀土预富集也抛除了大量尾矿，减小了后续优化和浮选工艺成本（邱雪明等，2018）。

稀土矿物的磁性与其化学组成密切相关，对于氟碳酸盐型稀土矿，矿物的磁性随着其中钙离子含量增加和稀土元素含量减少而不断减少。具体表现为氟碳铈矿[$Ce(CO_3)F$]中无钙离子，其磁性相对较强，随着矿物中钙离子含量增加，氟碳钙铈矿[$CaCe_2(CO_3)_3F_2$]的磁性降低。若矿物中钙离子含量进一步增加，伦琴矿[$Ca_2(Ce,La)_3(CO_3)_5F_3$]和直氟碳钙铈矿[$CaCe(CO_3)_2F$]将变为非磁性矿物。

四、联合选矿工艺

稀土矿大多是共伴生矿，成分复杂，矿物嵌布粒度细，多为难选矿石，不同矿山的共生矿物种类也各不相同。如白云鄂博稀土共生矿中含有氟碳铈矿和独居石两种粒度较细的矿物，矿石中稀土矿物与铁矿物和萤石的共生关系非常密切；而四川牦牛坪稀土矿中的主要矿石矿物是氟碳铈矿，与重晶石、萤石和正长石等共生关系密切。工艺选择通常取决于矿物固有的特性，单一分选工艺往往很难得到高品位的稀土矿，需要采用多种选矿方法相结合的选矿工艺。两种或两种以上选矿工艺的紧密配合，往往可以获得更好的分选指标。

1. 磁选—浮选联合选矿工艺

白云鄂博稀土矿是我国最大的稀土矿资源，主要稀土矿物为氟碳铈矿和独居石，同时矿石中含铁矿物较多。因此余永富院士提出采用"弱磁选—强磁选—浮选"联合工艺处理包头稀土矿石（曹佳宏，1992），其主要流程为将原矿细磨至约 74μm（占 90%），经弱磁粗选出磁铁矿，弱磁尾矿在磁感应强度为 1.4T 的强磁场磁选机中粗选，粗选精矿用磁感应强度为 0.7T 的强磁场磁选设备精选出赤铁矿和部分稀土，弱磁和强磁粗精矿合并进入反浮选流程脱除萤石和稀土，脉石矿物得到合格铁精矿；反浮选泡沫、第一次强磁尾矿、第二次强磁中矿作为浮选稀土原料，采用 H205 作捕收剂，J102 作活化剂，水玻璃作抑制剂，在弱碱（pH 值为 9）条件下，经"一粗两精一扫"闭路浮选得到平均品位为 55.62%的 REO，回收率为 52.20%的稀土精矿。目前，使用具有双活性基团的 8 号药替代 H205、J102 和水玻璃，采用"一粗两精"的工艺流程就可以实现这一指标。要想得到更高品质的稀土精矿，只需在原工艺的基础上再增加一次精选（朱智慧等，2019）。

磁选—浮选方法同样适用于含稀土和铁尾矿。Abaka-Wood（2019）针对南澳大利亚某高硅高铁尾矿，对分选过程中磁选和浮选过程进行了详细研究，最终采用磁选—浮选方法，以羟肟酸为捕收剂，对 REO 品位为 0.47%的原矿处理后，得到 REO 品位为 1.67%，REO 回收率为 72%的稀土富集物。

2. 重选—磁选—浮选联合选矿工艺

广东省科学院资源利用与稀土开发研究所针对四川牦牛坪稀土矿系统地开展了工艺矿物学和工艺技术研究，提出了重选—磁选—浮选联合选别工艺（朱志敏等，2016）。四川牦牛坪稀土矿的主要组分是氟碳铈矿，氟碳铈矿具有磁性弱和铁含量较低的特点，可以采用湿性强磁选方法富集氟碳铈矿。由于粗粒氟碳铈矿价值更高，因此采用重选法，通过摇床分离出部分高品质粗粒氟碳铈矿，摇床中矿和尾矿进入再磨—浮选作业回收氟碳铈矿。研究结果表明，采用磁选—重选—浮选工艺，能够获得 REO 品位为 60%～72%，回收率为 80%～85%的优质稀土精矿，是一种分选效果良好的联合选矿工艺。

四川德昌大陆槽稀土矿与牦牛坪稀土矿相距约 150km，大陆槽稀土矿中主要稀土矿物为氟碳铈矿，但嵌布粒度更细，脉石矿物种类更多。在大陆槽稀土的传统开发过程中经历了重选—浮选、重选—磁选—浮选到浮选—磁选的发展阶段。其中重选—磁选工艺简单，但稀土回收率极低；重选—磁选—浮选流程中，摇床中矿进入浮选，在加温条件下得到 REO 品位为 50%左右的稀土次精矿，浮选尾矿和摇床尾矿合并作为最终尾矿，但是由于流程长，技术难度大,在实际生产中稀土的回收率仅能达到20%左右。最终大陆槽稀土矿于2013年前后采取了浮选—高梯度强磁选的联合工艺辅助预先脱泥、分级磨矿等工艺,得到了REO品位为60.20%,回收率为63.00%的稀土精矿,极大提高了矿山稀土资源的回收率。

第三节 稀土选矿

一、碳酸岩型稀土矿选矿

全球碳酸岩型稀土矿床中主要矿石矿物为氟碳铈矿,该类型代表性稀土矿床主要有美国的Mountain Pass、山东微山和四川冕宁牦牛坪稀土矿等。另外部分碳酸岩型稀土矿床中矿石矿物为氟碳铈矿和独居石,如中国的白云鄂博和澳大利亚的韦尔德稀土矿。从碳酸岩型稀土矿中回收稀土矿物可采用磁选、重选或磁选+重选等物理选矿方法,得到初步预富集的稀土粗精矿,这种类型的粗精矿再进一步通过浮选工艺,将选矿稀土精矿的品位尽可能提高到50%~60%以上,氟碳铈矿选矿精矿中杂质越少,对降低后续冶金生产成本越有利。

(一)单一氟碳铈矿碳酸岩型稀土矿

单一氟碳铈矿型稀土选矿主体工艺选取的主要依据是氟碳铈矿在稀土矿中的嵌布粒径。对于氟碳铈矿嵌布粒度较粗的稀土矿,可以采用磁选、重选或磁选+重选的经济、绿色物理选矿工艺预先富集精矿,抛除大量浮选过程中不易与氟碳铈矿分离的方解石、萤石和重晶石等脉石矿物。但大多数氟碳铈矿嵌布粒度较细,磁选和重选难以有效回收上述脉石矿物,主要还是采用浮选工艺回收。

1. 美国 Mountain Pass 稀土矿

Mountain Pass稀土矿中含有大量的碳酸盐和重晶石以及一定量的石英,原矿REO品位在7%左右,含稀土矿物主要为氟碳铈矿。原矿磨矿后用碳酸钠调节矿浆的pH,以木质素磺酸铵为抑制剂、脂肪酸为捕收剂加温到40~50℃进行浮选,经过5次精选得到稀土精矿泡沫产品,浮选稀土精矿REO含量为58.7%,REO回收率为67%(Long et al.,2010)(图5-1)。

2. 中国山东微山稀土矿

中国山东微山稀土矿选矿工艺流程见图5-2,与美国Mountain Pass稀土矿选矿工艺类似,采用的都是单一浮选工艺。但中国山东微山稀土采用不加温调浆,所用调整剂为碳酸钠,脉石抑制剂为水玻璃和氟硅酸钠,采用CH和xp-2混合捕收浮选,得到REO品位为68%的稀土精矿,回收率为47%。REO品位为38%的稀土精矿回收率为33%,合并精矿REO品位为55%,总回收率达80%(冯婕和吕大伟,1999)。

3. 冕宁牦牛坪稀土矿

冕宁牦牛坪稀土矿床中的氟碳铈矿嵌布粒度较中国其他矿床相对较粗,因此可以采用简

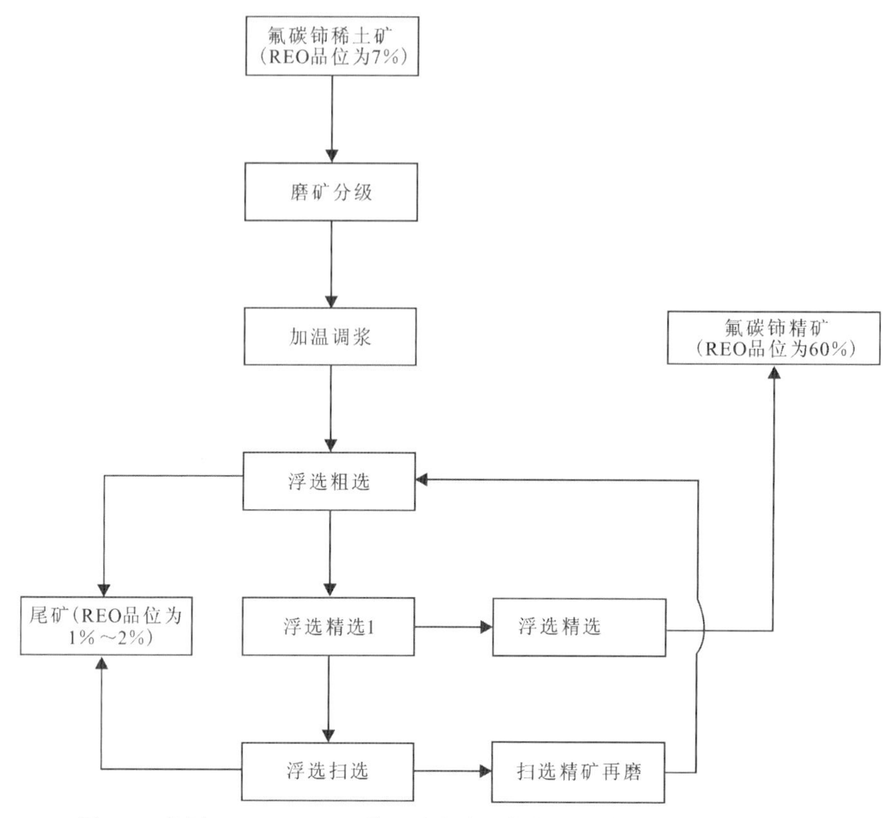

图 5-1　美国 Mountain Pass 稀土矿选矿工艺流程图(据 Long et al.,2010)

单经济的磁选物理选矿方法对氟碳铈矿进行初步富集(图 5-3)。强磁预富集粗精矿分级后,采用摇床重选获得部分稀土精矿,摇床重选后的矿石再强磁精选获得另一部分稀土精矿,这两部分稀土精矿合并后,REO 品位为 65%。摇床重选尾矿和强磁精选矿合并再磨,浮选获得 REO 品位为 67%的稀土精矿,选矿稀土精矿 REO 总回收率达 83.26%。强磁粗选尾矿首先进行重晶石和萤石混合浮选,然后混合精矿精选分离得到纯度为 95%的重晶石泡沫精矿和含萤石槽底产物,槽底含萤石产物通过萤石浮选能获得氟化钙含量大于 85%的萤石精矿(王成行等,2017)。

4. 德昌大陆槽稀土矿

与四川冕宁稀土矿相比,德昌大陆槽稀土矿床中氟碳铈镧矿由于风化作用,嵌布粒度较细,氟碳铈镧矿含量为 3.82%,其他的稀土矿物含量较低。含锶和钡矿物主要以硫酸盐和碳酸盐矿物形式存在(朱志敏等,2016)。该矿采用重选—磁选—加温浮选方法,只能获得 REO 含量为 50%、回收率为 20%的稀土精矿。而改用浮选—磁选工艺(图 5-4),首先在不加温矿浆(温度为 8~12℃)的条件下获得的浮选精矿,浮选精矿再经过磁团聚富集能获得 REO 含量为 65%、回收率为 56%的稀土精矿。采用浮选—磁选工艺与采用重选—磁选—加温浮选工艺相比,明显改善了选矿指标,主要是由于粗粒级和细粒级稀土矿物在浮选过程中与捕收剂相互作用形成聚团,形成的聚团与细粒级稀土矿物颗粒相比更容易吸附到磁选聚磁介质上得

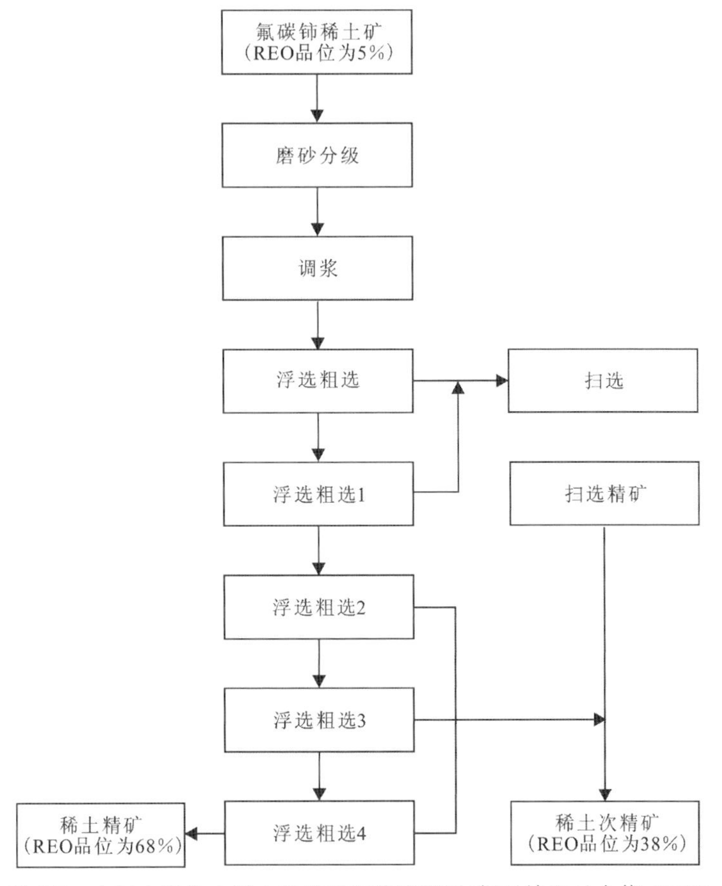

图 5-2 中国山东微山稀土矿选矿工艺流程图(据冯婕和吕大伟,1999)

到回收,降低了细粒级稀土矿物的损失,同时控制合适的磁选场强也能将脉石矿物更好地抛除(Xiong et al.,2018)。

5. 美国 Bear Lodge 稀土矿

某些碳酸岩型稀土矿中稀土赋存矿物为碳酸锶铈矿,由于过多的钙离子取代矿物中的稀土元素,稀土赋存矿物本身 REO 含量不高,选矿难以获得高 REO 品位精矿,美国的 Bear Lodge 碳酸锶铈矿就属于此类稀土矿。采用选矿方法获得的稀土精矿 REO 品位很难大幅度提高,选矿稀土精矿 REO 品位只能达到百分之十几,虽然原矿 REO 品位较高,但通过预选物理富集或浮选的方法,也很难获得高 REO 品位的稀土精矿(图 5-5)。低品位的选矿稀土精矿采用成本较低的氧化焙烧—酸浸工艺处理须要预先化学除杂,导致选冶成本增加(Cui and Anderson,2017)。

6. 越南 Dong Pao 稀土矿

除中国和美国典型的氟碳铈稀土矿外,还有一类比较特殊的碳酸岩型稀土不能采用常规的选矿工艺进行富集,如越南的 Dong Pao(都巴澳)稀土矿。越南都巴澳稀土矿石主要由重晶石、萤石、氟碳铈矿、石英、铁和锰的氢氧化物等组成。风化作用使得主要有用组分与细泥

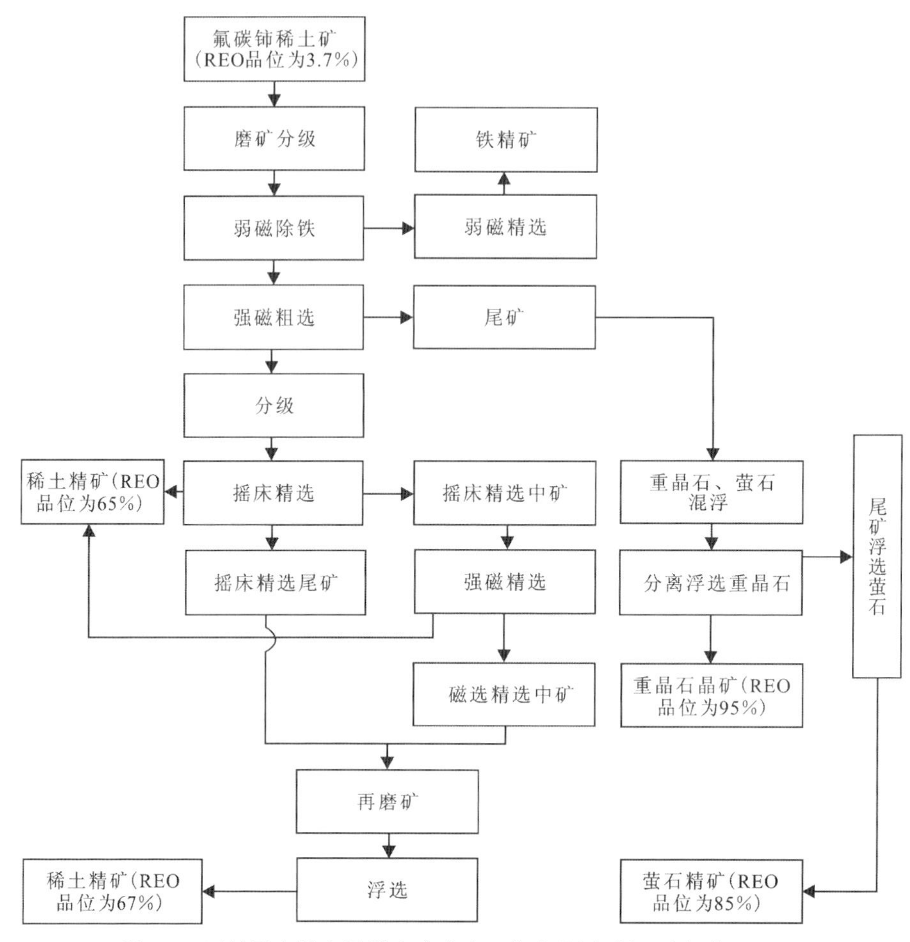

图 5-3 四川冕宁牦牛坪稀土矿选矿工艺流程图(据王成行等,2017)

组分之间存在明显的相关性。原矿中小于 15μm 粒级氧化稀土含量高达 35%。这种类型的氟碳铈稀土矿嵌布粒度太细,无法采用目前已有的浮选技术获得 REO 品位较高的稀土精矿产品,可以采用阶段淋洗、浮选和磁选等联合选矿工艺对细粒级氟碳铈矿进行分选(图 5-6)。原矿首先通过筛孔孔径为 4mm 的湿筛,筛上的粗粒物料手选,筛下物料与手选精矿混合后,在淋洗滚筒中淋洗 40min,使氟碳铈矿解离出来。把滚筒淋洗得到的细粒级淋洗物料通过一个筛孔为 2.5mm 的转动筛,小于 2.5mm 的组分通过一个逆流式分级机,逆流分级溢流进入,再经过水力旋流器分级,逆流分级沉砂进入螺旋分级机,螺旋分级机溢流返回旋转筛,水力旋流器溢流为稀土精矿 1。水力旋流器的沉砂与滚筒淋洗得到的粗粒级产物经过磨矿脱泥后合并进入重晶石浮选作业,浮选使用糊精、水玻璃和木质素磺酸盐为调整剂,十二烷基硫酸钠为捕收剂,得到重晶石品位为 93.9%、回收率为 71.3%的精矿。滚筒淋洗得到粗粒级产物及分级机沉砂,经过磨矿脱泥后得到的矿泥部分和重晶石浮选尾矿,采用强磁选回收得到稀土精矿2,稀土精矿 1 和稀土精矿 2 合并得到 REO 含量为 32.8%的稀土精矿,REO 回收率为 86.0%。重晶石浮选尾矿以水玻璃、木质素磺酸盐和氟硅酸钠为调整剂,C16-C18不饱和脂肪酸为捕收剂浮选萤石,萤石精矿品位大于 90%(Merker 和李云龙,1993)。

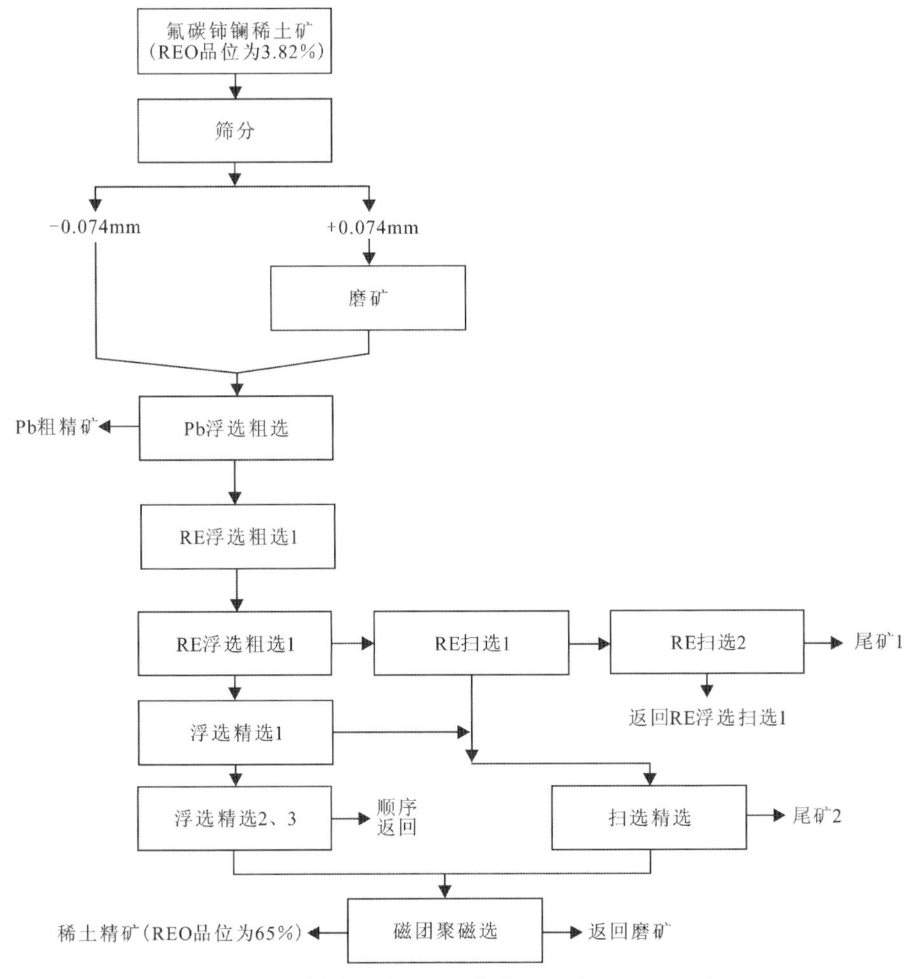

图 5-4　德昌大陆槽稀土矿选矿工艺流程图(据 Xiong et al.,2018)

(二)以氟碳铈为主混合稀土矿

以氟碳铈为主混合碳酸岩型稀土矿是指稀土赋存矿物以氟碳铈矿为主,独居石次之,同时含有其他类型的稀土矿,如中国的白云鄂博稀土矿和澳大利亚的韦尔德稀土矿。混合型稀土矿稀土矿物种类较多,各种不同的稀土矿物物理化学性质差异较大,无法采用单一浮选、磁选或重选将主要的稀土矿物富集,通常采用物理选矿和浮选联合选矿工艺处理,选矿难度通常也比单一氟碳铈碳酸岩型稀土矿要大。

1. 白云鄂博稀土矿

白云鄂博混合型稀土矿选矿工艺流程见图 5-7。目前使用的是全开路浮选流程,浮选矿浆 pH 在 8.5 左右,矿浆浓度在 62%左右,浮选温度为 70℃,浮选稀土精矿 REO 品位为 50%,REO 回收率为 55%(王介良等,2013)。

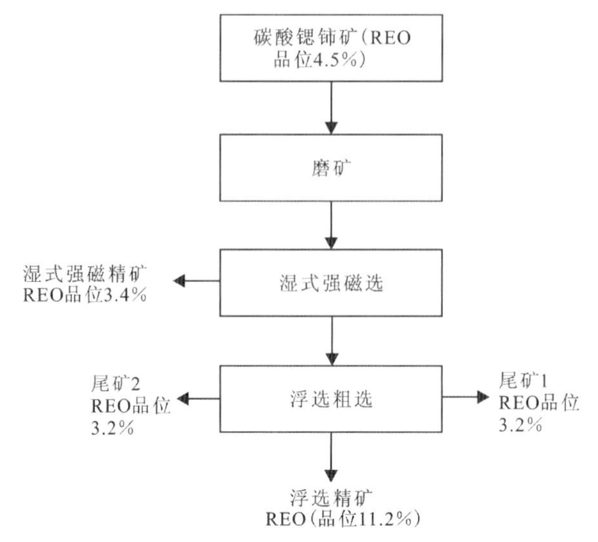

图 5-5　美国 Bear Lodge 稀土矿选矿工艺流程图(据 Cui and Anderson,2017)

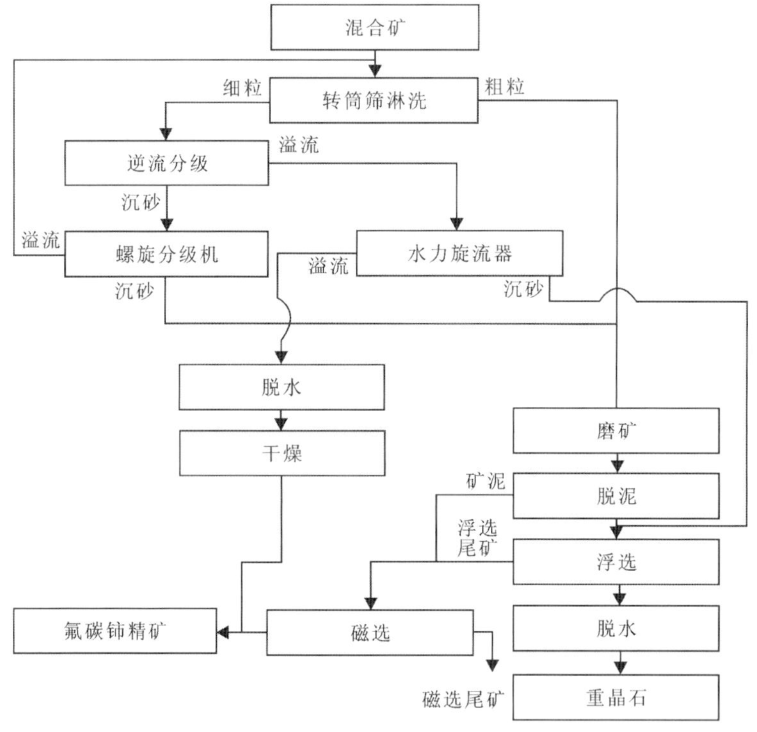

图 5-6　越南 Dong Pao 稀土矿选矿工艺流程图(据 Merker 和李云龙,1993)

2. 莱纳斯韦尔德稀土矿

莱纳斯韦尔德山稀土矿物主要为独居石和磷钇矿(Chan,1992;Haque et al.,2013),选矿工艺流程见图 5-8。首先分级脱去风化矿泥,脱泥后矿石进入磨矿作业,磨矿采用水力旋流器和水筛组合控制磨矿粒度,磨矿溢流先通过水力旋流器分级,沉砂返回磨矿,溢流进入水筛筛

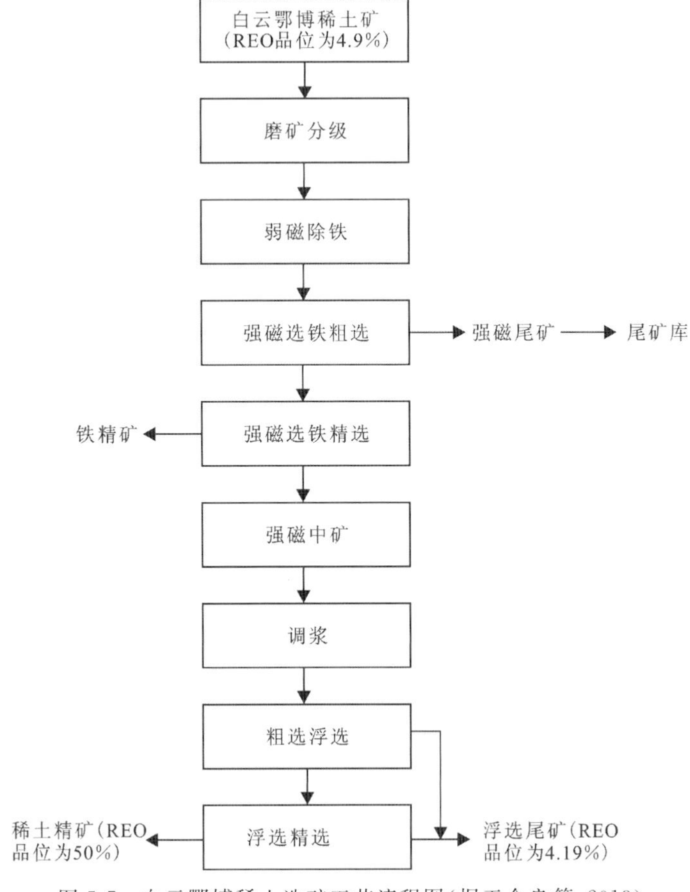

图 5-7　白云鄂博稀土选矿工艺流程图(据王介良等,2013)

分,筛上产物随水一起返回分级脱泥作业并在此进入磨矿作业,筛下产品进入浮选作业,经过粗选、扫选和精选作业得到稀土精矿产品。原矿 REO 品位为 7.9%,最终浮选精矿 REO 品位为 40%,REO 回收率为 70%。

二、砂矿型稀土矿选矿

砂矿型稀土矿中的稀土赋存矿物通常为独居石、磷钇矿和褐帘石等,主要稀土赋存矿物为独居石。独居石砂矿主要分布在美国、埃及、印度和巴西等国家。砂矿型稀土矿多半赋存于河川与滨海形成的砂石矿床,砂矿中独居石含量一般不高,通常与钛铁矿、锆石、金红石、石榴子石、锡石和砂金等重矿物同时产出。

(一)原生砂矿型稀土矿

原生砂矿型稀土矿主要采用重选、磁选和电选等物理选矿方法回收砂矿中的独居石稀土矿物,选矿流程如图 5-9 所示。首先采用重选将砂矿中的重矿物(如含钛、锆和稀土的重矿物)富集,将砂矿中的轻矿物(如石英、云母和其他低密度杂物)分离抛弃。经过重选预富集得到的重矿物精矿按重矿物组成成分不同采用磁选、重选和电选单独或联合选矿工艺,进一步

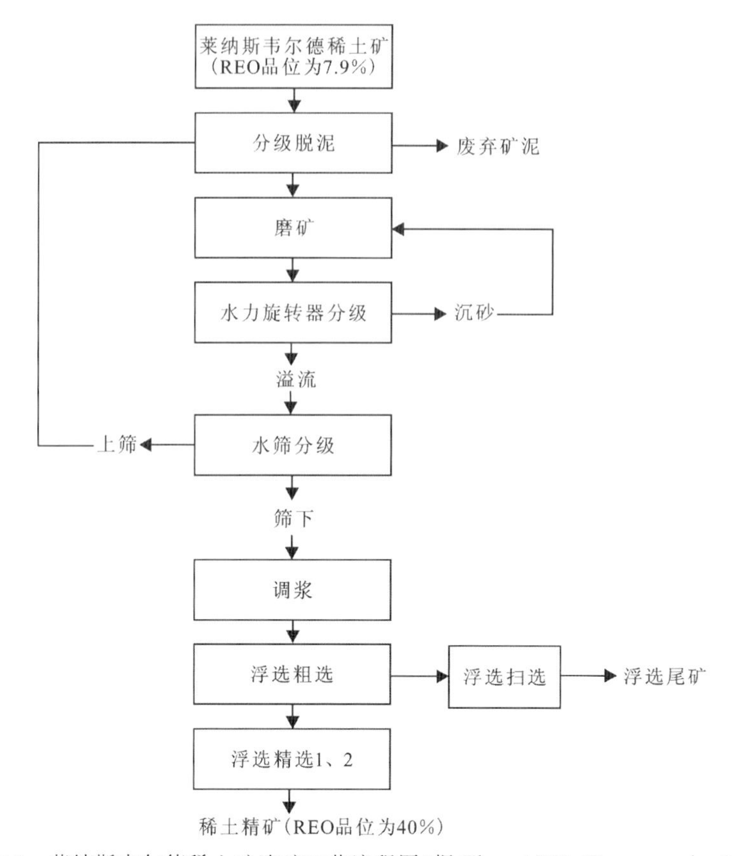

图 5-8 莱纳斯韦尔德稀土矿选矿工艺流程图(据 Chan,1992;Haque et al.,2013)

将重矿物中的含钛矿物(钛铁矿、白钛石、金红石)、锆石和稀土矿物(独居石、磷钇矿)分离开来得到单一矿物精矿产品(Gupta and Krishamurthy,2005)。

1. 埃及砂矿型独居石

埃及砂矿型独居石选矿工艺如图 5-10 所示(Moustafa and Abdelfattah,2010)。含独居石砂矿首先采用筛子筛除大于 1mm 的粒级砂,小于 1mm 粒级的部分砂首先脱泥,然后重选抛除部分脉石,获得的重选精矿弱磁除铁后得到的非磁性产品再经过重选精选,重选精选精矿采用电选分离出金红石,非导电产品再次经过磁选分成两个产品,分别经过重选、电选、磁选等选矿工艺回收砂矿中的独居石矿物。

2. 马坎吉拉砂矿型独居石

非洲马拉维共和国马坎吉拉矿区砂矿中稀土矿物主要是独居石以及少量磷钇矿,分选工艺流程如图 5-11 所示。采用湿式弱磁选回收易选的磁性铁,弱磁和非磁性物烘干后再采用干式磁选进行矿物分组,选出钛粗精矿、稀土粗精矿和锆粗精矿。钛粗精矿采用还原焙烧使与钛难分离的赤铁矿和富钛赤铁矿磁性变强后,通过弱磁分选可获得合格钛精矿。稀土粗精矿采用干式磁选-电选联合流程分离出磁钛铁矿和磁性脉石后,得到稀土精矿。根据喻连香

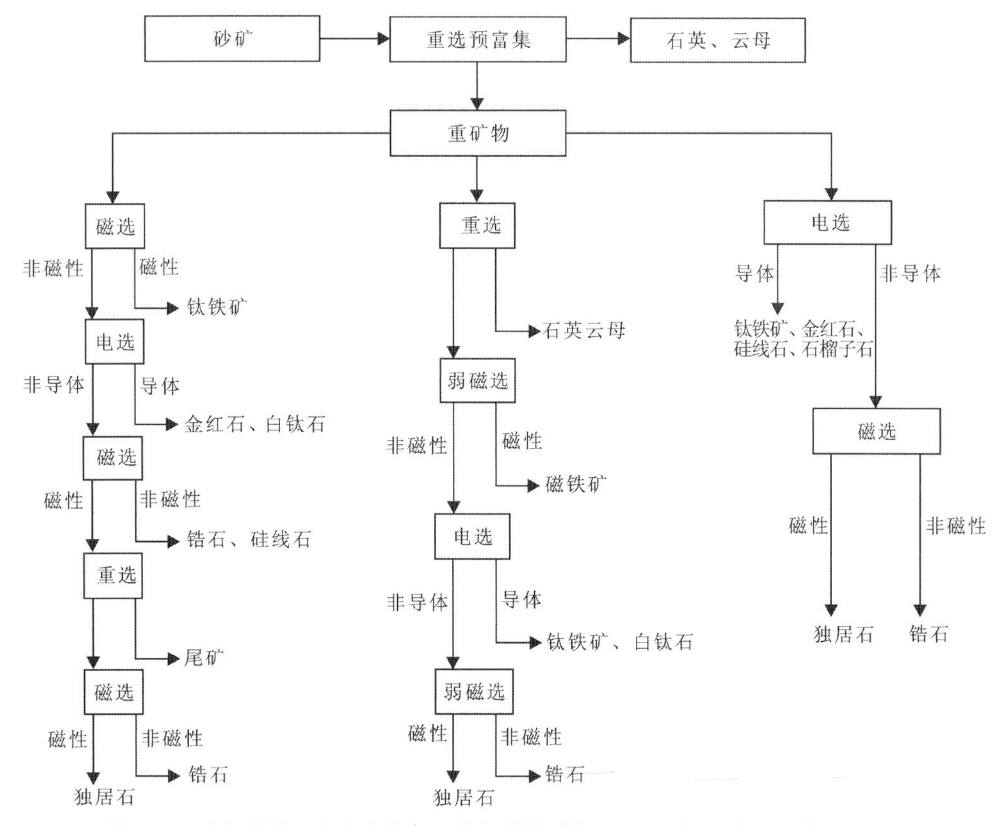

图 5-9 砂矿型稀土矿选矿基本工艺流程图(据 Gupta and Krishamurthy,2005)

2019 年发明的一种毛砂精选分离选矿工艺(CN201910060984.5)可知,锆粗精矿采用电选分离出金红石精矿,不导电产品再通过摇床重选,抛去绝大部分脉石后获得不同品质的锆精矿。

3. 广东砂矿型磷钇矿

广东砂矿型磷钇矿矿床中有用矿物为钛铁矿、金红石、锐钛矿、板钛矿、白钛石、锆英石、独居石和磷钇矿等,脉石矿物以石英、长石和绿泥石为主,其中 TiO_2 含量为 5.580%,$(Zr,Hf)O_2$ 含量为 1.615%,REO 含量为 0.195%,Y_2O_3 含量为 0.023%。磷钇矿粒度较细,主要分布在 0.150～0.039mm 之间,富集于 0.5～0.7T 磁性产品和 20～25kV 非导体产品中。利用重选—磁选—电选联合流程,可得到 Y_2O_3 含量为 26.90%的磷钇矿精矿,Y_2O_3 回收率为 27.80%,如图 5-12 所示(邓丽红,1997)。

(二)风化壳砂矿型稀土矿

重选、磁选、电选物理选矿工艺,用于分选风化壳中独居石时,细粒级独居石常难以回收,因此风化壳砂矿型稀土矿中独居石的选矿回收采用浮选工艺。由于砂矿中带有的风化矿泥对浮选干扰作用很强,因此对风化砂矿型稀土先擦洗脱泥,然后分级磨矿,并再次脱泥,采用捕收剂为磺化脂肪酸,或二胺乳化剂和妥尔油与脂肪酸的混合物,硫化钠、糊精或单宁酸为抑制剂,在 60℃加温条件下进行浮选,工艺流程如图 5-13 所示(Srdjan and Graham,1991)。

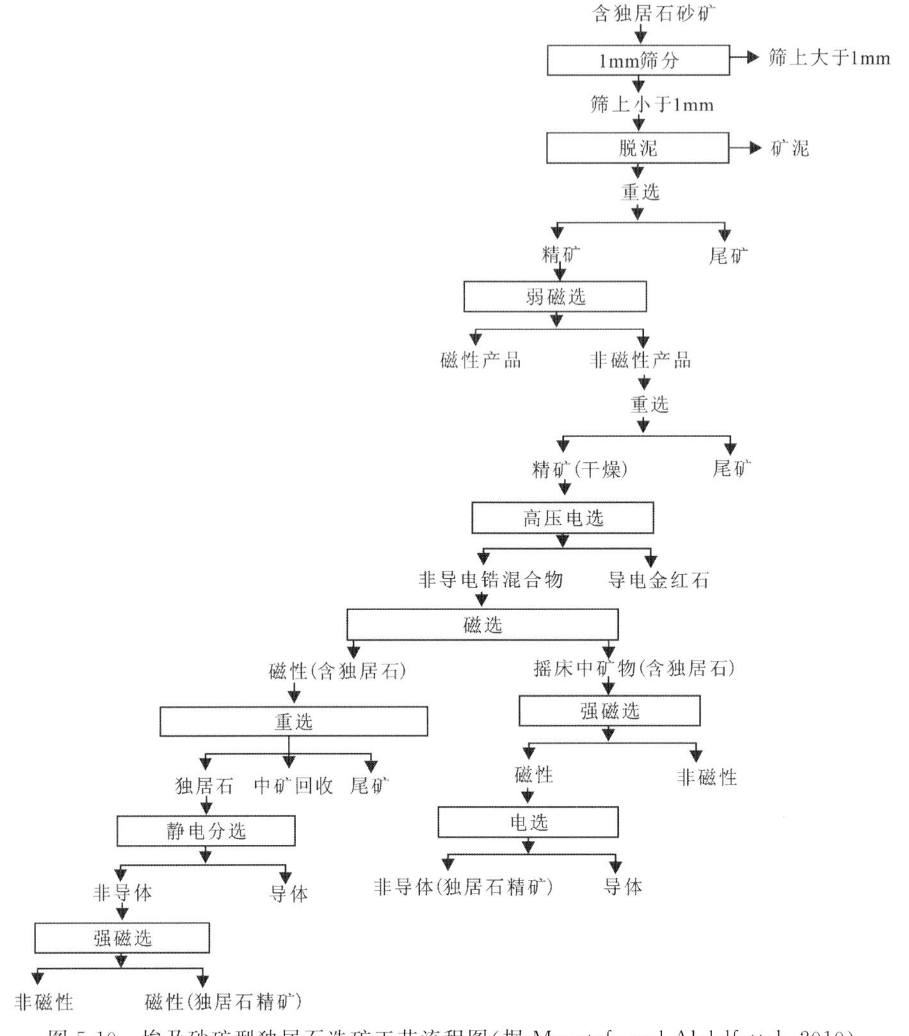

图 5-10　埃及砂矿型独居石选矿工艺流程图(据 Moustafa and Abdelfattah,2010)

三、碱性岩型稀土矿选矿

碱性岩型稀土矿重稀土元素在 REO 中的占比较高,但碱性岩型稀土矿品位也较低,且稀土多赋存于硅酸岩型矿物中,稀土赋存矿物的 REO 含量也远比氟碳铈、独居石和磷钇矿低,选矿无法获得较高 REO 含量的稀土精矿。对于碱性岩型稀土矿,目前只能采用物理选矿方法初步富集获得较低品位的选矿稀土精矿,后续冶炼分离成本较高。因此目前碱性岩型稀土矿还未能像碳酸岩型稀土矿、砂矿型稀土矿和离子吸附型稀土矿一样工业化开发利用。碱性岩型稀土矿基本上还处于研究和勘探阶段。

(一)格陵兰

格陵兰 Kringlerne 稀土矿床中稀土矿物主要为磷硅酸盐型菱黑稀土矿{$Na_{14}(Fe,Mn)_4REE_6(Zr,Th)(D_{16}O_{18})_2[(Si,P)_5(PO_4)(OH,F,O)_{22}H_2O]$}。由于菱黑稀土矿中 REO 理论

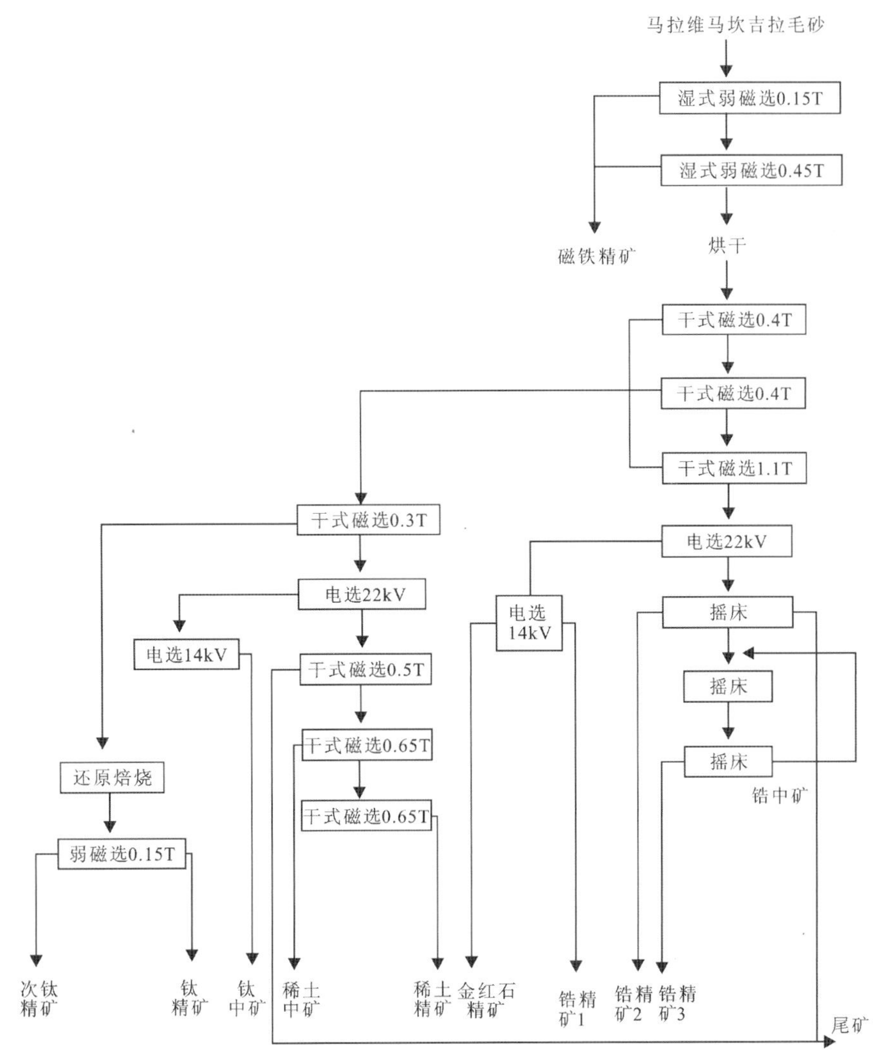

图 5-11 非洲马拉维马坎吉拉砂矿型独居石选矿工艺流程图

注：来源于喻连香的专利 GN201910060984.5。

含量只有 30%左右，且铀含量较高，采用常规脂肪酸捕收剂浮选只能得到 REO 品位为 15%左右的稀土精矿，对浮选药剂进行改进后稀土浮选精矿 REO 品位能提高到 20%以上，选矿工艺流程如图 5-14 所示（熊文良等，2018）。格陵兰 Kringlerne 稀土矿（钆-钇占比 33%左右）中的稀土矿物主要为异性石和钠铁闪石，由于稀土元素分散于原矿的钠铁闪石中，选矿方法获得精矿 REO 品位不高。选矿实验研究结果表明，采用磁选选矿富集其中的异性石和钠铁闪石，只能将 REO 品位从原矿的 0.65%富集到 2.03%。

（二）北美洲

1. Strange Lake 稀土稀有金属矿床

该矿床矿体赋存在碱性正长岩和花岗岩的次生蚀变带内，矿石矿物有褐钇铌矿、锆石、褐

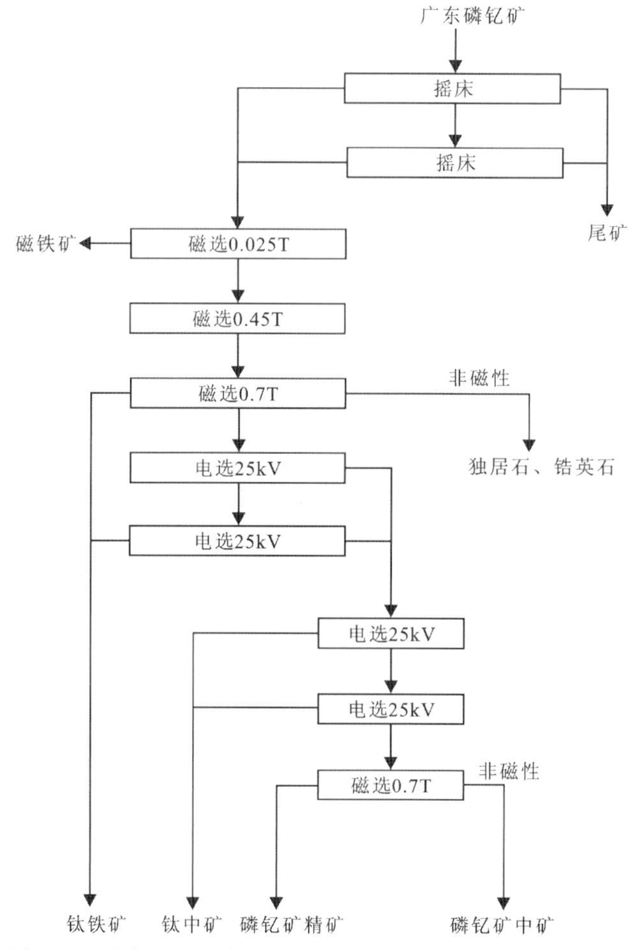

图 5-12　广东砂矿型磷钇矿选矿工艺流程图(据邓丽红,1997)

帘石、独居石和氟碳铈矿等。原矿破碎磨矿后脱泥、磁选,磁选得到非磁性产品再磨矿后进入浮选作业,浮选得到精矿再经重选作业最终得到含铌、钽、锆和稀土的稀土精矿。稀土精矿经硫酸焙烧、水浸和复盐沉淀分离固液出轻稀土沉淀,分离母液分步骤萃取得到锆和部分中、重稀土以及铌、钽产品,具体工艺流程如图 5-15 所示(Finley et al. ,2011)。

2. 加拿大 Kipawa Lake 稀土矿床

加拿大 Kipawa Lake 稀土矿中稀土矿物主要为异性石、褐硅铈矿和铈硅磷灰石等,矿石 REO 品位为 0.4%。通过选矿选出的高纯度稀土精矿,精矿中 REO 品位提高幅度有限。研究结果表明,异性石中 REO 含量只有 10%。Matamec 勘探公司和丰田稀土加拿大公司完成了 Kipawa Lake 矿床稀土选冶实验研究,通过两段磁选富集其中的含稀土异性石。富集于稀土精矿中的轻稀土的回收率为 77%～84%。由于选矿稀土矿物精矿产率较大,因此选矿精矿 REO 品位不高,选矿精矿后续采用硫酸焙烧浸出工艺提取稀土,工艺流程如图 5-16所示(Matamec,2011)。

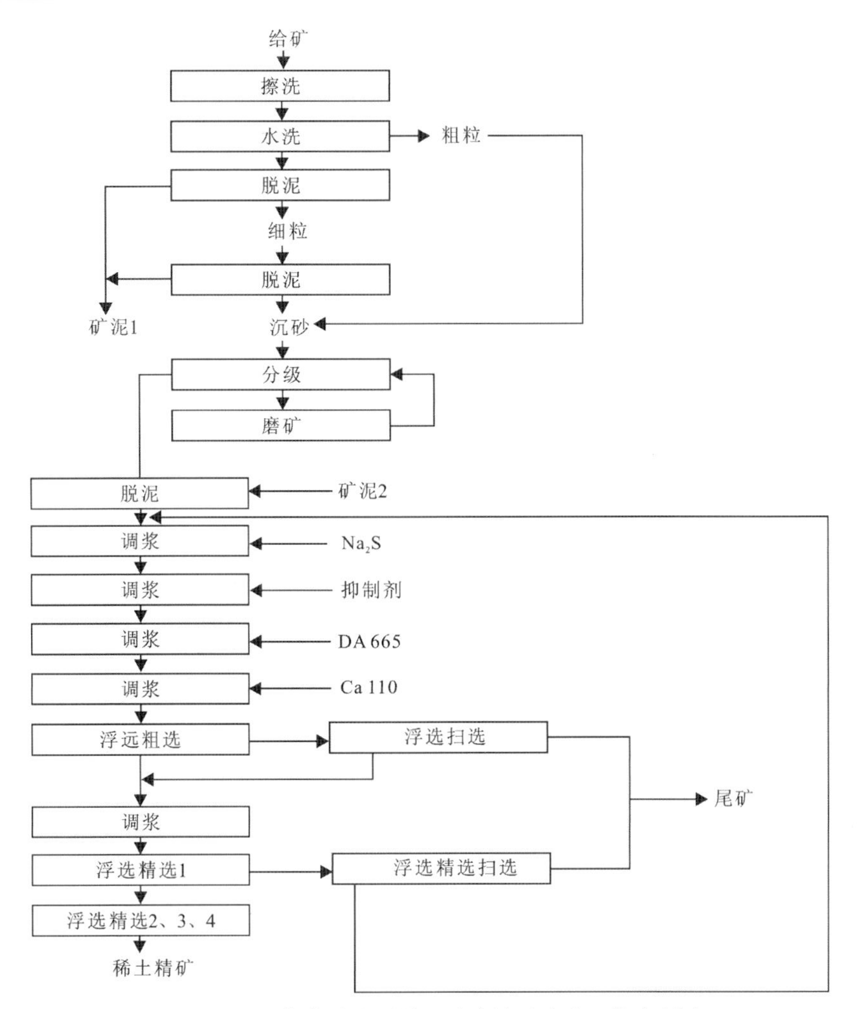

图 5-13　风化壳砂矿型稀土矿独居石选矿工艺流程图

注:来源于国际专利 W0/1991/016986。

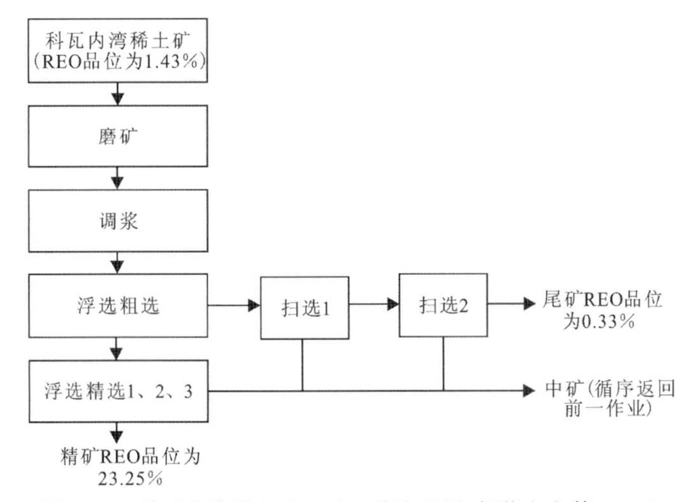

图 5-14　科瓦内湾稀土矿选矿工艺流程图(据熊文良等,2018)

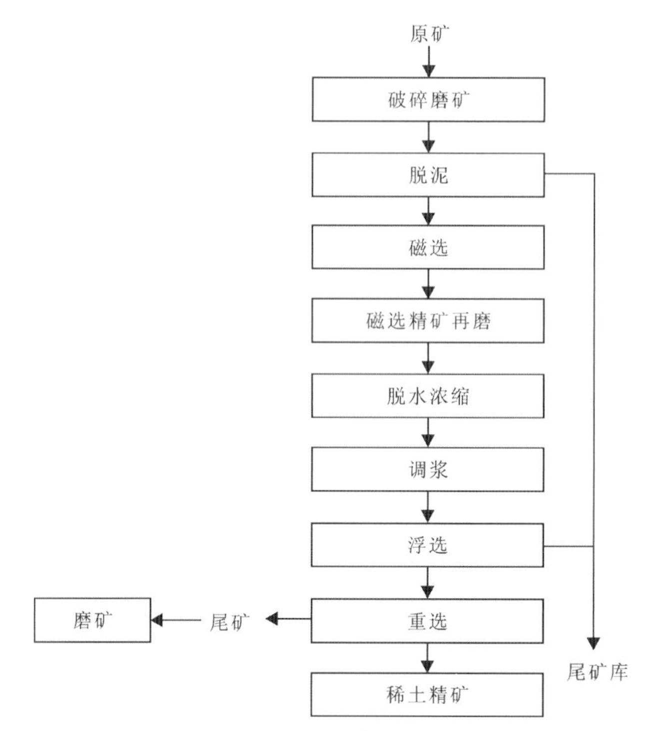

图 5-15 Strange Lake 稀土矿选矿工艺流程图(据 Finley et al.,2011)

(三)欧洲

Norra Kärr 是欧洲代表性的碱性岩型稀土矿,Norra Kärr 稀土矿中稀土矿物为异性石,选矿工艺流程如图 5-17 所示,采用磁选和浮选方法富集得到异性石精矿,作为后续冶金提取稀土元素的原料。

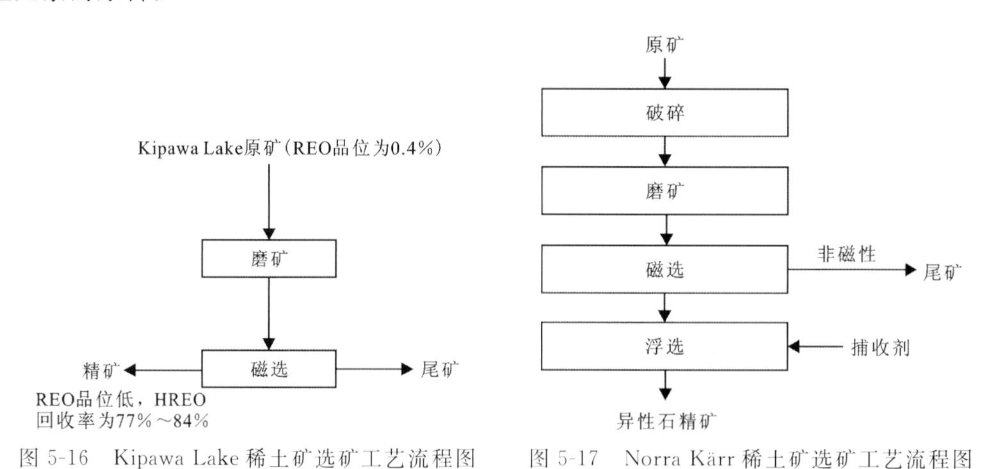

图 5-16 Kipawa Lake 稀土矿选矿工艺流程图(据 Matamec,2011)

图 5-17 Norra Kärr 稀土矿选矿工艺流程图(据 Micharl,2015)

四、其他类型稀土矿选矿

除了上述 3 种主要类型的稀土矿,其他类型的稀土矿[离子吸附型稀土矿和各种伴生稀土矿(如与铌、磷、氟、铀等伴生的稀土矿)]中的稀土矿物和其他矿物复杂共生,且某些稀土赋存矿物 REO 含量远没有氟碳铈矿和独居石高。稀土元素以分散形态存在于矿石中。采用选矿方法难以将其中的稀土元素有效富集回收,只能初步预富集获得 REO 品位较低的粗精矿,再通过冶金方法使稀土元素富集,或者把开采出的原矿破碎到一定粒度后直接采用冶金方法富集其中的稀土元素。

1. 与铌伴生稀土矿

与铌伴生稀土矿的典型稀土矿物主要有铈铌钙钛矿和褐钇铌矿。铈铌钙钛矿是一种铌钛酸盐稀土矿物,分子式为(Nb,Ce,Ca)$TiNbO_5$,产于碱性霓霞正长岩,有价元素 REO 含量为 28.71%,ThO_2 含量为 0.52%,Nb_2O_5 含量为 0.38%,Ta_2O_5 含量为 0.38%,TiO_2 含量为 36.83%。铈铌钙钛矿在俄罗斯分布较多,选矿工艺流程如图 5-18 所示(池汝安和王淀佐,1996),原矿采用重选、磁选等工艺将铌铈钙钛矿初步富集,得到的铌铈钙钛矿粗精矿进一步进行冶金处理。

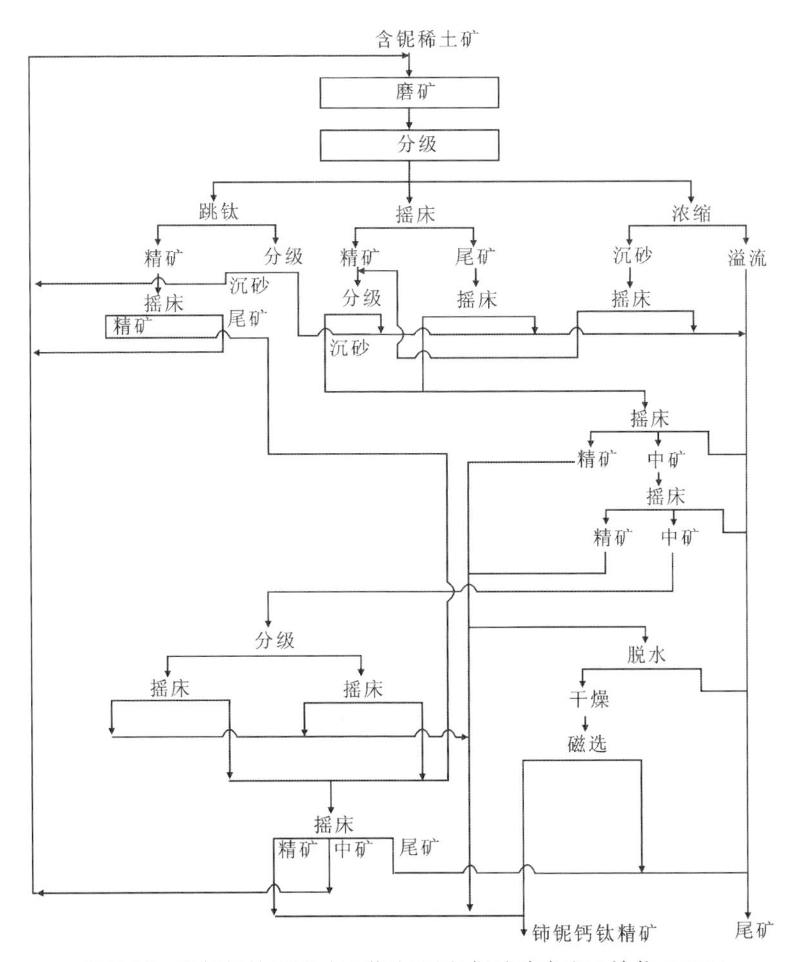

图 5-18　铈铌钙钛矿选矿工艺流程图(据池汝安和王淀佐,1996)

代表性褐钇铌矿床有Nechalacho稀土矿床和FOXTROT稀土矿床。Nechalacho稀土原矿磨矿后加水玻璃调浆分散，采用水力旋流器分级脱泥，沉砂第一次磁选磁性产品，再磨并经过第二次磁选，第一次和第二次磁选的非磁性产品合并后添加硫化钠调浆摇床重选，重选精矿加浮选药剂调浆后经过2次粗选、1次扫选、4次精选和1次扫选浮选工艺得到浮选精矿，浮选精矿用氢氧化钠调浆分散后再次重选得到最终精矿产品（Jordens et al.，2014）（图5-19）。FOXTROT稀土矿床矿石中稀土赋存矿物为褐钇铌矿、褐帘石和硅钛铈矿。该矿采用的选冶工艺为原矿破碎到4.2mm，不选矿，原矿直接采用冶金方法回收稀土元素。

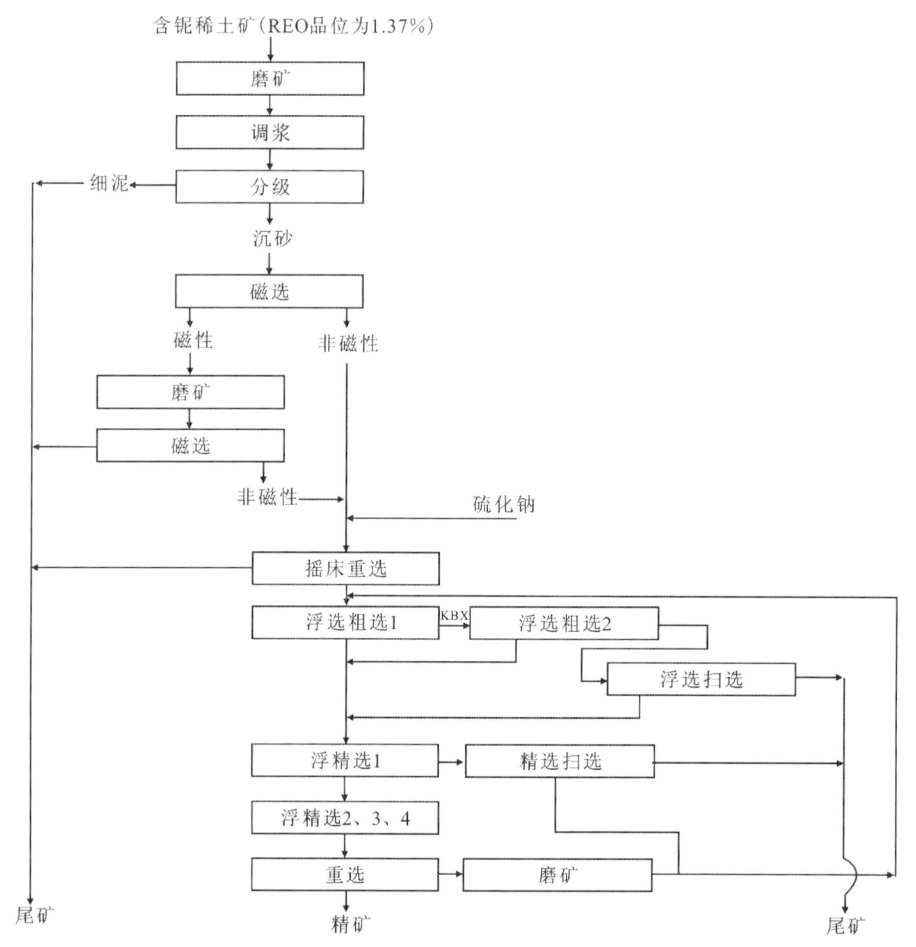

图5-19　Nechalacho含褐钇铌、稀土矿选矿工艺流程图（据Jordens et al.，2014）

2. 与磷伴生稀土矿

与磷伴生稀土矿广泛分布于世界各个富磷矿的国家，如中国贵州织金含稀土磷矿，澳大利亚诺兰（Nolans）稀土矿，俄罗斯科拉半岛Khibina、Apatity、Koashvinskoe、Kukisvumchorr等磷矿。美国爱达荷州的多个磷矿均属于与磷伴生的稀土矿。

与磷伴生稀土矿中的稀土元素通常以类质同象方式分散于磷酸盐矿物（磷灰石、氟磷灰石)中,无法通过选矿方法分离富集得到独立的稀土矿物,只能通过选矿方法富集含磷灰石和氟磷灰石的磷精矿,使稀土元素在磷精矿中得到富集,然后在后续磷精矿生产磷酸的过程中富集回收部分稀土。但可回收的稀土较少,大部分稀土元素在磷酸生产过程中进入磷石膏难以回收。目前对磷石膏中稀土回收研究工作开展较多,但由于技术或成本方面的问题还难以得到广泛应用。与磷伴生稀土矿浮选回收富集稀土磷精矿的工艺流程如图 5-20 所示(金会心等,2004)。

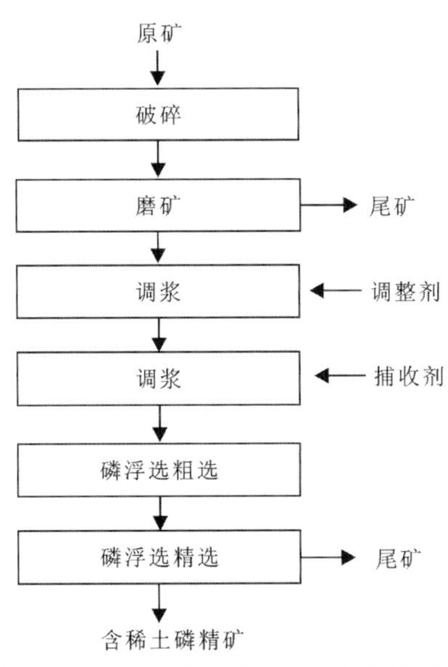

图 5-20　与磷伴生稀土矿选矿富集稀土工艺流程图(据金会心等,2004)

3. 与氟伴生稀土矿

与氟伴生稀土矿主要是与萤石伴生的稀土矿,这类稀土的赋存矿物为钇萤石,如美国圆顶山钇萤石矿、埃及中部 El Missikat 钇萤石矿。与氟伴生稀土矿中的稀土矿物主要为钇萤石,矿石开采后不经过选矿富集,直接采用湿法冶金工艺富集其中的稀土。

4. 与铀伴生稀土矿

与铀伴生稀土矿主要分布于世界各个产铀矿的国家,如哈萨克斯坦、加拿大和澳大利亚等。与铀伴生稀土矿中 REO 品位一般较低,但重稀土占比通常较高。稀土元素在湿法浸出铀的过程中一起被浸出,在纯化分离铀工艺中,稀土元素作为杂质元素被分离出来。

第四节　稀土浮选药剂

在稀土选矿工艺中,浮选是最重要的技术方法,是保证稀土分选指标的关键。而在浮选技术中,浮选捕收剂则是实现稀土矿物有效分离的核心。我国稀土选矿技术进步的历程实际也是稀土浮选捕收剂发展进步的历程。

一、C—O 基团捕收剂

在稀土浮选药剂中，C—O 基团药剂的应用较早且广泛，其典型代表为脂肪酸和邻苯二甲酸（兰玉成等，1983；王成行等，2013）。油酸是氟碳铈矿浮选的常用药剂，早在 20 世纪 60 年代初，中国有研科技集团有限公司（原北京有色金属研究总院）便对油酸浮选稀土矿物进行了系统的试验研究。经过大量的试验研究发现，在矿浆 pH 为 8～9 时，以栲胶和水玻璃为抑制剂、氟硅酸钠为调整剂、油酸作捕收剂浮选稀土，可从品位 7%～9%的稀土原矿中获得 REO 含量为 40%、回收率在 55%～75%之间的稀土精矿。

邱显扬等（2013）以油酸钠为捕收剂，研究了氟碳铈矿的浮选行为，结合红外光谱测试、油酸钠浮选溶液和氟碳铈矿晶体化学理论，对油酸钠的作用机制进行了较深入的研究。研究结果表明，油酸钠对氟碳铈矿的捕收能力极强，在 pH 为 8.5 时，氟碳铈矿的回收率可达 99.77%。由于油酸类捕收剂选择性较差，在实际应用中通常用于组分简单的稀土矿石分选。

邻苯二甲酸是片状晶体，呈白色、无气味、溶于酒精、微溶于水。它的主要捕收基团是羧基，由于邻苯二甲酸烃基较短，故其捕收能力较弱。但当邻苯二甲酸烃与烃油混合使用时可大幅提高捕收能力，选择性也大大提高。用邻苯二甲酸和煤油混合作为捕收剂、水玻璃为抑制剂，在 pH 为4～5 条件下进行试验，氟碳铈矿回收率最高，萤石可浮性良好，重晶石则基本不上浮（朱智慧，2019）。邻苯二甲酸对氟碳铈矿的捕收能力比对独居石的捕收能力强，所以使用该药剂分离独居石和氟碳铈矿，可以具有极好的效果，成功解决了二者分离的一系列问题。

二、N—O 基团捕收剂

N—O 基团药剂以羟肟酸为主，在金属矿浮选中应用广泛，该类药剂在不同种类的稀土矿物浮选中都进行过不同试验规模的研究或应用，效果较好。Fuerstenau（1983）认为羟肟酸能与稀土形成稳定的螯合物。羟肟酸具有肟基和酰胺的性质。肟基是一种活泼的官能团，它能与金属离子形成螯合物且形成螯合物的能力较强，与稀土等高荷电的阳离子形成螯合物的能力则更强，与碱土金属离子形成螯合物的能力则很弱，因此在稀土浮选中羟肟酸是非常有效的捕收剂。根据烃链结构不同可将羟肟酸分为烷基异羟肟酸、环烷基异羟肟酸和芳香基异羟肟酸，不同类型的羟肟酸对稀土的浮选效果有很大差异。

1. 烷基异羟肟酸

烷基异羟肟酸类浮选剂的代表性药剂是 C5-9 异羟肟酸，被广泛用于稀土矿浮选。C5-9 羟肟酸属于弱酸，呈红色油状，微溶于水，可与碱作用配成钠盐或铵盐使用，亦可直接使用。C5-9 异羟肟酸能与水解后矿物表面上的阳离子生成 O—O 五元环络合物或形成 O—N 四元环络合物。稀土矿物中常含有萤石和重晶石等碱土金属矿物，C5-9 异羟肟酸与稀土金属离子生成的络合物很稳定而与钙离子生成的络合物不稳定，因此将 C5-9 异羟肟酸用于含有碱土金属矿物的稀土矿浮选时具有非常优良的选择性（车丽萍等，2004）。工业试验研究证实，以 C5-9 异羟肟酸作为捕收剂，可以获得含稀土氧化物为 71.32%、回收率为 72.22%的精矿。

2. 环烷基异羟肟酸

环烷基异羟肟酸是以石油副产品环烷酸为原料，三氯化磷与环烷酸反应生成环烷酸酰氯，在弱碱性条件下，环烷酸酰氯与羟氨反应生成环烷羟肟酸，其结构式为 CH_2-CH_2-CH_2-CH_2-CHONHOH。该药剂的选择性不如烷基异羟肟酸，但其捕收能力却比烷基异羟肟酸更强。包头稀土研究院在 1979 年成功研制出了环烷羟肟酸，并在工业生产中投入应用。使用时配制成环烷羟肟酸铵，通过“一粗一精”闭路流程，可以 REO 品位为 23%的原矿得到 REO 品位为 60.14%的稀土精矿。此后的数十年间都是用环烷羟肟酸生产稀土精矿，生产效果优良。

芳香基异羟肟酸的化学性质稳定，水溶性好，代表药剂有苯基异羟肟酸、水杨羟肟酸、N-羟基邻苯二甲酰亚胺、邻羟基萘甲羟肟酸、H894 等。

苯甲羟肟酸为能溶于水的白色晶体，其水溶液显酸性，工业产品一般呈枣红色，用作捕收剂浮选稀土时要添加起泡剂。以苯甲羟肟酸为捕收剂，氢氧化钠、水玻璃和明矾为组合调整剂，浮选稀土元素氧化物为 29.04%的原矿能获得 REO 品位为 60.40%，回收率为 82.51%的精矿。Jordens 等(2014)采用分段添加苯甲羟肟酸的方法对稀土矿进行浮选，最后将给矿品位为 43.8%的原矿品位提高到 54.6%，回收率可达 79.5%。

水杨羟肟酸性质稳定，溶于乙酸、丙酮等有机溶剂，且具有一定的起泡性。以水杨羟肟酸为捕收剂时，只需以硅酸钠为调整剂，即可从 REO 含量为 28.9%的重选稀土粗精矿中得到 REO 品位为 61.46%，回收率为 84.95%的稀土精矿。该药剂在包钢选矿试验厂取得了较好的使用效果，其作用机理研究表明，水杨羟肟酸能与稀土矿表面的稀土离子生成络合物而吸附于矿物表面，由于苯基疏水从而起到捕收作用。

H205 属于异羟肟酸捕收剂，主要有效成分为邻羟基萘甲羟肟酸，于 1986 年首次引入到稀土浮选生产过程中。H205 使包钢稀土选矿厂浮选指标大幅提升，具有选择性好、药剂制造简单等优势。以水玻璃为抑制剂、H205 为捕收剂，添加适量起泡剂，即可实现稀土矿物的浮选分离，尤其适用于重晶石、磷灰石和铁矿物等脉石矿物含量高的稀土浮选。H205 在羟肟酸式异构体中有配位能力的基团为羟基(—OH)及肟基(=NOH)，羟基可以以—O—的形式与金属离子配位，而肟基带负电荷的氮与金属离子配位，从而使得邻羟基萘甲羟肟酸与金属离子形成五元环的配合物。

H894 捕收剂是包头稀土研究院开发的一种新型羟肟酸类捕收剂，与其他羟肟酸类捕收剂相比 H894 具有价格低廉、性能稳定和配药简单等特点。采用 H894 作捕收剂，铝盐作抑制剂，与 102 号起泡剂配合使用，对某氟碳铈矿进行浮选试验，可获得含 REO 品位为 66.19%，回收率为 71.37%的稀土精矿。

三、P—O 基团捕收剂

P—O 基团药剂以有机磷酸类为主，有机磷酸及其酯类是用于稀土选矿的重要捕收剂。它的氢离子可与稀土中的阳离子发生置换反应，是浮选稀土矿物的高效捕收剂，此外在锡、钛、钨、钽和铌等矿物的浮选中也很有成效(张泾生等，1982)。

单烷基磷酸钠可以浮选分离氟碳铈矿和独居石。研究发现，当 pH在 4～6 之间时，用单烷基磷酸钠作为捕收剂、柠檬酸作为调整剂，分离氟碳铈矿与独居石（2∶1），能从含独居石31.86%的混合矿中得到纯度为95.2%的氟碳铈矿精矿，回收率为91.52%、纯度为92.8%的独居石精矿，回收率为31.14%，还有一定量的次独居石精矿。

四、组合药剂

在稀土浮选过程中，羟肟酸类捕收效果较好，但价格高，因此选矿成本相应较高。混合用药能够显著降低高价药剂的用量，从而起到降低生产成本的作用。

山东微山稀土矿选矿厂将邻苯二甲酸或苯乙烯磷酸与煤油组合使用来浮选矿物，取得了良好的实际效果。张新民（1985）同样将捕收能力强弱不同的浮选药剂混合用于稀土浮选，研究表明，一些混合药剂对稀土矿物与萤石、铁矿物的分离具有非常良好的选别效果。两种药剂的组合使浮选药剂作用得到了强化，与单独使用一种药剂相比，选别指标具有较大的提升。H205对氟碳铈矿的捕收效果好，但是使用成本高。为了降低成本，用H205与邻苯二甲酸质量比1∶1混合来代替H205，研究结果表明，在药剂总用量相同的条件下，混合药剂的捕收能力和选别效果与单一H205效果相近，由于邻苯二甲酸价格更低，能使选矿成本显著降低（任俊等，1991）。辛基羟肟酸与油酸钠组合使用也可以明显提高分选指标，研究认为这两种药剂通过共吸附作用增加在氟碳铈矿表面的吸附量而实现对氟碳铈矿的捕收。

总的来说，稀土选矿药剂仍在不断地发展，研究和开发螯合类等新型高效捕收剂，寻找合适组分的捕收剂配合使用以充分发挥药剂之间的协同作用，对于提高选矿效果及降低药剂成本具有重要作用。

第五节　稀土分析方法

按照矿物学观点或分析化学观点，工业分析常将稀土元素作为一个整体来考虑，不能忽视每一个稀土元素区别于其他稀土元素的特点。从稀土元素电子层结构可以看出稀土元素最外层两层电子排列完全相同，由此决定了稀土元素化学性质的相似性（表5-1）。由镧到镥，在N层（4f）发生反充填，离子半径依次减小，形成“镧系收缩”的现象。稀土元素原子构造的规律性变化导致了物理化学性质的规律性变化。如从镧到镥，其负电性、电离电位及碱性顺次减小而电离势则顺次增大等。

表5-1　稀土元素的物理化学性质表

原子序数	元素符号	名称	相对原子质量(1987)	外层电子结构	三价离子半径/10～10m	氧化态	稳定氧化物
39	Y	钇	88.905 85	$4d^1 5s^2$	0.88	三价	Y_2O_3
57	La	镧	138.905 5	$5d^1 4f^0 6s^2$	1.01	三价	La_2O_3
58	Ce	铈	140.115	$4f^2 6s^2$	1.034(0.92②)	三价、四价	CeO_2
59	Pr	镨	140.907 65	$4f^3 6s^2$	1.013(0.90②)	三价、四价	Pr_6O_{11}

续表 5-1

60	Nd	钕	144.24	$4^4 6s^2$	0.995	三价	Nd_2O_3
61	Pm	钷①	(145)	$4f^5 6s^2$	(0.979)	三价	Pm_2O_3
62	Sm	钐	150.36	$4f^6 6s^2$	0.964(1.11③)	二价、三价	Sm_2O_3
63	Eu	铕	151.965	$4f^7 6s^2$	0.950(1.09③)	二价、三价	Eu_2O_3
64	Gd	钆	157.25	$4f^7 5d^1 6s^2$	0.938	三价	Gd_2O_3
65	Tb	铽	158.925 34	$4f^9 6s^2$	0.923(0.84②)	三价、四价	Tb_2O_3
66	Dy	镝	162.50	$4f^{10} 6s^2$	0.908	三价	Dy_2O_3
67	Ho	钬	164.930 32	$4f^{11} 6s^2$	0.894	三价	Ho_2O_3
68	Er	铒	167.26	$4f^{12} 6s^2$	0.881	三价	Er_2O_3
69	Tm	铥	168.934 21	$4f^{13} 6s^2$	0.869(0.94③)	三价	Tm_2O_3
70	Yb	镱	173.04	$4f^{14} 6s^2$	0.858(0.93③)	二价、三价	Yb_2O_3
71	Lu	镥	174.967	$4f^{14} 5d^1 6s^2$	0.848	三价	Lu_2O_3

注:①为人造元素;②为四价离子半径;③为二价离子半径;括号表示近似值。

钇和镧系元素均属元素周期表第三族,因此都具有稳定的三价状态。其中,铈、镨和铽尚有四价状态,钐、铕和镱则有二价状态。这是由电子层结构在一定条件下趋向于接近其临近的稳定元素(如镧、钆和镥)电子层结构所致,而此种变价的氧化还原性质可作为分析化学的依据。

一、试样的分解和分离富集

(一)试样的分解

与分解一般矿石试样一样,分解稀土元素矿样的溶剂选择,主要取决于试样的成分以及所选用的分析方法。

1. 酸溶分解

大部分稀土矿物均能被硫酸或酸性溶剂分解,如硅铍钇矿和铈硅石等一类硅酸盐类矿物很容易被浓盐酸分解,而磷酸盐类矿物如独居石和磷钇矿等虽不易被浓盐酸分解,但可被 200℃热硫酸所分解。难溶的稀土铌钽酸盐类矿物则可用氢氟酸和酸性硫酸盐分解。封闭或微波酸溶(一般为硝酸+氢氟酸)法是目前非常流行的方法,其特点是速度快、效果好。

2. 熔融分解

几乎所有含稀土元素的矿物均可用 Na_2O_2 或 NaOH(或 NaOH 加少许 Na_2O_2)熔融分解。熔融分解的优点是熔融时间短,水浸取后可直接分离磷酸根、硅酸根、铝酸根和氟离子等阴离子，简化了之后的分析过程。

（二）分离和预富集

分组测定或单一稀土元素的测定，不仅需要与伴生元素分离，有时还需要稀土元素相互之间分离，稀土元素与伴生元素的分离方法如下。

1.沉淀分离法

稀土元素的沉淀分离法一般采用草酸盐沉淀法、氢氧化铵沉淀法和氟化物沉淀法。有时为了提高分离效果，可将这些方法结合使用。草酸盐沉淀法几乎是分离稀土的特效方法，可有效地分离除钍和碱土金属以外的所有元素。氢氧化铵沉淀法主要用于分离碱金属和碱土金属，但分离效果较差。氟化物沉淀法主要用于分离铌、钽和大量磷酸根。由于稀土氟化物溶解度小于草酸盐，氟化物沉淀法特别适用于分离和富集痕量稀土元素。

草酸盐沉淀法：草酸是最常用的沉淀稀土的组试剂可使稀土元素与大量共生元素（如铁、铝、铬、锰、镍、锆、铪和铀等）分离。稀土与草酸形成溶解度很小的晶形草酸盐沉淀[$RE(C_2O_4)_2 \cdot nH_2O$]，易于过滤和洗涤，灼烧后即可得到稀土氧化物。

在中性溶液中某些金属离子形成溶解度较小的草酸盐（如锶、钡、钴、镍、铜、锌、银、镉、铅、锡、铋等）会玷污稀土草酸盐沉淀。因此，沉淀分离应在酸性溶液（pH 在 1.5～2.5 之间）中进行。重稀土易与草酸铵形成碱式草酸盐配合物$(NH_4)_3[RE(C_2O_4)_3]$而部分溶解，因此沉淀剂最好是草酸而不是草酸铵。若有钛存在，可加入过氧化氢掩蔽，钛量过大时则应先将稀土以氟化物状态沉淀分离除去钛。近年来，常用草酸甲酯或草酸丙酯代替草酸，使稀土发生均相沉淀改进沉淀晶形以减少草酸对稀土沉淀的玷污。当杂质含量高时，应采用二次沉淀分离；稀土含量低时，可用钙作载体。草酸盐分离法不能分离钍和钙，故在测定稀土总量时，须与其他分离方法结合使用，例如用碘酸盐法、苯甲酸法或六次甲基四胺法分离钍，用氢氧化铵沉淀法分离钙等。

氢氧化铵沉淀法：此法主要用于稀土与钙、镁的分离，但不能分离钍。用氢氧化铵沉淀法可以使稀土与铝、铍、锌、钒、钨、钼和砷等分离。稀土氢氧化物是比铁和铝的氢氧化物更强的碱，在中性溶液中溶解度明显，且其碱性和溶解度随稀土元素原子序数的增加而减小。因此，应加过量的氢氧化物进行分离，一般氢氧化铵过量 10%，稀土的沉淀分离结果较好。稀土氢氧化物沉淀呈黏液状，不易过滤。通常应在热溶液中沉淀，并在沸水浴中保温，必要时可加入少许纸浆过滤。

在碱性溶液中，三乙醇胺能和铁、锰、铝、铜等元素形成稳定的配合物，适当量的三乙醇胺并不影响稀土氢氧化物沉淀。乙二胺四乙酸（EDTA）和乙二醇二乙醚二胺四乙酸（EGTA）与稀土元素有较强的配位作用，在稀土氢氧化物定量沉淀的情况下用量适当可以掩蔽一些共存元素，提高分离效果。有时 EGTA 和三乙醇胺联合使用，效果更好。镁的氢氧化物是痕量稀土元素有效的共沉淀剂。

氟化物沉淀法：稀土元素的氟化物溶解度很小，当以氟化物沉淀稀土时，铌、钽、钛、锆和铁保留于溶液中而与稀土定量分离，一般是在 $\varphi(HCl)$为 3%和 $\varphi(HF)$为 10%的介质中进行沉淀。氟离子浓度过大，则稀土氟化物有形成可溶性氟配离子的趋势。但是生成的沉淀呈难过滤的胶体状态，且需在塑料器皿或铂皿中进行，因此限制了氟化物沉淀法的应用。沉淀分离法一次均不能得到满意的效果，必须将上述方法结合使用或用二次沉淀法。

2. 溶剂萃取分离法

能与稀土形成配合物并被有机溶剂萃取的有机试剂很多，效果较好的有 PMBP(1-苯基-3-甲基-4-苯酰基吡唑酮)、BPHA(苯甲酰苯胲)、TTA(2-噻吩甲酰三氟丙酮)、PAN[1-(2-吡啶偶氮)-2-萘酚]等，其中 PMBP 为目前分离稀土效果最好的试剂之一。PMBP 与稀土和钍在 pH 为 5～5.6 的条件下生成的配合物，可为苯所萃取。PMBP 与钍形成的配合物更稳定，可利用此差异在一定条件下将稀土反萃取进入水相以达到与钍分离的目的。

离子交换色谱分离法：离子交换色谱分离法是近年来用以分离稀土元素最快和效果最好的方法之一。它利用稀土元素与其他元素在树脂柱上分配系数的差异，用不同成分的淋洗液中分离出稀土元素，最难分离的钍也可被定量分离。该方法的优点是分离效果好、劳动强度低、引进的杂质少，特别适用于稀土矿物的系统分析，也适用于分离富集岩石和矿物中痕量稀土元素。几种常用的离子交换树脂及分离稀土元素的条件见表 5-2。

表 5-2　几种常用的离子交换树脂及分离稀土的条件汇总表

离子交换树脂类型	交换介质	选择性洗提条件	应用情况
国产 732 苯乙烯型 50～100 目 1.5cm×12cm	2%的 H_2SO_4	2%的 H_2SO_4 溶液(含 0.05%抗坏血酸)60mL，洗脱 Zr 及部分 Fe、Al、Ti；或 4mol/L 的 HCl 200mL，洗提稀土；20%的 NH_4Cl 溶液 50mL 淋洗柱；4%的草酸铵 200mL 洗提钍	适用含锆、钍试样
Zerolit225 型 50～100 目 1.5cm×10cm	1mol/L 的 HCL	1.5mol/L 的 HCL 240mL 洗提 Ti、Fe、Al、Ca、Mg、Mn；3mol/L 的 HCl 250mL 洗提稀土	一般地质样品
强酸 1x8(聚苯乙烯-二乙烯苯磺酸) H^+ 型 100～200 目 0.6cm×11cm	1.25mol/L 的 HCL，4%的酒石酸	1.25mol/L 的 HCL 和 4%的酒石酸(含 0.1%抗坏血酸)60mL 洗 Si、Zr、Nb、Ba、Sr、Ca、Mg、Ti、Fe、U、Pb、Bi 和其他一价、二价金属离子；1.25mol/L 的 HCl 溶液 25mL 洗 Al；3mol/L 的 HCl 溶液 45mL 洗提稀土	适用较复杂试样
国产 717，NO_3^- 型 100～160 目 1.5cm×12cm	75%甲醇，1mol/L 的 HNO_3	75%的甲醇和 1mol/L 的 HNO_3 溶液 225mL 洗钇组稀土；0.2mol/L 的 HNO_3 溶液洗铈组稀土	稀土混合液
ZerolitFF 100～200 目 1.5cm×12cm	65%甲醇，35%的 3.5mol/L 的 HNO_3	65%的甲醇和 35%的 3.5mol/L 的 HNO_3 溶液 320mL 洗 Y、Lu、Yb、Tm、Er、Ho、Dy、Tb、Gd、Eu、Sm；0.5mol/L 的 HNO_3 溶液洗提 La、Ce、Nd、Pr	稀土混合液

反相萃取色谱分离法：反相萃取色谱分离具有溶剂萃取的选择性和离子交换色谱的高效性，负载于担体上的 P_{507} 或者 PMBP 及 P_{507} 萃淋树脂用作固定相，能有效地分离稀土元素与其他元素。

（三）稀土元素间的相互分离

稀土元素相互分离的方法有分级结晶法、分级沉淀和均相沉淀法。这些方法因分离的效果不理想，手续冗长且费时，已很少用于矿石分析。目前稀土单元素的测定主要利用等离子体光谱仪、等离子体质谱仪以及X荧光光谱法进行测定，下面仅简单介绍以下分离方法。

氧化还原分离法以原子价的改变为基础，广泛用于具有变价的稀土元素（如四价铈和二价铕、钐和镱）的分离。

层析分离法包括纸色层法和柱上色谱法。在纸色层法中，展开剂的选择很重要，用于稀土元素分离的展开剂有丙酮-乙醚—硫氰酸-硝酸铵系统、丁酮—硫氰胺-硝酸铵系统、丁醇-8-羟基喹啉-乙酸-硝酸铵系统以及8-羟基喹啉-二甘醇甲醚-三氯甲烷-氯化钾系统等。

纸色层法的优点是操作简便，由于某些稀土元素在展开时存在拖尾现象，影响分离效果。近年来提出用高压直流纸上电泳法可将15种稀土元素分离，但在常规分析中尚未使用这一方法。乙醚—四氢呋喃-P_{204}-硝酸（100＋15＋1＋3.5）对所有的稀土元素均具有很好的分离效果，且在大量钍存在以及复杂矿石中镧系元素的分离中均能得到同样的效果。在上述分离系统中，采用双向薄层色谱法可以分离钼、锆、铀、钇、铕、钐、钷、钕、镨、铈、镧、钡、锶、碲等元素，且可以分别测定岩石和独居石中的稀土元素。

柱上反相分配层析法中以负载于三氟氯乙烯、硅藻土或多孔硅胶等担体上的P_{204}或P_{507}作固定相，以适当浓度的盐酸、硝酸或高氯酸溶液作流动相，可以将稀土元素分成两组、多组或将15种稀土元素相互分离。一般情况下P_{507}的分离效果优于P_{204}。以P_{507}萃淋树脂作固定相的分离效果又优于负载在一般担体上以P_{507}作固定相的分离效果。柱上色谱法分离稀土元素，目前应用最广。

离子交换法也是分离稀土元素较为有效的方法。此法利用稀土元素在交换剂上交换势的微小差别分离稀土元素，还可以利用各稀土元素所形成的配合物稳定性不同的特性来增进分离效果。常用的配位合剂有乙酸铵、EDTA、柠檬酸、磺基水杨酸、乳酸和α-羟基异丁酸等，尤以α-羟基异丁酸效果较好。

高速离子交换色谱法可以使稀土元素相互分离，还大大地缩短了分离时间。α-羟基异丁酸浓度梯度或pH梯度淋洗效果更好，可在0.5h内完成15种稀土元素的相互分离。

总之，对稀土元素间的相互分离，迄今为止各类方法均有优缺点，在实际使用中有一定局限性。

二、稀土元素的测定

稀土元素的分析可分为两大类：一是稀土元素总量的测定，其中包括稀土元素分组含量的测定；二是稀土元素分量的测定。

（一）稀土元素总量的测定

稀土元素总量的测定是根据各种稀土元素在化学性质上的相似性，目前主要采用重量法、光度法和容量法。其中，现行国家标准和行业标准均以草酸盐分离-重量法为主，个别早期的标准还有光度法存在，目前针对低含量的稀土更多的是采用等离子体光谱法和等离子体质谱法测定稀土分量并加和的手段取代光度法。

重量法有草酸盐分离-重量法和离子交换分离-重量法。草酸盐分离-重量法是用草酸沉淀稀土元素，再用氟化物沉淀分离钛、锆、铌、钽，六次甲基四胺分离钍等干扰元素，最后将稀土元素沉淀为氢氧化物，再转化为草酸盐沉淀，于850℃条件下灼烧成稀土氧化物称量。离子交换分离-重量法是利用稀土元素与其他元素在强酸性阳离子交换树脂上分配系数的差异，用不同成分的淋洗液分离出稀土元素，将稀土元素沉淀为氢氧化物，最后灼烧成稀土氧化物称量。

光度法测定稀土元素总量主要是利用PMBP-苯萃取分离或P_{507}(2-乙基己基磷酸单2-乙基已酯)萃淋树脂分离后用偶氨砷Ⅲ光度法进行测定的。使用光度法测定稀土元素总量的缺点是在标准溶液的配制上存在难度。由于稀土矿物中以铈、镧和钇为主，在不同矿物中其相互间的比例各不相同。其中，钇的相对原子质量最小，摩尔吸收系数最大。因此，用纯稀土氧化物配制标准溶液时，必须与试样中稀土元素的组分大致相同。一般情况下，试样中稀土元素的组分是未知的，因此目前多从所分析的矿区具有代表性矿石中提纯稀土氧化物配制标准溶液。尽管如此，该方法仍具有一定的实用价值。

容量法主要是EDTA滴定法，即在pH为1.8～2.2的试液中用EDTA滴定钍之后，加入过量的EDTA标准溶液，在pH等于5时，用铜盐回滴过量的EDTA，计算稀土氧化物总量。

1. 草酸盐分离-重量法

试样经碱熔分解，热水提取(含铁高的试样用$\varphi=5\%$的三乙醇胺提取)，沉淀过滤后再用盐酸溶解，在pH为1～3的微酸性溶液中，用草酸沉淀稀土元素，除钍和钙同时被沉淀以及较大量的钛、锆可能被带下外，大多数杂质可被分离。用六次甲基四胺沉淀钍。对钛、锆、铌和钽含量较高的试样，可用氟化物沉淀分离。最后将稀土沉淀成氢氧化物再转化为草酸盐，在850℃条件下灼烧成稀土氧化物称量。

草酸盐分离-重量法注意事项：草酸稀土的定量沉淀，必须严格控制酸度，并尽量避免引入碱金属离子，否则将增加草酸稀土的溶解度。特别是钇组稀土的定量沉淀，损失更为显著。氢氧化铵必须不含碳酸根，否则钙分离不完全。

2. 阳离子交换树脂分离-重量法

在盐酸溶液中稀土元素在阳离子交换树脂上的分配系数与锆、铪和钪相近，小于钍，稍大于钡，比其他元素均大很多，可以用不同浓度的HCl洗提分离，在交换和淋洗液中加入少量酒石酸可有效地除去锆、铪、铌和钽等。在2mol/L的HCl溶液中加入乙醇能有效地淋洗铁、铝、钛、铀及大部分钙等，并可防止重稀土的损失。用3mol/L的HCl-(1+4)乙醇洗提稀土元素，并用氢氧化铵沉淀稀土元素，与残留的钙和钡分离，最后灼烧为稀土氧化物称量。

阳离子交换树脂分离-重量法注意事项：如试样中含有锶、钡较高，可在用盐酸溶解沉淀的溶液中，加入氢氧化铵沉淀稀土元素，并加入过量10%氢氧化铵，来分离锶、钡。氢氧化物沉淀再用热(1+1)HCl溶解，然后蒸干除硅。若要测定钍，可在淋洗稀土后用2.8mol/L的

H_2SO_4溶液淋洗。

3. PMBP-苯萃取分离-偶氮胂Ⅲ光度法

在 pH 为 2.4～2.8 的缓冲溶液中，偶氮胂Ⅲ与稀土元素生成蓝绿色配合物，可用作光度法测定。铁、钍、铀、锆、铪、钙、铅、铜、铋、钨和钼等元素会干扰测定，必须预先分离、除去。

试样经碱熔，用三乙醇胺提取，滤去硅、铝、铁、钨和钼等杂质。沉淀用盐酸溶解，在 pH 为 5.5 的乙酸-乙酸钠缓冲溶液中，PMBP 与稀土金属离子生成的配合物被苯所萃取。同时被萃取的还有钍、铀、钪、铋、铁(Ⅲ)、铌、钽、铅、铝和少量钙、锶、钡、锰，以及部分钛、锆的水解物(调节 pH 前加入磺基水杨酸可掩蔽钛、锆)。

PMBP-苯萃取分离-偶氮胂Ⅲ光度法注意事项：稀土元素在矿物中一般以铈、镧和钇为主。在不同的矿物中，相互间的比例也各不相同。由于钇的相对原子质量最小，故其摩尔吸光系数最大。因此，配制混合稀土标准溶液时，必须与被测试液中稀土元素的组分，特别是铈和钇的比例大致相似。目前，稀土氧化物标准大多是选择所分析的矿区中具有代表性的矿石，从矿石中提取纯稀土氧化物而配制。

4. 阳离子交换树脂分离-偶氮胂Ⅲ光度法

在 1～2mol/L 的 HCl 溶液中稀土元素在强酸性阳离子交换树脂上的分配系数很大，但随稀土元素的原子序数增加而减小，铈组稀土元素的分配系数大于钇组稀土元素。在 0.5～1.0mol/L的 HCl 溶液中稀土元素、锆和钍被阳离子交换树脂强烈吸附，钛、U^{6+}、Fe^{2+}、锰、镁、Fe^{3+}、钙及铝等也部分或全部被吸附。因此，可用 1.25mol/L 的 HCl 溶液将上述元素淋洗下来，而稀土元素、锆和钍仍留在柱上。

在 H_2SO_4溶液中，锆的分配系数变得很小，而稀土元素的分配系数反而增大。因此试样中含微量锆时，可在(1＋99)H_2SO_4或(2＋98)H_2SO_4中进行交换，以除去锆，而钍仍留在柱上。或在 1.25mol/L 的 HCl 溶液淋洗后，继续用 0.36mol/L 的 H_2SO_4溶液洗除锆，最后用 3mol/L 的 HCl 溶液淋洗稀土元素，用偶氮胂Ⅲ光度法进行测定。

5. 阴离子交换树脂分离-偶氮胂Ⅲ光度法

稀土离子在硝酸-脂肪醇(甲醇、乙醇、丙醇、丁醇及异戊醇等)介质中，形成稳定的配阴离子，强烈地吸附在阴离子交换树脂上，吸附能力随脂肪醇浓度和硝酸浓度增加而增大。用甲醇和 3.4mol/L 的 HNO_3溶液作为交换介质和淋洗液，可将钇组元素和钐洗出，与铈组元素分离。用 0.21mol/L 的 HNO_3溶液淋洗铈组的镧、铈、镨、钕元素。铁、铝、钛和镁等随钇组元素洗出，钍、铅和铋随铈组元素洗出。如先用丙酮加上 1.5mol/L 的 HNO_3溶液洗出铈组元素，后用 0.2mol/L 的 HNO_3(钍量高时用 1mol/L 的 HNO_3)溶液洗出钍，可使铈组稀土与钍分离。

6. P_{507}萃淋树脂分离-偶氮胂Ⅲ光度法

在硝酸和盐酸介质中，P_{507}可以萃取稀土元素，相邻稀土元素之间的平均分离因数较大，轻重稀土之间萃取行为差异较显著，有利于萃取色谱分组分离。用 pH 为 2.4 的溶液流过 P_{507} 萃淋树脂柱，全部稀土元素负载于 P_{507} 萃取树脂上。先用 pH 为 2.5 的 50g/L 的 NH_4Cl 加上 10g/L 的抗坏血酸加上 20g/L 的磺基水杨酸溶液淋洗除去杂质元素，再用 0.12mol/L 的 HCl 加 1mol/L 的 NH_4Cl 溶液淋洗铈组稀土元素，然后用 4mol/L 的 HCl 溶液淋洗钇组稀土元素。也可以相继用 0.2mol/L 的 HCl 溶液淋洗镧、铈、镨、钕，0.4mol/L 的 HCl 溶液淋洗钐、铕、钆，0.6mo/L 的 HCI 溶液淋洗铽、镝、钬、铒，0.8mol/L 的 HCl 溶液淋洗铥、镱、镥。由于平衡速度快，淋洗曲线形状良好，淋洗体积小。洗提流出液经过处理后，可以用偶氮氨磷-mN 光度法和偶氮胂Ⅲ光度法分别测定铈组元素和钇组元素。

（二）稀土元素分量的测定

随着电感耦合等离子体发射光谱仪和电感耦合等离子体质谱仪等大型仪器的推出，相继报道了许多利用上述仪器测定单一稀土元素含量的方法。在现有的国家标准和行业标准测定方法中，电感耦合等离子体发射光谱法和电感耦合等离子体质谱法已占据了绝大多数，除了极个别的（如铈测定等）还保留有化学法，其余皆采用电感耦合等离子体发射光谱法和电感耦合等离子体质谱法。电感耦合等离子体质谱法具有灵敏度高、背景低、干扰相对较少的优点，分析的准确度和精密度均优于其他分析方法，对单一稀土元素的测定更显示其优越性。

1. 硫酸亚铁铵容量法测定铈

该方法是少有针对单一稀土元素铈测定化学分析标准方法，该方法测定手续简单，结果稳定，测定范围广，目前仍广泛用于稀土样品中铈的测定。如《氯化稀土、碳酸轻稀土化学分析方法第 1 部分：氧化铈量的测定和硫酸亚铁铵滴定法》（GB/T 16484.1—2009）。

试样用盐酸溶解，在磷酸介质中，高氯酸冒烟将三价铈氧化为四价铈。稀硫酸介质中在尿素存在的条件下用亚砷酸钠-亚硝酸钠溶液还原高价锰，以苯代邻氨基苯甲酸为指示剂，用硫酸亚铁按标准滴定溶液进行滴定，其反应如下。

$$2Ce(SO_4)_2+2(NH_4)_2Fe(SO_4)_2 \rightarrow Ce_2(SO_4)_3+Fe_2(SO_4)_3+2(NH_4)_2SO_4$$

硫酸亚铁铵容量法测定铈注意事项：酸度对铈（Ⅲ）的氧化有影响，一般保证 $\varphi(H_2SO_4)$ 在 4%～7%范围内为宜。酸度过低则生成碱式硫酸铈，酸度过大则过硫酸铵水解产生过氧化氢使结果偏低。MnO^{4-} 对测定有干扰，如氧化后溶液呈紫色，应滴加亚砷酸钠-亚硝酸钠溶液至紫色消褪，再过量 5 滴，不可过多，否则使滴定结果不稳定或结果偏低。锰大于 2mg 时必须分离。测定小于 0.1%的铈，应用 0.001 5mol/L 硫酸亚铁铵标准溶液滴定。

2. 电感耦合等离子体发射光谱法测定 15 种稀土元素

碱熔-离子交换-电感耦合等离子体原子发射光谱法测定 15 种稀土元素：试样用过氧化钠熔融分解，水提取，加三乙醇胺和 EGTA 掩蔽和过滤。沉淀溶于 2mol/L 的盐酸，经阳离子交换树脂分离富集，用 3.5mol/L 的盐酸洗提。洗提液蒸发定容后，在规定的波长处，用电感耦合等离子体发射光谱仪测量试样溶液中待测元素特征光谱的强度，并校正基体的影响，计算试样中稀土元素量。本方法适用于地质试样中低含量稀土元素的测定。

复合酸溶-电感耦合等离子体光谱法测定15种稀土元素：试样用氢氟酸、硝酸和硫酸分解并赶尽硫酸，用王水溶解，(3＋97)HNO_3稀释后，在等离子体光谱仪上测定稀土元素。该方法利用硫酸的高沸点破坏稀土氟化物，避免了常规四酸溶样稀土元素偏低的问题。适用于水系沉积物、土壤和岩石试样中15种稀土元素含量的测定。

封闭酸溶-电感耦合等离子体光谱法测定15种稀土元素：试样用氢氟酸-硝酸溶解，保存在封闭溶样器中，在高温高压条件下溶解并蒸干，用硝酸复溶，定容摇匀后形成待测溶液。该方法分解完全，引入杂质基体少，是目前优选的分解方法，仪器参考条件及注意事项见表5-3和表5-4。

表5-3 ICP-AES的工作参数(以Jarrell-Ash1160型ICP-AES为例)

项目	参数	项目	参数
RF功率	1000W	冷却气流量	17.0L/min
观察高度	17mm	载气压力	0.2MPa
曝光时间	10s	溶液提升量	2mL/min

表5-4 稀土元素分析谱线、仪器检出限及方法测定限表

元素	分析谱线/mm	仪器检出限(3s)	方法测定限(10s)
		$\mu g \cdot mL^{-1}$	$\mu g \cdot g^{-1}$
La	379.477	0.002	0.06
Ce	418.659	0.027	1.00
Pr	410.075	0.014	0.50
Nd	386.341	0.010	0.30
Sm	442.343	0.010	0.30
Eu	390.711	0.001 7	0.05
Gd	364.190	0.007	0.20
Tb	350.917	0.003	0.10
Dy	353.171	0.001 2	0.04
Ho	345.600	0.001 3	0.04
Er	390.631	0.009	0.30
Tm	313.126	0.001 9	0.06
Yb	328.937	0.000 4	0.013
Lu	21.542	0.001	0.03
Y	371.030	0.000 6	0.02

3. 电感耦合等离子体发射质谱法测定 15 种稀土元素

复合酸溶-电感耦合等离子体质谱法测定 15 种稀土元素：试样用氢氟酸、硝酸和硫酸分解并赶尽硫酸，用王水溶解，(3＋97)HNO_3稀释后，在等离子体光谱仪上测定。该方法利用硫酸的高沸点破坏稀土氟化物，避免了常规四酸溶样稀土元素偏低的问题。适用于水系沉积物、土壤和岩石试样中 15 种稀土元素含量的测定。

封闭酸溶-电感耦合等离子体质谱法测定 15 种稀土元素：试样用氢氟酸-硝酸溶解，保存在封闭溶样器中，在高温高压条件下溶解并蒸干，用硝酸复溶，定容摇匀后形成待测溶液。该方法分解完全，引入杂质基体少，是目前优选的分解方法。

碱熔沉淀分离-电感耦合等离子体质谱法测定稀土元素：采用偏硼酸锂熔融分解试样，提取液在强碱性下沉淀，过滤分离掉大量溶剂，沉淀用酸复溶后可采用 ICP-MS 测定 15 种稀土元素含量。

1)仪器参考条件及注意事项

电感耦合等离子体质谱仪。

试剂：盐酸，硝酸，氢氟酸，硫酸。

王水：盐酸与硝酸按(3＋1)比例混合，摇匀，用时配制。

稀土元素组合标准储备溶液 $\rho(REE)=20.0\mu g/mL$，介质 $\varphi(HNO_3)=20\%$，由单元素储备溶液组合稀释配制。

仪器校准工作溶液 $\rho(REE)=20.0ng/mL$，用(5＋95)HNO_3将稀土元素组合标准储备溶液(20.0μg/mL)稀释配制。

铼内标溶液 $\rho(Re)=20.0ng/mL$。

2)分析步骤

试样分解：称取 0.1g(精确至 0.000 1g)试样，置于 50mL 聚四氟乙烯烧杯中，用几滴水润湿，加入 2mL 的 HNO_3、5mL 的 HF 和 1mL 的 H_2SO_4，将聚四氟乙烯烧杯置于电热板上蒸发至硫酸冒烟尽。趁热加入 5mL 王水，在电热板上加热至溶液体积剩余约 1mL，用约 10mL 的去离子水冲洗杯壁，微热 5～10min 至溶液清亮，取下冷却。将溶液转入 10mL 比色管中，用水稀释至刻度，摇匀，澄清。

移取 1.0mL 清液于 10mL 比色管中，用(3＋97)HNO_3稀释至刻度，摇匀，准备上机测定。以 TJA ExCell 型 ICP-MS 为例的仪器工作参数见表 5-5。

点燃等离子体后稳定 15min 后，用仪器调试溶液进行最佳化，要求仪器灵敏度达到计数率大于 $2\times10^4s^{-1}$。同时以 CeO/Ce 为代表的氧化物产率小于 2%，以 Ce^{2+}/Ce 为代表的双电荷离子产率小于 5%，测定选用的同位素及其测定范围见表 5-6。

测定下限按 10s 计算，稀释倍数为 1000。

以高纯水为空白，用 $\rho(B)=20.0ng/mL$ 组合标准工作溶液对仪器进行校准，然后测定试样溶液。在测定的全过程中，通过三通在线引入内标溶液。

表 5-5 TJA ExCell 型 ICP-MS 仪器工作参数表

名称	工作参数	数据类型	获取参数
ICP 功率	1350W	模式	跳峰
冷却气流量	15.0L/min	点数/质量峰	3
辅助气流量	0.7L/min	停留时间	10ms/点
雾化气流量	1.0L/min	扫描次数/样品	40
取样气流量	1.0mm	总测量时间	—60s
截取锥孔径	0.7mm		

表 5-6 选用同位素及测定限(10s)

测定同位素	测定限/$\mu g \cdot g^{-1}$	测定同位素	测定限/$\mu g \cdot g^{-1}$	测定同位素	测定限/$\mu g \cdot g^{-1}$
^{89}Y	0.005	^{147}Sm	0.005	$^{165}H0$	0.002
^{139}La	0.050	^{153}Eu	0.005	^{166}Er	0.002
^{140}Ce	0.050	^{157}Gd	0.005	^{169}Tm	0.002
^{141}Pr	0.050	^{159}Tb	0.002	^{172}Yb	0.005
^{146}Nd	0.050	^{163}Dy	0.005	^{175}Lu	0.002

仪器计算机根据标准溶液中各元素的已知浓度和测量信号强度建立各元素的校准曲线公式，根据未知试样溶液中各元素的信号强度，预先输入的试样称取量和制得试样溶液体积，给出各元素在原试样中的质量分数。

4. 熔珠粉末压薄片-波长色散 X 射线荧光光谱法测定稀土元素

熔珠粉末压薄片-波长色散 X 射线荧光光谱法测定稀土元素：试样经四硼酸锂熔融后，粉碎压成薄片，以透空照射法，直接测定 15 种稀土元素的含量。本方法消除基体效果好，制样精度高，测定含量范围宽。

仪器：波长色散 X 射线荧光光谱仪。

试剂和材料：四硼酸锂-氟化锂。将熔融试剂四硼酸锂和助熔剂氟化锂，按(40＋1)的比例混合磨匀，装瓶备用。E 素酒精保护黏结剂。

校准标准系列采用高纯稀土氧化物(850℃灼烧 2h)，按表 5-7 的组合配比。轻、重稀土通常配分混合研磨而成，在同一组中的稀土元素不存在谱线相互干扰，为准确求取稀土元素之间的谱线干扰系数创造了条件，减少标准试样的数量(表 5-7)。

分析步骤：称取 0.05g(精确至 0.000 1g)试样和 200mg 混合熔剂，置于小铂金坩埚中，于熔样机上熔融至透明状态(约 1min)并冷却，倒入粉碎模具中压片。加入 100mg 纤维素和 3mg E 素酒精保护黏结剂，在玛瑙乳钵中研磨至干，转入压样模具中，在 98×10^3 N 的压力下，形成直径 27mm、厚约 0.3mm 的光洁样片，按表 5-8 所列分析条件进行 XRF 测定。

表 5-7　标准试样组合

组别	成分				
一组	CeO_2	Tb_4O_7	Dy_2O_3	Ho_2O_3	Y_2O_3
二组	Nd_2O_3	Pr_2O_3	Er_2O_3	Tm_2O_3	Yb_2O_3
三组	La_2O_3	Sm_2O_3	Eu_2O_3	Lu_2O_3	Gd_2O_3

表 5-8　XRF 测定分析条件与检出限数据表

元素	线系	晶体	计数器	PHA	光栏	干扰元素	检出限/%
La_2O_3	$L\alpha_1$ I	LiF200	PC	70～250	粗		0.007 9
C_eO_2	$L\alpha_1$ I	LiF200	PC	70～250	粗		0.006 4
Pr_2O_3	$L\beta_1$ I	LiF220	SC	70～350	粗		0.007 3
Nd_2O_3	$L\beta_1$ I	LiF220	SC	70～350	粗	Dy、La	0.006 2
Sm_2O_3	$L\beta_1$ I	LiF220	SC	70～350	粗	Td、Er	0.008 3
Eu_2O_3	$L\alpha_1$ I	LiF220	SC	70～350	粗	Pr、Nd	0.007 9
Gd_2O_3	$L\alpha_1$ I	LiF220	SC	70～350	粗	Nd、Ce	0.006 7
Tb_4O_7	$L\alpha_1$ I	LiF220	SC	70～350	粗	Pr、Sm	0.006 4
Tm_2O_3	$L\alpha_1$ I	LiF220	SC	70～350	粗	Dy、Sm	0.007 4
Dy_2O_3	$L\beta_1$ I	LiF220	SC	70～350	粗	Tm、Sm	0.007 4
Yb_2O_3	$L\alpha_1$ I	LiF220	SC	70～350	粗	Y	0.008 3
Ho_2O_3	$L\alpha_1$ I	LiF220	SC	70～350	粗	Gd	0.006 9
Lu_2O_3	$L\alpha_1$ I	LiF220	SC	70～350	粗	Dy、Ho	0.008 2
Er_2O_3	$L\alpha_1$ I	LiF220	SC	70～350	粗	Tb	0.007 5
Y_2O_3	$K\alpha_1$ I	LiF220	SC	70～350	粗		0.001 4

在选定的测定条件中，各元素均选了（除 La、Ce 外）LiF220 晶体和闪耀计数器。LiF220 晶体的分辨率好于 IiF200 晶体，而闪耀计数器比流气正比计数器性能稳定。从实验结果来看，虽然流气正比计数器比闪耀计数器的计数率要高 6 倍，但从峰背比值来看，闪耀计数器由于背景低，故其峰背比要高 70%。又由于流气正比计数器通常受气体流量的稳定性、压力、纯度和温度的影响，其稳定性不如闪耀计数器。

本方法采用低倍数稀释熔融后压制的薄样和透空照射法，背景强度趋近一致，且背景强度小，所以本方法对所有分析元素均采用了元素背景测量，避免了背景干扰对分析结果的影响，从而提高了测试速度。

用 Lucas-Tooth-Pyne 强度型数学校正方程，对元素之间的谱线重叠影响和基体效应进行校正。

$$w_i = aI_i^2 + bI_j^2 + c + \sum_j \alpha_{ij} I_i + \sum_j \sum_k \beta_{jk} I_j I_k$$

式中，w_i 为元素 i 的真实含量；a、b、c 为校准曲线常数；I_i、I_j、I_k 为元素 i、j、k 的测定强度；α_{ij}、β_{jk} 为元素 j 对元素 i、元素 k 对元素 j 的影响系数。

通过测定校准标准求出公式中各项系数。将未知试样的测定强度代入公式，得到各元素实际含量 w_i。

熔珠粉末压薄片-波长色散 X 射线荧光光谱法测定稀土元素注意事项：①本方法制样结合了熔融法与薄样法的优点，消除基体效应好，稀释倍数小，背景强度低，可不测量背景；②在制样中使用了 E 素酒精保护黏结剂，试样在粉碎研磨中不迸溅、不损失；③试剂无毒，易挥发，定量加入可方便地掌握磨样时间，能较好地控制颗粒度效应，制样精度好，成功率高。

三、稀土物相分析方法

稀土物相分析方法目前并无相关的国家标准分析方法，但是稀土的物相分析在矿石利用方面有重要的指导意义，是矿物开发利用时需要考虑的重要因素。由于稀土矿石种类繁多，物相分析的手段也各不相同，本书在此介绍几种常见的物相分析方法以供参考。

稀土在岩浆岩及伟晶岩中以硅酸盐和氧化物为主，在热液矿床及风化壳中以氟碳酸盐和磷酸盐为主。富含钇的矿物几乎都存在于花岗岩类的矿床及其有关的伟晶岩、气成-热液及热液矿床中。在热液矿床中，稀土元素矿物常与硫化物共生，但稀土元素不形成硫化物。

独居石是最典型的稀土矿物，其他较重要的稀土矿物有磷钇矿、褐帘石、氟碳钙铈矿、褐钇钽矿、硅铍钇矿和易解石等。独居石、氟碳铈矿、褐帘石和易解石是提取铈族稀土金属的主要原料，磷钇矿、黑稀金矿、复稀金矿、褐钇铌矿等是提取钇族稀土金属的主要原料。

(一)稀土氟碳酸盐矿物与独居石的分离和测定

矿床中主要的稀土矿物为氟碳酸盐稀土(氯碳铈矿、氟碳钙铈矿)和独居石。此外还有少量的稀土复杂氧化物(易解石、黄绿石等)。

1. 方法概述

稀土氟碳酸盐矿物的分离：氟碳铈矿和氟碳钙铈矿溶于 HCl，而独居石难溶于 HCl。但是某些矿床中稀土矿物呈浸染散点状填充在脉石矿物中，有的甚至进入矿物的晶粒中，这样被其他矿物所包裹的稀土氟碳酸盐矿物不易以单体分离出来，用酸浸取时，稀土氟碳酸盐矿物不能完全被浸取。在这种情况下，浸取前宜将试样进行 800℃焙烧，氟碳酸盐稀土发生分解逸出 CO_2 气体，使包裹体产生裂隙或变得疏松，易于被酸浸取。氟碳钙铈矿的差热曲线表明，510℃焙烧可使氟碳酸盐稀土分解，若矿样中的似晶化易解石类矿物较多，为了降低这类矿物的浸取率，以 800℃焙烧为宜。由于焙烧过程中，稀土中铈氧化成四价，较难溶解于 HCl，因此浸取剂中应加入少量 H_2O_2 还原 Ce^{4+}，以便浸取。在浸取条件下，独居石仅溶解 0.5%左右。若试样中有萤石存在，易在 HCl 中溶解生成 HF，但在特定条件下，不会生成稀土氟化物沉淀。用 8%～12%浓度的 HNO_3 或 10%浓度的 H_2SO_4，同样可以浸取分离稀土氟碳酸盐与独居石。若试样中有极少量的稀土碳酸盐，则先用 100g/L 柠檬酸溶液室温浸取。

独居石的分离：H_2SO_4和$HClO_4$对独居石溶解能力较强，但易解石类矿物仅在H_2SO_4中溶解，所以选用$HClO_4$溶解分离独居石效果较好。某些似晶化的易解石类矿物浸取率也较高，焙烧后由于矿物的重结晶，浸取率显著降低。

2. 分析步骤

稀土氟碳酸盐矿物的测定：试样放入长方形瓷皿中，于800℃焙烧1h。冷却后将试样刷入锥形瓶中，加入100mL12.5%的HCl溶液（含5mL3%的H_2O_2），在沸水浴上浸取1h，过滤于塑料烧杯中，先用热的2%的HCl洗涤，再以热水洗涤，于滤液中测定稀土。

独居石的测定：将上述残渣置于瓷坩埚中，灰化后，将残渣刷入烧杯中，加15mL的$HClO_4$，加热微沸20min。冷却后加40mL水稀释，温热过滤，先用热的2%的HCl洗涤，后用热水洗涤，于滤液中测定稀土。

易解石和黄绿石的测定：将最后的残渣置于刚玉坩埚中，灰化后，加7～15g的Na_2O_3，于700℃熔融，用稀HCl浸取，于溶液中测定稀土。

（二）褐钇铌矿、独居石与磷钇矿的分离和测定

独居石和磷钇矿同属于稀土磷酸盐矿物，褐钇铌矿是稀土正铌钽酸盐矿物。这3种矿物的分离流程如图5-21所示。

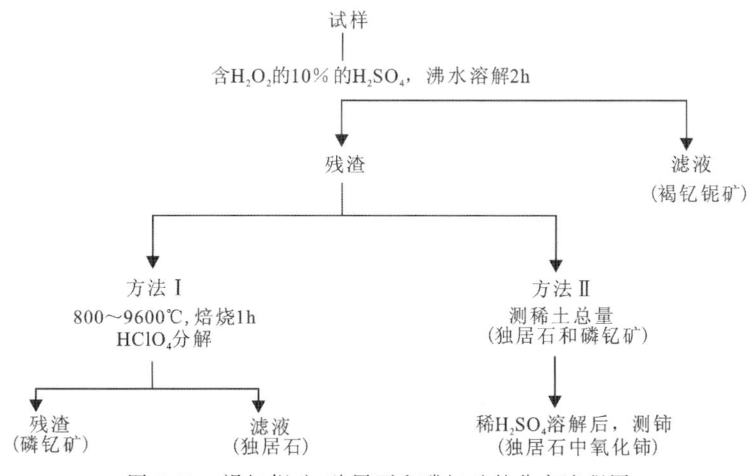

图5-21　褐钇铌矿、独居石和磷钇矿的分离流程图

1. 方法概述

褐钇铌矿的分离：褐钇铌矿在室温时难溶解于无机酸。铌酸盐与H_2O_2作用，生成稳定的可溶性过铌酸和过钽酸，因此可用H_2SO_4-H_2O_2溶液浸取褐钇铌矿，通常在沸水浴上浸取2h，钽铌酸的浸取率达97%以上，而独居石和磷钇矿的浸取率分别为2.0%和1.5%。

独居石与磷钇矿的分离：独居石和磷钇矿虽同为稀土磷酸盐矿物，但晶体构造不同，独居石为单斜晶系，磷钇矿是正方晶系。正方晶系的化学稳定性比斜方晶系强，所以将$HClO_4$加

热冒烟浸取 10～20min 时，独居石浸取率可达 98%以上，而磷钇矿只有 10%。若磷钇矿在 900℃条件下焙烧 1h，则在 $HClO_4$ 中的浸取率降至 3%。

独居石和磷钇矿还可以通过测铈换算法计算各自的含量。由于独居石是铈族稀土磷酸盐，含铈很高，而磷钇是钇族稀土磷酸盐，含铈很低，有的甚至不含铈。因此，在用 H_2SO_4-H_2O_2 分离褐钇铌矿后，测定残渣中总稀土和铈，再根据独居石和磷钇矿纯矿物中稀土和铈的比例，计算试样中独居石和磷钇矿的含量，换算法的计算式如下。

$$\omega = f_1[\omega(CeO_2) - \omega_y f_2] \tag{5-1}$$

$$\omega_y = \omega(REO) - \omega \tag{5-2}$$

将公式(5-1)代入公式(5-2)，整理得

$$\omega_x = \frac{f_1[\omega(CeO_2) - \omega_y f_2]}{1 - f_1 f_2} \tag{5-3}$$

式中，ω 为试样中独居石的稀土氧化物的含量；ω_y 为试样中磷钇矿的稀土氧化物的含量；f_1 为独居石纯矿物中稀土氧化物和氧化铈中的含量的比值；f_2 为磷钇矿纯矿物中氧化铈和稀土氧化物的含量的比值；$\omega(CeO_2)$ 为总稀土氧化物中氧化铈的含量；$\omega(REO)$ 为残渣中测得的总稀土氧化物的含量。

f_1 和 f_2 虽然在矿床不同部位有变化，但在同一选矿产品中是稳定不变的。只要测出残渣中总稀土和铈的含量，就可求出独居石和磷钇矿的含量。

2. 分析步骤

褐钇铌矿的测定：称取试样置于锥形瓶中，加入 100mL10%的 H_2SO_4 溶液(含 50mL 的 H_2O_2)，在沸水浴上浸取 2h，过滤，用含有少量 H_2O_2 温热的 H_2SO_4 溶液(2%)洗涤，再用热水洗涤，于滤液中测定稀土。

独居石和磷钇矿的测定：按图 5-21 中方法将上述残渣置于瓷坩埚中，灰化后，移入已升温至 900℃的高温炉中焙烧 1h。冷却后，将残渣刷入烧杯中，加 15～20mL 的 $HClO_4$，加热 15～20min。冷却后用水稀释至 50mL 并过滤，HCl 酸化的热水洗涤，于滤液中测定稀土，即为独居石中稀土含量。将最后的残渣置于刚玉坩埚中，灰化后，加 5～7mL 的 $NaCO_3$，800℃熔融分解，于溶液中测定稀土含量。

按图 5-21 中的方法，在浸取褐钇铌矿后的残渣中，用 Na_2CO_3 熔融，测定稀土总含量 $\omega(REO)$，然后将总稀土氧化物处理成 H_2SO_4 溶液，用滴定法测定氧化铈 $\omega(CeO_2)$，根据已知的 f_1 和 f_2 值，按公式(5-2)和公式(5-3)计算独居石和磷钇矿中稀土含量。

(三)氟碳钇钙矿、硅铍钇矿、磷钇矿与石榴子石的分离和测定

1. 方法概述

氟碳钇钙矿、硅铍钇矿、磷钇矿是一种以钇族稀土矿物为主的稀土矿床，其矿物的分离流程如图 5-22 所示。

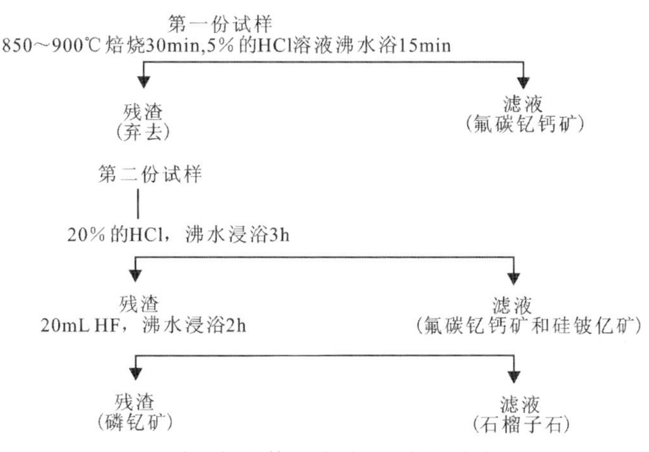

图 5-22　碳钇钙矿等 4 种稀土矿物的分离流程图

氟碳钇钙矿的分离：在所需分离的 4 种矿物中，氟碳钇钙矿的化学稳定性最差，极易溶于各种酸中，在 5%的 HCl 溶液中浸取完全。但由于似晶化作用，矿床中硅铍钇矿在 5%的 HCl 溶液中浸取率高达 50%以上。硅铍钇矿经 900℃焙烧化学稳定性大大增加，在 5%的 HCl 溶液中浸取率仅为 3%左右。焙烧破坏了氟碳钇钙矿的结构，但不影响它的浸取率。磷钇矿和石榴子石几乎不溶于 5%的 HCl 溶液中。

硅铍钇矿的分离：焙烧后的硅铍钇矿重结晶，化学稳定性增强，难以同磷钇矿和石榴子石分离，所以在未经焙烧的试样中用 20%的 HCl 溶液浸取钇氟碳钙矿和硅铍钇矿。磷钇矿浸取率 3%左右，石榴子石不溶。

石榴子石的分离：石榴子石等硅酸盐矿物溶于 HF，而磷钇矿在 HF 中的浸取率仅为 1%。

2. 分析步骤

氟碳钇矿的测定：称取试样置于瓷坩埚中，在 850～900℃条件下焙烧 30min。冷却后转入烧杯中，加 150mL 5%的 HCl 溶液，于沸水上浸取 15min，每 2min 搅拌一次，趁热过滤，用 1%的 HCl 溶液洗涤，滤液中测定稀土。

硅铍钇矿的测定：称取试样置于烧杯中，加入 200mL20%的 HCl 溶液，于沸水浴上浸取 3h，稍冷后过滤，用 1%的 HCl 溶液洗涤。滤液中稀土含量为硅铍钇矿和氟碳钇钙矿中稀土总量，减去氟碳钇钙矿中稀土含量，即为硅铍钇矿中稀土含量。

石榴子石的测定：将上述浸取硅铍钇矿和氟碳钇钙矿后的残渣转入塑料烧杯中，加 20mL HF，于沸水浴上浸取，蒸至近干(2～3h)。为络合氟和防止稀土氟化物沉淀，加入 10mL 含 0.5g AlCl 的 10%的 HCl 热溶液，在沸水浴上继续浸取 30min。过滤，用含少量 $AlCl_3$ 的 2%的 HCl 溶液洗涤，再用热水洗涤，测定滤液中稀土。

磷钇矿的测定：将最后的残渣置于刚玉坩埚中，灰化后，加 5～7g 无水 Na_2CO_3，在 800℃熔融分解，10% HCl 浸取，测定溶液中稀土。

（四）稀土矿中离子吸附型稀土的测定

在炎热潮湿、植物繁茂及有机质来源丰富的条件下，花岗岩极易风化，稀土元素可从矿物中解脱出来。在含稀土的弱酸性溶液下透过程中，pH 逐渐升高，表层的一部分黏土对稀土元素的离子发生吸附作用，造成稀土元素在风化壳的中上部富集，稀土含量达到可利用品位。中国贵州、湖南、福建和江西等地均有离子吸附型稀土矿。

H_2SO_4、NaCl、NH_4Cl、Na_2CO_3、$(NH_4)_2SO_4$、酒石酸钠等电解质均能使吸附型稀土离子呈化合物或络合物形式转入溶液。目前工艺上大多采用$(NH_4)_2SO_4$溶液浸取稀土，所以测定离子型稀土含量时也采用$(NH_4)_2SO_4$作为选择浸取剂。由于不同地区的离子型稀土吸附性质不一样，所以浸取率也不完全相同，一般通过二次浸取，离子型稀土浸取率可达 98%以上。

离子吸附型稀土的测定：称取 0.500 0～1.000g 试样置于锥形瓶中，加 100mL 已用氨水调至 pH 为 5 的 30g/L 的$(NH_4)_2SO_4$溶液，室温振荡 1h 并过滤。用 10g/L 的$(NH_4)_2SO_4$溶液洗涤，尽量不使残渣洗入滤纸上。残渣再用 50mL 浸取液浸取 1h 并过滤，用 10g/L 的$(NH_4)_2SO_4$溶液洗涤 5～7 次，再水洗 3 次。两次滤液合并于 250mL 容量瓶中，以水定容。吸取 5～10mL 溶液，用光度法测定稀土，即为离子吸附型稀土的含量。另称取试样测定稀土总量，减去离子吸附型稀土的稀土含量，即为稀土矿物中的稀土含量。

主要参考文献

B MERKER,李云龙,1993. 越南都巴奥强风化型稀土矿分选工艺[J]. 国外金属矿选矿(5):23-27.

曹佳宏,1992. 白云鄂博铁矿主东矿体中贫氧化矿选矿工艺矿物学研究[J]. 矿冶工程,12(1):40-44.

常海宾,2021. 湖南省地下热水水文地球化学特征分析[D]. 湘潭:湖南科技大学.

车丽萍,余永富,庞金兴,等,2004. 羟肟酸类捕收剂在稀土矿物浮选中的应用及发展[J]. 稀土,25(3):49-54.

陈彪,贾晓琪,魏威等,2022. 内蒙古白云鄂博矿床年代学特征及其地质意义[J]. 地质科技通报 43(1):63-73.

陈福林,王传松,巨星,等,2017. 四川稀土矿开发利用现状[J]. 现代矿业,2:102-105.

陈国建,2014. 福建南平花岗伟晶岩型钽铌矿床地质特征与成因[J]. 地质通报, 33(10):1550-1561.

陈吉艳,杨瑞东,张杰,2010. 贵州织金含稀土磷矿床稀土元素赋存状态研究[J]. 矿物学报,30(1):123-129.

陈金良,2009. 福建省龙岩市离子吸附型稀土资源调查及远景资源量预测报告[R]. 福州:福建省地质调查研究院.

陈金勇,范洪海,王生云,等,2019a. 内蒙古巴尔哲地区碱性花岗岩地球化学特征、年代学及地质意义[J]. 地质论评,65(S1):45-46.

陈金勇,范洪海,王生云,等,2019b. 内蒙古扎鲁特旗巴尔哲超大型矿床控矿因素分析[J]. 地质力学学报,25(1):27-35.

陈俊锋,李瑞,刘敬,等,2011. 广东省稀土矿资源利用现状调查成果汇总报告[R]. 广州:广东省地质调查院.

陈满志,付勇,夏勇,等,2019. 中国磷块岩型稀土矿资源前景分析[J]. 矿物学报,39(4):345-358.

陈其英,1995. 磷块岩形成过程中的生物作用[J]. 地质科学(2):153-158.

陈蕤,周剑飞,葛枝华,等,2019. 黔西威宁地区玄武岩风化壳稀土赋存状态与浸出实验[J]. 矿物学报,39(4):380-388.

陈为光,2011. 江西省稀土矿资源利用现状调查成果汇总报告[R]. 赣州:江西省地质矿产勘查开发局赣南地质调查大队.

陈秀法,张振芳,王靓靓,等,2013. 全球稀土资源供需及资源潜力分析[J]. 中国矿业,22(12):1-5.

池汝安, 王淀佐, 1996. 稀土选矿与提取技术[M]. 北京:科学出版社.

崔文鹏,2014. 织金磷矿中伴生稀土的提取研究[J]. 稀土,36(4):42-46.

代世峰,任德贻,李生盛,2003. 华北若干晚古生代煤中稀土元素的赋存特征[J]. 地球学报, 24(3), 273-278.

邓丽红,1997. 磷钇矿选矿特性的研究矿[J]. 矿产保护与利用(3):12-14.

邓淼,韦春婉,许成,2022. 白云鄂博超大型稀土矿床成因评述[J]. 地学前缘,29(1):14-28.

丁聪,2015. 福建东南沿海泉州地区晚中生代岩浆岩年代学与地球化学[D]. 北京:中国地质大学(北京).

董海雨,2019. 广西北山铅锌矿床的成矿构造类型与成因探讨[D]. 桂林:桂林理工大学.

范国强,秦宇龙,詹涵钰,等,2022. 四川攀西地区稀土资源成矿规律及找矿靶区[J]. 中国地质调查,9(1):23-31.

范宏瑞,牛贺才,李晓春,等,2020. 中国内生稀土矿床类型、成矿规律与资源展望[J]. 科学通报,65(33):3778-3793.

冯婕, 吕大伟,1999. 微山稀土矿原生矿选矿试验研究[J]. 稀土(3):5-8.

冯玺平,2020. 山东省微山稀土矿床地质特征与成矿预测[D]. 北京:中国地质大学(北京).

付伟,赵芹,罗鹏,2022. 中国南方离子吸附型稀土矿床成矿类型及其母岩控矿因素探讨[J]. 地质学报,96(11):1-25.

傅太宇,李葆华,董晓燕,2015. 我国稀土矿床分布、分类及特征分析[J]. 河南科技(14):124-126.

葛枝华,2018. 威宁地区玄武岩风化壳中稀土迁移富集机制研究[D]. 贵阳:贵州大学.

何海洲,2010. 广西壮族自治区稀土矿资源利用现状调查成果汇总报告[R]. 南宁:广西壮族自治区地质勘查总院.

侯林,彭惠娟,丁俊,2015. 云南武定迤纳厂铁-铜-金-稀土矿床成矿物质来源——来自矿床地质与 S、Pb、H、O 同位素的制约[J]. 岩石矿物学杂志,34(2):205.

侯增谦,田世洪,谢玉玲,等,2008. 川西冕宁-德昌喜马拉雅期稀土元素成矿带:矿床地质特征与区域成矿模型团[J]. 矿床地质, 27(2): 145-176.

胡从亮,黄林,张海,等,2006. 贵州乌蒙山区优势矿产资源综合调查评价成果报告[R]. 贵阳:贵州地质调查院.

胡乐,2019. 再论白云鄂博稀土矿床成因[D]. 北京:中国地质大学(北京).

胡瑞忠,温汉捷,叶霖,2020. 扬子地块西南部关键金属元素成矿作用[J]. 科学通报,65(33):3700-3714.

胡文洁,田世洪,王素平,等,2012. 四川牦牛坪稀土矿床碳酸岩 Sm-Nd 等时线年龄及地质意义[J]. 矿产与地质,3: 237-241.

黄定华,2014. 普通地质学[M]. 北京:高等教育出版社.

黄华谷,黄铁兰,周兆帅,等,2014. 广东三个离子吸附型稀土矿的地球化学特征及开采现状[J]. 岩矿测试,33(5):10.

黄华谷,张伟,吴远明,2016. 广东省三稀资源现状和潜力分析子项目成果报告[R]. 广州:广东省地质调查院.

黄家凯,2010. 湖北省稀土矿产资源利用现状调查成果汇总报告[R]. 武汉:湖北省地质调查院.

黄玉凤,2021. 基岩对风化壳离子吸附型稀土矿形成的制约及机制[D]. 广州:中国科学院大学(中国科学院广州地球化学研究所).

贾昆湖,2011. 云南省稀土矿资源利用现状调查成果汇总报告[R]. 昆明:中国建筑材料工业地质勘查中心云南总队.

贾钟祥,2011. 内蒙古自治区稀土矿产资源利用现状调查成果汇总报告[R]. 呼和浩特:内蒙古自治区国土资源信息院.

蒋荣良,1989. 内蒙阿右旗桃花拉山稀有、稀土矿床地质特征及赋存规律[J]. 西北地质(3):41-48.

金会心, 王华, 李军旗,2008. 新华含稀土磷矿浮选实验研究[J]. 过程工程学报,8(3):453-459.

赖小东,2013. 内蒙古白云鄂博 REE-Nb-Fe 矿床成因问题研究[D]. 合肥:中国科学技术大学.

赖杨,龚大兴,秦建华,2021. 滇东-黔西沉积型稀土:一种新类型稀土资源及其开发利用潜力[J/OL]. 中国地质:1-16.

兰玉成, 徐雪芳, 黄风兰,等,1983. 用邻苯二甲酸从山东微山矿浮选高纯氟碳酸盐稀土精矿的研究[J]. 稀土(4):27-32.

黎海龙,2021. 广西岩石圈密度及磁性结构与岩浆岩空间分布特征研究[D]. 武汉:中国地质大学(武汉).

李朝灿,申锡坤,2013. 湖南省风化壳型稀土矿成矿地质条件探讨[J]. 地质论评,59(增刊):497-498.

李霖锋,2017. 广西地区线性构造分形特征及分维趋势分析[D]. 桂林:桂林理工大学.

李桑毅,刘兴平,蒋之飞,2022. 湖北广水—大悟地区重稀土矿工艺矿物学研究[J]. 金属矿山(6):115-121.

李石,1980. 湖北庙垭碳酸岩地球化学特征及岩石成因探讨[J]. 地球化学(4):345-355.

李文,1997. 关于对碱性岩的认识[J]. 中山大学研究生学刊:自然科学与医学版(1):94-100.

李自静,2018. 川西牦牛坪超大型 REE 矿床脉状成矿样式及其对 REE 富集的指示[D]. 北京:中国地质科学院.

梁雨薇,赖勇,胡宏,等,2017. 山东省微山稀土矿正长岩类锆石 U-Pb 年代学及地球化学特征研究[J]. 北京大学学报(自然科学版),53(4):652-666.

梁占林，许文进，2007. 内蒙古桃花拉山—红流沟一带石榴石矿赋矿特征及找矿标志[J]. 甘肃地质(3)：34-40.

刘琰，2015. 川西冕宁-德昌稀土成矿带霓辉正长岩-碳酸岩杂岩体成岩成矿时代[J]. 地质学报，89(S1)：164-167.

龙克树，付勇，龙珍，等，2019. 全球铝土矿中稀土和钪的资源潜力分析[J]. 地质学报，93(6)：1279-1295.

鲁显松，周豹，孙腾，等，2021. 鄂西北地区碱性岩-碳酸岩及相关铌钽-稀土矿研究与勘查进展[J]. 资源环境与工程，35(3)：279-284.

陆蕾，王登红，王成辉，等，2020. 云南离子吸附型稀土矿成矿规律[J]. 地质学报，94(1)：179-191.

罗家珂，任俊，唐芳琼，等，2002. 我国稀土浮选药剂研究进展[J]. 中国稀土学报，20(5)：385-391.

明添学，唐忠，包从法，等，2021. 云南省稀土矿分布特征研究进展与展望[J]. 中国稀土学报，40(4)：14.

聂登攀，2018. 贵州织金富稀土磷矿稀土赋存状态及在酸/热解过程中行为研究[D]. 贵阳：贵州大学.

彭峰，2018. 赣南足洞矿床重稀土富集特征及成因探讨[D]. 南昌：东华理工大学.

丘文，2017. 龙岩市万安稀土矿区变质岩风化壳离子吸附型稀土矿的发现及其找矿意义[J]. 世界有色金属(4)：3.

丘志力，梁冬云，王艳芬，等，2014. 巴尔哲碱性花岗岩锆石稀土微量元素、U-Pb 年龄及其成岩成矿指示[J]. 岩石学报，30(6)：1757-1768.

邱显扬，何晓娟，饶金山，等，2013. 油酸钠浮选氟碳铈矿机制研究[J]. 稀有金属，37(3)：422-428.

邱雪明，王成行，胡真，等，2018. 牦牛坪稀土矿磁选预富集技术工业化研究[J]. 铜业工程(2)：30-33.

任俊，黄成新，1994. 提高新宝力格稀土选矿厂生产水平的研究[J]. 稀有金属，18(3)：172-179.

任俊，1991. 稀土浮选的组合用药前景[J]. 矿产综合利用(3)：21-23.

邵厥年，陶维屏，张义勋，等，2010. 矿产资源工业要求手册[M]. 北京：地质出版社.

邵龙义，高彩霞，张超，等，2013. 西南地区晚二叠世层序-古地理及聚煤特征[J]. 沉积学报，31(5)：856-866.

宋常青，1993. 氟碳铈矿与独居石矿浮选分离的研究[J]. 有色金属：选矿部分(4)：5-8.

宋明春，2008. 山东省大地构造格局和地质构造演化[D]. 北京：中国地质科学院.

苏坚，2016. 论广西桂东南地区稀土矿不同矿床类型的地质背景及其找矿方向[J]. 低碳世界(10)：79-80.

孙明全，罗其标，张博飞，等，2017. 四川省稀土成矿规律及资源评价[M]. 北京：科学出版社.

孙玉壮，赵存良，李彦恒，等，2014. 煤中某些伴生金属元素的综合利用指标探讨[J]. 煤炭学报，39(4)：744-748.

覃小锋，王宗起，张英利，等，2011. 桂西南早中生代酸性火山岩年代学和地球化学：对钦-杭结合带西南段构造演化的约束[J]. 岩石学报，27(3)：15.

汤亚平，2011. 湖南省稀土矿资源利用现状调查成果汇总报告[R]. 长沙：湖南省地质研究所.

田恩源，龚大兴，赖杨，2021. 贵州威宁地区沉积型稀土含矿岩系成因与富集规律[J]. 地球科学，46(8)：2711-2731.

田朋飞，2021. 微束分析技术和裂变径迹年代学在构造与成矿研究中的应用[D]. 北京：中国地质大学(北京).

田世洪，侯增谦，杨竹森，等，2008. 川西冕宁-德昌 REE 成矿带成矿年代学研究：热液系统维系时限和构造控矿模型约束[J]. 矿床地质，27(2)：177-187.

汪子杰，徐晓慧，2018. 莱西塔埠头稀土矿氟碳铈矿 Th-Pb 定年及矿床成因[J]. 山东国土资源，34(10)：62-66.

王炳华，曹晓民，杨淑胜，等，2020. 云南金平县阿德博独居石矿床成矿时代及地质意义[J]. 地质与勘探，56(3)：523.

王成行，胡真，邱显扬，等，2017. 磁选-重选-浮选组合新工艺分选氟碳铈矿型稀土矿的试验研究[J]. 稀有金属(10)：1151-1158.

王成行，邱显扬，胡真，等，2013. 油酸钠对氟碳铈矿的捕收作用机理研究[J]. 稀土，34(6)：24-30.

王登红，杨建民，闫升好，等，2002. 四川牦牛坪碳酸岩的同位素地球化学及其成矿动力学[J]. 成都理工大学学报(自然科学版)，29(5)：539-544.

王登红，赵汀，何晗晗，等，2016. 中南地区三稀矿产资源调查研究及开发利用进展综述[J]. 桂林理工大学学报，36(1)：1-8.

王汾连，赵太平，陈伟，2012. 铌钽矿研究进展和攀西地区铌钽矿成因初探[J]. 矿床地质，31(2)：293-308.

王介良，曹钊，李解，2013. 包钢稀土选矿厂稀土浮选药剂优化[J]. 金属矿山(11)：74-77.

王路，汪鹏，王翘楚，等，2022. 稀土资源的全球分布与开发潜力评估[J]. 科技导报，40(8)：13.

王生伟，孙晓明，周清，等，2020. 四川攀枝花铁矿碳酸岩的发现和确认-地质特征、斜锆石 U-Pb 年龄、C-O 同位素组成证据[J]. 地质论评，66(5)：1299-1320.

王伟，2008. 贵州西部二叠系玄武岩风化壳及其中稀土富集规律研究[D]. 贵阳：贵州大学.

王中刚，于学元，赵振华，等，1989. 稀土元素地球化学[M]. 北京：科学出版社.

文俊，竹合林，张金元，等，2021. 川南沐川地区首次发现宣威组底部古风化壳-沉积型铌、稀土矿[J]. 中国地质，48(3)：970-971.

吴承泉，张正伟，秦海波，等，2019. 贵州西部宣威组黏土岩稀土元素赋存状态和富集规律[C]//第九届全国成矿理论与找矿方法学术讨论会论文摘要集.

吴艳艳,秦勇,易同生,2010. 贵州凯里梁山组高硫煤中稀土元素的富集及其地质成因[J]. 地质学报,84(2):280-285.

伍广宇,王启荣,王文焕,等,1996. 中国矿床发现史·广东卷[M]. 北京:地质出版社.

向启彬,2011. 四川省稀土矿资源利用现状调查成果汇总报告[R]. 泸州:四川省地质矿产勘查开发局一一三地质队.

熊述清, 2002. 四川某地稀土矿重浮联合选矿试验研究[J]. 矿产综合利用(5):3-6.

熊文良,邓杰,陈达,等,2018. 磷硅酸盐型稀土矿选矿试验研究[J]. 有色金属(选矿部分)(3):57-61.

徐光宪,2005. 稀土[M]. 北京:冶金工业出版社.

徐璐,李元坤,惠博,等,2020. 一种选择性浸出沉积型稀土矿的方法[P]. 中国地质科学院矿产综合利用研究所,ZL 201811407361. 2.

徐莺,戴宗明,龚大兴,2018. 贵州某地二叠系宣威组富稀土岩系稀土元素赋存状态研究[J]. 矿产综合利用(6):90-94,101.

许成,宋文磊,何晨,等,2015. 外生稀土矿床的分布、类型和成因概述[J]. 矿物岩石地球化学通报, 34(2):234-241.

许建斌,肖加飞,杨海英,等,2019. 贵州织金磷块岩稀土元素富集特征与制约因素:以摩天冲矿段 2204 号钻孔为例[J]. 矿物学报,39(4):371-379.

许立权,张彤,张明,等,2016. 内蒙古自治区重要矿种成矿规律综述[J]. 矿床地质,35(5):966-980.

阳正熙,Anthony E Williams-Jones,蒲广平,2000. 四川冕宁牦牛坪轻稀土矿床地质特征[J]. 矿物岩石,20(2):28-34.

杨波,丁俊,徐金沙,等,2014. 滇中武定迤纳厂铁铜多金属矿床中稀土、金的赋存状态特征研究[J]. 矿物岩石,34(4):36.

杨德平,2011. 山东省稀土矿资源利用现状调查成果汇总报告[R]. 济南:山东省地质科学实验研究院.

杨建星,2020. 川西地区牦牛坪稀土矿床浅表特征及成岩成矿作用研究[D]. 广州:中国科学院大学(中国科学院广州地球化学研究所).

杨瑞东,王伟,鲍淼,等,2006. 贵州赫章二叠系玄武岩顶部稀土矿床地球化学特征[C]//全国矿床会议.

杨瑞东,袁世婷,魏怀瑞,等,2011. 贵州石炭系“清镇式”铁矿沉积地球化学特征[J]. 地质论评(1):24-35.

杨武斌,牛贺才,单强,等,2009. 巴尔哲超大型稀有稀土矿床成矿机制研究[J]. 岩石学报,25(11):2924-2932.

杨武斌,苏文超,廖思平,等,2011. 巴尔哲碱性花岗岩中的熔体和熔体-流体包裹体:岩浆-热液过渡的信息[J]. 岩石学报,27(5):1493-1499.

杨占兴,张国仁,赵英,等,2006. 辽宁省成矿系列研究[J]. 地质与资源(1):25-32.

阴江宁,邢树文,肖克炎,2016. 武当-桐柏-大别 Mo-REE-Au-Ag-Pb-Zn 多金属成矿带主要地质成矿特征及资源潜力分析[J]. 地质学报,90(7):1447-1457.

袁建飞,2013. 广东沿海地热系统水文地球化学研究[D]. 北京:中国地质大学(北京).

袁忠信,张敏,万德芳,2003. 低^{18}O碱性花岗岩成因讨论:以内蒙巴尔哲碱性花岗岩为例[J]. 岩石矿物学杂志,22(2):119-124.

袁忠信,李建康,王登红,等,2012. 中国稀土矿成矿规律[M]. 北京:地质出版社.

云南省地质调查院,2018. 云南省区域地质志(上卷)[M]. 北京:地质出版社.

曾励训,1989. 贵州西部发现离子吸附型稀土矿[J]. 贵州地质(3):272.

张发明,林日孝,管则皋,等,2014. 大陆槽稀土矿石磁浮联合选矿工艺研究[J]. 金属矿山(10):98-102.

张海,2014. 黔西北地区稀土矿床地质地球化学特征及其成矿机制研究[D]. 成都:成都理工大学.

张海军,2019. 新疆库尔勒地区上户稀土矿床地质特征及成因[D]. 广州:中国科学院大学(中国科学院广州地球化学研究所).

张泾生,阙煊兰,见百熙,1982. 有机磷酸类药剂对微山稀土矿的捕收作用[J]. 有色,34(2):29-32.

张铭,王宝刚,王革成,等,2018. 陕西省凤县九子沟一带稀土(铌)矿地质特征及资源潜力初步探讨[J]. 陕西地质,36(1):26-30.

张培善,1989. 中国稀土矿床成因类型[J]. 地质科学(1):26-32.

张鹏,兰君,2020. 山东省稀土矿产资源特征及找矿方向研究初探[J]. 山东国土资源,36(12),13-18.

张婷,汪传胜,姚仲友,等,2014. 澳大利亚稀土矿床主要类型及其成矿特征[J]. 地质通报,33(Z1):187-193.

张文兴,郑松,陈文祥,等,2019. 贵州织金硅质磷块岩型稀土矿稀土浸出规律[J]. 矿物学报,39(4):389.

张新民,1985. 氟碳铈矿和独居石浮选分离探讨[J]. 矿山,1(3):14.

张彦斌,龚美菱,李华,2007. 贵州织金地区稀土磷块岩矿床中稀土元素赋存状态[J]. 地球科学与环境学报(4):362-368.

张颐,丘文,王文亮,2014. 福建龙岩万安稀土矿床地质特征及成因探讨[J]. 福建地质,33(3):185-191.

张仲英,1994. 粤西滨海第四纪稀土砂矿[J]. 地理科学,14(3):278-283.

赵军红,2004. 福建省基性岩的年代学和地球化学:晚中生代以来中国东南部地幔演化[D]. 北京:中国科学院研究生院.

赵元艺,卢伟,汪傲,等,2013. 格陵兰伊犁马萨克铌-钽-铀-稀土矿床研究进展[J]. 地质科技情报,32(5):9-17.

赵泽霖,李俊建,张彤,等,2022. 华北地区稀土矿床特征及找矿方向[J]. 物探与化探,46(1):46-57.

赵正,陈毓川,王登红,等,2022. 华南中生代动力体制转换与钨锡锂铍铌钽稀土矿床成矿系列的叠加演化[J]. 岩石学报,38(2):301-322.

赵芝，王登红，黄凡，等，2020. 独居石——20 世纪稀土和钍资源的重要来源[J]. 国土资源科普与文化(3)：18-21.

赵芝，王登红，王成辉，等，2019. 离子吸附型稀土找矿及研究新进展[J]. 地质学报，93(6)：1454-1465.

郑文怡，2016. 福建南平西坑钽铌矿稀有金属资源的综合利用分析[J]. 桂林理工大学学报，36(1)：6.

郑瑜林，2018. 华南某变质岩区稀土矿床成因机制研究[D]. 北京：中国地质大学(北京).

周红芳，2013. 福建龙岩—泉州地区晚中生代花岗岩类的年代学、地球化学及地质意义[D]. 北京：中国地质大学(北京).

周克林，2019. 贵州寒武纪早期含磷岩系稀土富集特征[D]. 贵阳：贵州大学.

周灵洁，2012. 贵州西部沉积型高岭石质黏土岩稀土矿床的地质和地球化学特征[D]. 北京：中国科学院研究生院.

周维禹，2011. 福建省稀土矿(砂矿)资源利用现状调查成果汇总报告[R]. 福州：福建省地质调查研究院.

朱京占，张国辉，杜青松，等，2013. "八〇一"稀有稀土矿床碱性花岗岩的含矿性、矿化规律及成因分析[J]. 西北地质，46(4)：207-214.

朱志敏，罗丽萍，曾令熙，2016. 四川德昌大陆槽稀土矿工艺矿物学[J]. 矿产综合利用(5)：76-79.

朱智慧，杨占峰，王其伟，等，2019. 白云鄂博稀土精矿工艺矿物学研究[J]. 有色金属(选矿部分)(6)：1-4.

朱智慧，2019. 氟碳铈矿与独居石浮选分离及机理研究[D]. 包头：内蒙古科技大学.

ABAKA-WOOD G B, ZANIN M, ADDAI-MENSAH J, et al., 2019. Recovery of rare earth elements minerals from iron oxide-silicate rich tailings-Part 1: magnetic separation[J]. Minerals Engineering, 136: 50-61.

ACHARYA B C, NAYAK B K, DAS S K, 2010. Heavy Mineral Placer Sand Deposits of Kontiagarh Area, Ganjam District, Orissa, India[J]. Resource Geology, 59(4): 388-399.

ADAM J, CHRIS M, OLGA K, et al., 2014. Physicochemical aspects of allanite flotation[J]. Journal of Rare Earths, 32(5): 476-484.

ADAM J, CHRIS M, RAY L, et al., 2016a. Beneficiation of the Nechalacho rare earth deposit. Part 1: gravity and magnetic separation[J]. Minerals Engineering, 99: 111-122.

ADAM J, CHRIS M, RAY L, et al., 2016b. Beneficiation of the Nechalacho rare earth deposit. Part 2: characterisation of products from gravity and magnetic separation[J]. Minerals Engineering, 99: 96-110.

ANDRADE F R D, MCOLLER P, LUDERS V, et al., 1999. Hydrothermal rare earth elements mineralization in the Barra do Itapirapua carbonatite, Southern Brazil: behaviour of selected trace elements and stable isotopes(C, O)[J]. Chemical Geology, 155: 91-113.

ANDREEVA I A, KOVALENKO I V, NAUMOV B V, 2007. Silicate-salt (sulfate) liquid immiscibility: a study of melt inclusions in minerals of the Mushugai-Khuduk carbonatite-bearing complex (Southern Mongolia)[J]. Acta Petrologica Sinica, 23(1): 73-82.

BAS M J L ,XUEMING Y , TAYLOR R N , et al. , 2007. New evidence from a calcite-dolomite carbonatite dyke for the magmatic origin of the massive Bayan Obo ore-bearing dolomite marble, Inner Mongolia, China[J]. Mineralogy and Petrology, 90(3/4):223-248.

BEGG G C, GRIFFIN W L, NATAPOV L M, et al., 2009. The lithospheric architecture of Africa: seismic tomography, mantle petrology, and tectonic evolution[J]. Geosphere,5(1): 23-50.

BORST A M, WAIGHT T E, FINCH A A, et al., 2018. Dating agpaitic rocks: a multi-system (U/Pb, Sm/Nd, Rb/Sr and $^{40}Ar/^{39}Ar$) isotopic study of layered nepheline syenites from the Ilímaussaq complex, Greenland[J]. Lithos, 324-325: 74-88.

CAMPBELL L S, COMPSTON W, KN SIRCOMBE, et al., 2014. Zircon from the East Orebody of the Bayan Obo Fe-Nb-REE deposit, China, and SHRIMP ages for carbonatite-related magmatism and REE mineralization events[J]. Contributions to Mineralogy and Petrology, 168(2): 1041.

CASTOR S B, 2008. Rare earth deposits of North America[J]. Resource Geology, 58(4):337-347.

CASTOR S B, 2008. The Mountain Pass rare-earth carbonatite and associated ultrapotassic rocks, California[J]. Canadian Mineral, 46: 779-806.

Chan T N,1992. A new beneficiation process for treatment of supergene monazite ore [J]. The Minerals, Metals and Materials Society,6(1) : 77-94.

CHEN C H, LIN Y, LU H Y, et al.,2000. Cretaceous fracionated I-type granitoids and metaluminoous A-type granites in SE China: the Late Yanshanian post-orogenic magmatism[J]. Earth Sciences, 91: 195-205.

CHEN W, LIU H Y, LU J, et al.,2020. The formation of the ore-bearing dolomite marble from the giant Bayan Obo REE-Nb-Fe deposit, Inner Mongolia: insights from micron-scale geochemical data[J]. Mineralium Deposita, 55(1):1-16.

CHEN Z,2011. Global rare earth resources and scenarios of future rare earth industry [J]. Journal of Rare Earths, 29(1):1-6.

CHEW D M, SCHALTEGGER U, KOSLER J, et al., 2007. U-Pb geochronologic evidence for the evolution of the Gondwanan margin of the north-central Andes[J]. Geological Society of America Bulletin, 119(5/6), 697-711.

CUI H, ANDERSON C G,2017. Alternative flowsheet for rare earth beneficiation of Bear Lodge ore[J]. Minerals Engineering, 110:166-178.

DAI S F,REN D Y,CHOU C L,et al.,2012. Geochemistry of trace elements in Chinese coals:a review of abundances, genetic types, impacts on human health, and industrial utilization[J]. International Journal of Coal Geology, 94: 3-21.

DOROSHKEVICH A G, VILADKAR S G, RIPP G S, et al., 2009. Hydrothermal REE mineralization in the Amba Dongar carbonatite complex, Gujarat, Indain[J]. The Canadian Mineralogist, 47: 1105-1116.

FINLEY B, BRIAN D, Bill M, et al., 2011 Technical Report on the Nechalacho Deposit, thor Lake project, northwest territories, Canada [R]. Toronto: Excellon Resources Inc.

FRIIS H, 2015. Primary and secondary mineralogy of the Ilimaussaq alkaline complex, South Greenland[C]// SIMANDI G J, NEETZ M. Symposium on critical and strategic materials proceedings. Victoria, British Columbia, British Columbia of Energy and Mines, British Columbia Geological Survey Paper. 3:83-89.

FU W, LUO P, HU Z, et al., 2009. Enrichment of ion-exchangeable rare earth elements by felsic volcanic rock weathering in South China: genetic mechanism, formation preference[J]. Ore Geology Reviews, 114:103-120.

FUERSTENAU D W, 1983. The adsorption of hydroxamate on semi-soluble minerals. Part I: Adsorption on barite, Calcite and Bastnaesite[J]. Colloids and Surfaces, 8(2): 103-119.

GONG D X, HUI B, DAI Z M, et al., 2020. A new type of REE Deposit found in clay rock at the top of the Permian Emeishan basalt in Yunnan-Guizhou area[J]. Acta Geologica Sinica (English Edition), 94(1), 204-205.

GOU R T, ZENG P S, LIU S W, et al., 2019. Distribution characteristics of carbonatites of the world and its metallogenic significance[J]. Acta Geologica Sinica (English Edition), 93: 2348-2361.

GUPTA C K, KRISHNAMURTHY N, 1992. Extractive metallurgy of rare earths[J]. International Materials Review, 37(5):197-248.

HAQUE N, HUGHES A, LIM S, et al., 2014. Rare earth elements: overview of mining, mineralogy, uses, sustainability and environmental impact[J]. Resources, 3:614-635.

HASKIN L A, WILDEMAN T R, FREY F A, et al., 1966. Rare earths in sediments [J]. Jourral of Geophysical Research, 71(24), 6091-6105.

HE P N, HE M Y, ZHANG H, 2018. State of rare earth elements in the rare earth deposits of Northwest Guizhou, China[J]. Acta Geochimica, 37(6):867-874.

HOLTSTAM D, ANDERSSON U B, BROMAN C, et al., 2014. Origin of REE mineralization in the bastnäs-type Fe-REE-(Cu-Mo-bi-Au) deposits, bergslagen, Sweden. Mineral[J]. Mineralium Deposita, 49:933-966.

HORBE A M C, DA COSTA M L, 1999. Geochemical evolution of a lateritic Sn-Zr-Th-Nb-Y-REE- bearing ore body derived from apogranite: the case of Pitinga, Amazonas-Brazil [J]. Journal of Geochemical Exploration, 66: 339-351.

HOU Z Q, MA H W, ZAW K, et al., 2003. The Himalayan Yulong porphyry copper belt: product by large-scale strike-slip faulting in Eastern Tibet [J]. Economic Geology, 98: 125-145.

HOU Z Q, TIAN S H, XIE Y L, et al., 2009. The himalayan mianning-dechang REE belt associated with carbonatite-alkaline complexes, eastern Indo-Asian collision zone, SW China[J]. Ore Geology Reviews, 36: 65-89.

HOU Z, TIAN S, YUAN Z, et al., 2006. The Himalayan collision zone carbonatites in western Sichuan, SW China: Petrogenesis, mantle source and tectonic implication [J]. Earth & Planetary Science Letters, 244(1/2): 234-250.

HÖHN S, FRIMMEL H E, PAŠAVA J, 2014. The rare earth element potential of kaolin deposits in the bohemian massif (Czech Republic, Austria)[J]. Mineralium Deposita, 49: 967-986.

IGOR V S, FRANCES W, NILSON F B, 2015. Occurrence and behavior of monazite-(Ce) and xenotime-(Y) in detrital and saprolitic environments related to the Serra Dourada granite, Goias/Tocantins State, Brazil: Potential for REE deposits[J]. Journal of Geochemical Exploration, 155: 1-13.

JAIRETH S, HOATSON D M, MIEZITIS Y, 2004. Geological setting and resources of the major rare-earth-element deposits in Australia[J]. Ore Geology Reviews, 62: 72-128.

JORDENS A, SHERIDAN R, ROWSON N, et al., 2014. Processing a rare earth mineral deposit using gravity and magnetic separation[J]. Minerals Engineering, 62: 9-18.

KATHRYN E, WATTS C, MERCER N, 2020. Zircon-hosted melt inclusion record of silicic magmatism in the Mesoproterozoic St. Francois Mountains terrane, Missouri: origin of the Pea Ridge iron oxide-apatite-rare earth element deposit and implications for regional crustal pathways of mineralization[J]. Geochimica et Cosmochimica Acta, 272: 54-77.

KEITH R L, BRADLEY S V G, NORA K F, et al., 2010. The principal rare earth elements deposits of the United States-A summary of domestic deposits and a global perspective[R]. USA: U. S. Department of the Interior, U. S. Geological Survey.

KETRIS M P, YUDOVICH Y E, 2009. Estimations of Clarkes for carbonaceous biolithes World averages for trace element contents in black shales and coals [J]. International Journal of Coal Geology, 78: 135-148.

KOGARKO L N, 2000. Alkaline and carbonatitic magmatism[J]. Journal of Asian Earth Sciences, 18(2): 123.

KRUMREI T V, VILLA I M, MARKS M A W, et al., 2006. A $^{40}Ar/^{39}Ar$ and U/Pb isotopic study of the Ilimaussaq complex, South Green - land: implications for the 40K decay constant and for the duration of magmatic activity in a peralkaline complex[J]. Chemical Geology, 227: 258-273.

KYNICKY J, SMITH M P, XU C, 2012. Diversity of rare earth deposits: the key example of China[J]. Elements, 8: 361-367.

LAI X, YANG X, SANTOSH M, et al., 2015. New data of the Bayan Obo Fe-REE-Nb deposit, Inner Mongolia: implications for ore genesis [J]. Precambrian Research, 263: 108-122.

LEHMANN B, NAKAI S, HOHNDORF A, et al., 1994. REE mineralization at Gakara, Burundi: evidence for anomalous upper mantle in the western Rift Valley [J]. Geochimica et Cosmochimica Acta, 58(2): 985-992.

LI M Y H, ZHOU M F, WILLIAMS-JONES A E, 2019. The genesis of regolith-hosted heavy rare earth element deposits: insights from the World-Class Zudong deposit in Jiangxi province, South China[J]. Economic Geology, 114(3): 541-568.

LI X, ZHAO X, ZHOU M F, et al., 2015. Fluid inclusion and isotopic constraints on the origin of the Paleoproterozoic Yinachang Fe-Cu-(REE) deposit, southwest China[J]. Economic Geology, 110: 1339-1369.

LING X X, LI Q L, LIU Y, et al., 2016. In situ SIMS Th-Pb dating of bastnaesite: constraint on the mineralization time of the Himalayan Mianning - Dechang rare earth element deposits[J]. Journal of Analytical Atomic Spectrometry, 31(8): 1680-1687.

LIU Y L, YANG G, CHEN J F, et al., 2004. Re-Os dating of pyrite from Giant Bayan Obo REE-Nb-Fe deposit[J]. Chinese Science Bulletin, 49: 2627-2631.

LIU Y, CHAKHMOURADIAN A R, HOU Z Q, et al., 2018. Development of REE mineralization in the giant Maoniuping deposit (Sichuan, China): insights from mineralogy, fluid inclusions, and trace-element geochemistry[J]. Mineralium Deposita, 54(5): 701-718.

LIU Y, HOU Z Q, TIAN S H, et al., 2015. Zircon U-Pb ages of the Mianning - Dechang syenites, Sichuan Province, southwestern China: constraints on the giant REE mineralization belt and its regional geological setting [J]. Ore Geology Reviews, 64: 554-568.

LIU Y, HOU Z Q, 2017. A synthesis of mineralization styles with an integrated genetic model of carbonatite-syenite-hosted REE deposits in the Cenozoic Mianning-Dechang REE metallogenic belt, the eastern Tibetan Plateau, southwestern China[J]. Journal of Asian Earth Sciences, 137 (15): 35-79.

LONG K R, GOSEN B, FOLEY N K, et al., 2010. The principal rare earth elements deposits of the United States-A summary of domestic deposits and a global perspective: usgs scientific investigations report 2010-5220[R]. Springer Netherlands.

MARKL G, MARKS M, SCHWINN G, et al., 2001. Phase equilibrium constraints on intensive crystallization parameters of the Ilímaussaq complex, South Greenland[J]. Journal of Petrology, 42: 2231-2258.

MARKS M A W, MARKL G, 2017. A global review on agpaitic rocks[J]. Earth-Science Reviews, 173: 229-258.

MATAMECS,2011. Kipawa heavy rare earths deposit an example of a potential producer of tecnology metals[R]. Quebec: Matamec Explorations Inc.

MICHAEL S, GREG M, MARK M, et al. , 2015, Prefeasibility Study-NI 43-101-Technical report for the Norra K? rr Rare Earth Element Deposit[R]. Sweden: Tasman Metals Ltd.

MOORBATH S, WEBSTER R K, MORGAN J W,1960. Absolute age determinations in South-West Greenland[J]. Gronlands Geology,45:3-10.

MORTON C A,HALLSWORTH C R,1999. Processes controlling the composition of heavy mineral assemblages in sandstones[J]. Sedimentary Geology,124: 3-29.

MOUSTAFA M I, ABDELFATTAH N A, 2010. Physical and chemical beneficiation of the Egyptian Beach Monazite[J]. Resource Geology,60(3):288-299.

MURAKAMI H,ISHIHARA S,2008. REE mineralization of weathered crust and clay sediment on granitic rocks in the Sanyo Belt,SW Japan and the Southern Jiangxi Province, China[J]. Resource Geology,58(4):373-401.

MÜLLER D, 2002. Gold-copper mineralization in alkaline rocks[J]. Mineralium Deposita,37:1-3.

NEUMANN R, MEDEIROS E B,2015. Comprehensive mineralogical and technological characterisation of the Araxá (SE Brazil) complex REE (Nb-P) ore, and the fate of its processing[J]. International Journal of Mineral Processing, 144: 1-10.

O'BRIEN H E, PELTONEN P, VARTIAINEN H,2005. Kimberlites, Carbonatites, and alkaline rock[J]. Developments in Precambrian geology,14:605-644.

PAULICK H,MACHACEK E,2017. The global rare earth element exploration boom: an analysis of resources outside of China and discussion of development perspectives[J]. Resources Policy,52:134-153.

PAULICK H,ROSA D,KALVIG P,2015. Rare earth element projectsand exploration potential in Greenland[R]. Greenland: Center for Minerals and Materials (MiMa) advisory center under The Geological Survey of Denmark and Greenland (GEUS).

PETERSEN O V, 2001. List of all minerals identified in the Ilímaussaq alkaline complex, South Greenland[J]. Geology of Greenland Survey Bulletin,190: 25-33.

PFAFF K,WENZEL T,SCHILLING J,et al. ,2010. A fast and easy-to use approach to cation site assignment for eudialyte-group minerals[J]. Neues Jahrbuch fuer Mineralogie, 187:69-81.

RAO N S,MISRA S,2009. Sources of monazite sand in southern Orissa beach placer, eastern India[J]. Journal of the Geological Society of India,74(3):357-362.

RAO R G,SAHOO P,PANDA N K,2001. Heavy mineral sand deposits of orissa[J]. Exploration and Research for Atomic Minerals,13:23-52.

RASTSVETAEVA R K,2007. Structural mineralogy of the eudialyte group: a review

[J]. Crystallogr Reports,52:47-64.

RØNSBO J G,2008. Apatite in the Ilímaussaq alkaline complex: occurrence, zonation and compositional variation[J]. Lithos, 106(1/2):71-82.

SMITH M P,CAMPBELL L S,KYNICKY J,2015. A review of the genesis of the world class Bayan Obo Fe-REE-Nb deposits, Inner Mongolia, China: multistage processes and outstanding questions[J]. Ore Geology Reviews, 64:459-476.

SOKOLOVA E,CÁMARA F,2017. The seidozerite supergroup of TS-block minerals: nomenclature and classification, with change of the following names: rinkite to rinkite-(Ce), mosandrite to mosandrite-(Ce), hainite to hainite-(Y) and innelite-1T to innelite-1A [J]. Mineralogical Magazine,81(6):1457-1484.

STEENFELT A, KOLB J, THRANE K, 2016. Metallogeny of South Greenland: a review of geological evolution, mineral occurrences and geochemical exploration data. Ore Geology Review,77:194-245.

SVENNINGSEN O M,2001. Onset of seafloor spreading in the Iapetus Ocean at 608Ma: precise age of the sarek dyke swarm, northern Swedish caledonides[J]. Precambrian Research,110: 241-254.

SZAMALEK K,KONOPKA G,ZGLINICKI K,et al.,2013. New potential source of rare earth elements[J]. Gospodarka Surowcami Mineralnymi-Mineral Resources Management, 29(4):59-76.

SØRENSEN H, BOHSE H, BAILEY J C,2006. The origin and mode of emplacement of lujavrites in the Ilímaussaq alkaline complex, South Greenland[J]. Lithos, 91(1): 286-300.

SØRENSEN H, BAILEY J C, ROSE-HANSEN J, 2011. The emplacement and crystallization of the U-Th-REE-rich agpaitic and hyperagpaitic lujavrites at Kvanefjeld, Ilímaussaq alkaline complex, South Greenland[J]. Bulletin of the Geological Society of Denmark,59:69-92.

TAKEHARA L, SILVEIRA F V, SANTOS R V,2016. Potentiality of rare earth elements in Brazil[J]. Rare Earths Industry: 57-72.

TRAVERSA G, GOMES C B, BROTZU G,et al.,2001. Petrography and mineral chemistry of carbonatites andmica-rich rocks from the Araxá complex (Alto Paranaíba Province,Brazil)[J]. Anais da Academia Brasileira de Ciencias,73(1):71-98.

UPTON B G J, EMELEUS C H, HEAMAN L M, et al., 2003. Magmatism of the mid-Proterozoic Gardar Province, South Greenland: chronology, petrogenesis and geological setting[J]. Lithos, 68(1): 43-65.

UPTON B G J,MACDONALD R,ODLING N,et al.,2013. A review of five decades of research into an alkaline complex in South Greenland, with new trace-element and Nd isotopic data[J]. Mineralogical Magazine,77: 523-550.

VERBAAN N, BRADLEY K, BROWN J, et al. , 2015. A review of hydrometallurgical flowsheets considered in current REE projects[R]. British Columbia: British Columbia Geological Survey.

WAIGHT T, BAKER J, WILLIGERS B. 2002. Rb isotope dilution analyses by MC-ICPMS using Zr to correct for mass fractionation: towards improved Rb-Sr geochronology? [J]. Chemical Geology, 186(1-2): 99-116.

WALTERS A S, GOODENOUGH K M, HUGHES H S R, et al. , 2013. Enrichment of rare earth elements during magmatic and post-magmatic processes: a case study from the loch loyal syenite complex, northern Scotland. Contrib[J]. Mineralogy and Petrology, 166: 1177-1202.

WAYNE D J, CHRISTIANSEN G, 1993. International strategic minerals inventory summary report-Rare-earth oxides[R]. USA: U. S. Department of the Interior.

WEI P F, YU X F, LI D P, et al. , 2019. Geochemistry, Zircon U-Pb Geochronology, and Lu-Hf Isotopes of the Chishan Alkaline Complex, Western Shandong, China[J]. Minerals, 9: 293-317.

WENG Z H, JOWITT S M, MUDD G M, et al. , 2015. A detailed assessment of global rare earth element resources: opportunities and challenges[J]. Economic Geology, 110: 1925-1952.

WENLIANG X, JIE D, BINYAN C, et al. , 2018. Flotation-magnetic separation for the beneficiation of rare earth ores[J]. Minerals Engineering, 119: 49-56.

WILLIAMS P A, HATERT F, PASERO M, et al. , 2010. New minerals approved in 2010 [R]. Commission on New Minerals, Nomenclature and Classification International Mineralogical Association: 13, 16.

WILLIAMS P J, BARTON M D, JOHNSON D A, et al. , 2005. Iron oxide copper-gold deposits: geology, space-time distribution, and possible modes of origin [J]. Economic Geology, 100th Anniversary Volume: 371-405.

WILLIAMS-JONES A E, MIGDISOV A A, SAMSON I M, 2012. Hydrothermal mobilisation of the rare earth elements – a tale of "ceria" and "yttria"[J]. Elements, 8: 355-360.

WU F Y, YANG Y H, MARKS M A W, et al. , 2010. In situ U-Pb, Sr, Nd and Hf isotopic analysis of eudialyte by LA-(MC)-ICP-MS[J]. Chemical Geology, 273(1): 8-34.

XIONG W L, DENG J, CHEN B Y, et al. , 2018. Flotation-magnetic separation for the beneficiation of rare earth ores[J]. Minerals Engineering, 119: 49-56.

XU Z, YAN L B, 2019. Mechanisms of element precipitation in carbonatite-related rare-earth element deposits: evidence from fluid inclusions in the Maoniuping deposit, Sichuan Province, southwestern China[J]. Ore Geology Reviews, 107: 218-238.

YANG K F, FAN H R, SANTOSH M, et al. , 2011. Mesoproterozoic carbonatitic magmatism in the Bayan Obo deposit, Inner Mongolia, North China: constraints for the mechanism of super accumulation of rare earth elements[J]. Ore Geology Reviews, 40(1): 122-131.

YANG M J, LIANG X L, MA L Y, et al., 2019. Adsorption of REEs on kaolinite and halloysite: a link to the REE distribution on clays in the weathering crust of granite[J]. Chemical Geology, 525: 210-217.

YANG W B, NIU H C, SHAN Q, et al., 2014. Geochemistry of magmatic and hydrothermal zircon from the highly evolved Baerzhe alkaline granite: implications for Zr-REE-Nb mineralization[J]. Mineralium Deposita, 49: 451-470.

YANG Y H, WU F Y, LI Y, et al., 2014. In situ U-Pb dating of Bastnasite by LA-ICP-MS[J]. Journal of Analytical Atomic Spectrometry, 29: 1017-1023.

ZHANG S H, ZHAO Y, LIU Y, 2017. A precise zircon Th-Pb age of carbonatite sills from the world's largest Bayan Obo deposit: implications for timing and genesis of REE-Nb mineralization[J]. Precambrian Research, 291: 202-219.

ZHAO X F, CHEN W T, LI X C, et al., 2019. Iron oxide copper-gold deposits in China: a review and perspectives on ore genesis[J]. Society of Economic Geologists Special Publication, 22: 553-580.

ZHU Z, TAN H, LIU Y, et al., 2018. Multiple episodes of mineralization revealed by Re-Os molybdenite geochronology in the Lala Fe-Cu deposit, SW China[J]. Mineralium Deposita, 53(3): 311-322.